"十二五"职业教育国家规划教材
经全国职业教育教材审定委员会审定

中央空调的安装与维修

主　编　黄升平
副主编　赵继洪
参　编　张利红　阮　佳　赖亦环
主　审　张　平

机械工业出版社
CHINA MACHINE PRESS

本书是经全国职业教育教材审定委员会审定的“十二五”职业教育国家规划教材，是根据教育部于2014年公布的《职业院校制冷和空调设备运行与维修专业教学标准》，同时参考制冷设备维修工职业资格标准编写的。

本书主要内容包括中央空调的结构与工作原理、家用中央空调的安装与调试、商用中央空调的安装、家用中央空调的检修、商用中央空调故障的检修、中央空调的清洗与维护六个单元。

本书可作为职业院校制冷和空调设备运行与维修专业的教材，也可作为中央空调安装维修人员的岗位培训教材。

为便于教学，本书配套有助教课件等教学资源，选择本书作为教材的教师可来电（010-88379197）索取，或登录 www.cmpedu.com 网站，注册、免费下载。

图书在版编目（CIP）数据

中央空调的安装与维修/黄升平主编. —北京：机械工业出版社，2015.10（2025.1重印）
“十二五”职业教育国家规划教材
ISBN 978-7-111-51727-6

Ⅰ.①中… Ⅱ.①黄… Ⅲ.①集中空气调节系统—安装—职业教育—教材②集中空气调节系统—维修—中等专业学校—教材 Ⅳ.①TB657.2

中国版本图书馆CIP数据核字（2015）第233980号

机械工业出版社（北京市百万庄大街22号 邮政编码100037）
策划编辑：汪光灿 责任编辑：王莉娜 责任校对：刘志文
封面设计：张 静 责任印制：刘 媛
涿州市般润文化传播有限公司印刷
2025年1月第1版第8次印刷
184mm×260mm · 15.5印张 · 381千字
标准书号：ISBN 978-7-111-51727-6
定价：46.00元

电话服务	网络服务
客服电话：010-88361066	机 工 官 网：www.cmpbook.com
010-88379833	机 工 官 博：weibo.com/cmp1952
010-68326294	金 书 网：www.golden-book.com
封底无防伪标均为盗版	机工教育服务网：www.cmpedu.com

前　言

本书是根据教育部《关于职业教育专业技能课教材选题立项的函》（教职成司［2012］95 号），由全国机械职业教育教学指导委员会和机械工业出版社联合组织编写的“十二五”职业教育国家规划教材，是根据教育部于 2014 年公布的《职业院校制冷和空调设备运行与维修专业教学标准》，同时参考制冷设备维修工职业资格标准编写的。

本书主要介绍家用和商用中央空调的结构和工作原理、家用和商用中央空调的安装、家用和商用中央空调检修以及中央空调清洗和维护保养等方面的基本知识和技能。本书重点强调培养联系实际、分析问题、解决问题、适应岗位的能力，编写过程中力求体现以下特色。

1. 执行新标准。本书依据最新专业教学标准，对接职业标准和岗位能力要求，在教材内容选取上贯彻少而精、理论联系实际的原则，避免选用繁琐的理论推导和计算内容，使教材内容更简洁、精炼、实用。

2. 体现新模式。本书采用理实一体化的编写模式，突出“做中教，做中学”的职业教育特色，在教材内容编排上与生产实际联系紧密，选用较为先进、典型的实例，使学生获得实用的技能知识。

3. 以掌握技能为主，理论知识理解为辅。减少理论推导，删除繁琐深奥的理论知识，简化中央空调部件、系统工作原理并降低其难度，加强中央空调部件、设备识别检测，以及中央空调电路系统和管路系统常见故障检修内容，强化中央空调安装、维修操作规程。

4. 遵循中等职业学校学生的认知规律，坚持以学生为本的原则。本书在编写过程中充分考虑学生的实际情况，对不同水平的学生要求不同，力求达到因材施教、分层教学的目的。

5. 以技能型人才培养为目标，依据学生未来就业岗位所需的基本知识和技能，精心选择实现课程目标的载体，强化中央空调安装与维修技能与生产实际应用的联系，提高学生适应生产岗位的能力。

本书在内容处理上主要有以下几点说明。

1. 本书采用格力中央空调为典型实例，所有参数资料以格力中央空调技术手册为准。

2. 本书教学建议采用理实一体化教学模式。

3. 本书实训项目教学设备可采用 YL-ZKL 中央空调实训装置和 YL-835 型户式中央空调实训装置，也可采用实体家用中央空调设备和实体商用中央空调设备。

4. 本书建议学时为 102 学时，学时分配建议见下表。

教学内容	建议学时	教学内容	建议学时
第一单元　中央空调的结构与工作原理	12	第四单元　家用中央空调的检修	14
第二单元　家用中央空调的安装与调试	28	第五单元　商用中央空调故障的检修	16
第三单元　商用中央空调的安装	24	第六单元　中央空调的清洗与维护	8
总计	102		

全书共六个单元，由湖南劳动人事职业学院黄升平担任主编。具体分工如下：湖南格力中央空调公司阮佳编写第一单元，湖南中南工业学校张利红编写第二单元，湖南劳动人事职业学院黄升平编写第三单元及第四单元，北京工业学校赵继洪编写第五单元，广东兴宁职业学校赖亦环编写第六单元。全书由湖南格力中央空调公司张平主审。本书经全国职业教育教材审定委员会审定，评审专家对本书提出了宝贵的建议，在此对他们表示衷心的感谢！编写过程中，编者参阅了国内外出版的有关教材和资料，在此一并表示衷心感谢！

由于编者水平有限，书中不妥之处在所难免，恳请读者批评指正。

编　者

目 录

第一单元

中央空调的结构与工作原理

内容构架

- 中央空调的结构与工作原理
  - 家用中央空调的结构
  - 家用中央空调的工作原理
  - 商用中央空调的结构
  - 商用中央空调的工作原理

学习引导

目的与要求

1. 掌握家用中央空调的结构组成及制冷、制热原理。
2. 掌握商用中央空调的结构组成及制冷、制热原理。

重点与难点

重点：家用及商用中央空调的制冷、制热原理。

难点：商用中央空调的制冷、制热原理。

课题一　家用中央空调的结构

相关知识

中央空调是由一台（或一组）主机通过风道、冷媒管或冷热水管道连接多个末端设备的空调设备。中央空调主机是整个系统的控制中心，末端设备安装在各个不同区域，通过主机对末端设备的控制，实现对多个独立房间或大面积室内空间空气进行调节的目的。图 1-1 所示为典型中央空调系统示意图。

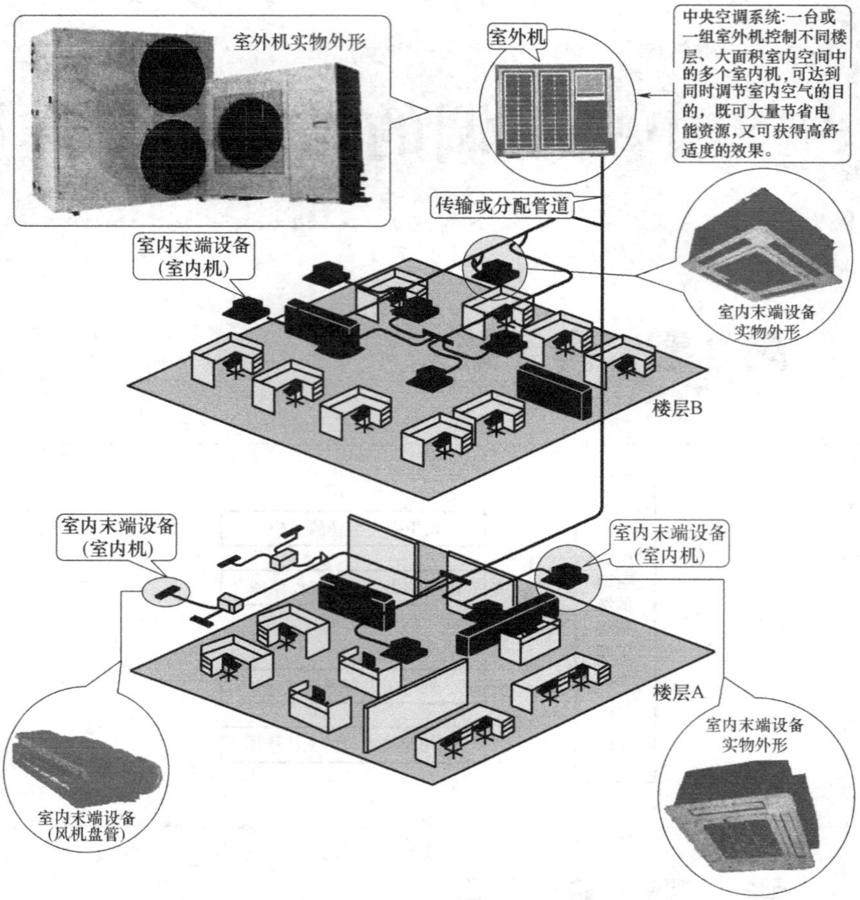

图 1-1　典型中央空调系统示意图

中央空调与普通家用空调器的最大区别在于，家用空调多采用分体式空调器，室外机安装在户外，室内机安装在需要制冷（制热）的房间内，一台室外机和一台室内机通过管路进行连接，如图 1-2 所示。如果要享受每个房间都能够制冷（制热）的效果，则必须在各个房间安装一套分体式空调器。而采用中央空调系统时，户外只需安装一台室外机，并在每个房间安装室内机（室内末端设备）。室外机与室内机（室内末端设备）之间通过管路相互连接，即构成了中央空调系统，如图 1-3 所示。

中央空调种类多样，根据其应用领域的不同，分为家用中央空调和商用中央空调两大类。

一、家用中央空调的整体结构

家用中央空调又称为家庭中央空调或户式中央空调，是一个应用于家庭及小型区域（100 ~ 300m^2）的独立空调系统。其结构由一台主机通过制冷管道连接多个末端设备（室内机），将冷暖气流送到不同区域，实现室内制冷（制热）及空气的调节。它结合了大型中央空调的便利、舒适、高档次以及传统小型分体式空调器的简单灵活等多方面优势，目前在许多别墅、公寓、家庭住宅和各种工业、商业场所广泛应用。

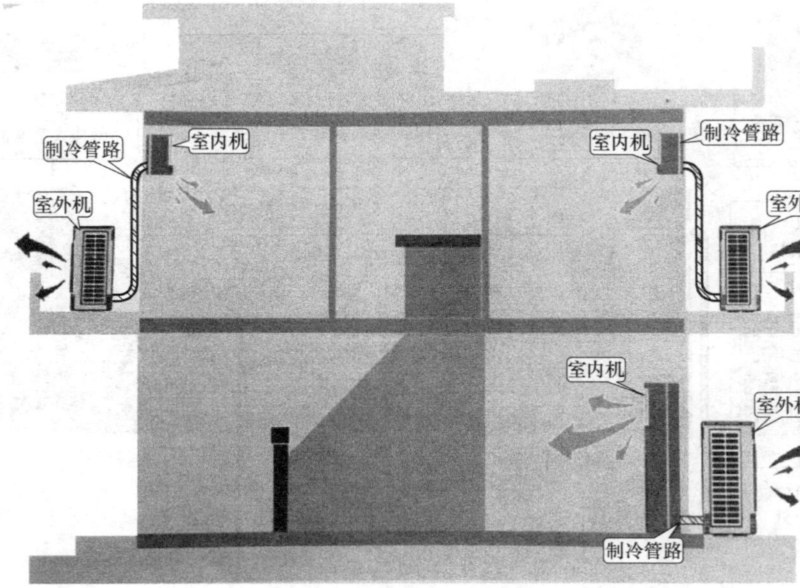

图 1-2　分体式空调器应用示意图

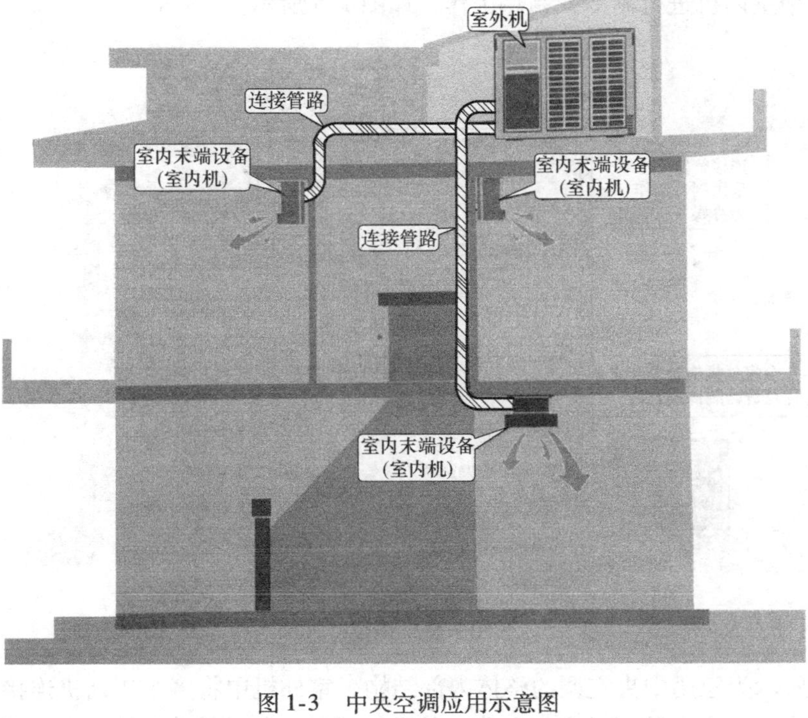

图 1-3　中央空调应用示意图

家用中央空调系统采用集中空调的设计理念，室外机内部设有一组（或多组）压缩机，可以通过一组（或多组）管路与室内机相连，构成一个（或多个）制冷（制热）循环。室内机有嵌入式、卡式、风管式、吊顶内隐藏式、壁挂式和柜式等多种形式，如图 1-4 所示。从节能上说，直流变频家用中央空调的基本能效都在国家一级以上。

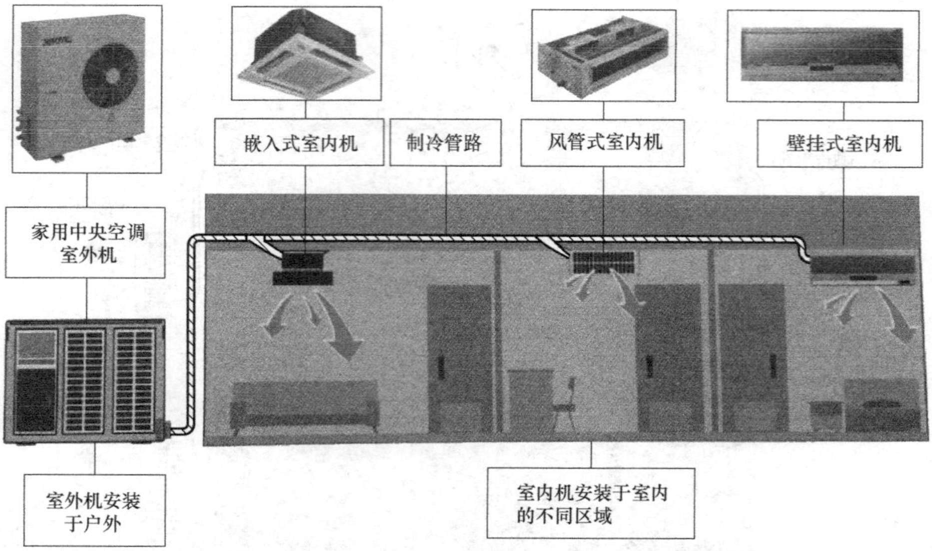

图 1-4　家用中央空调的安装形式

家用中央空调多采用制冷剂作为冷媒（也可称为一拖多式的中央空调），可以通过一台室外机拖动多个室内机进行制冷或制热工作，如图 1-5 所示。

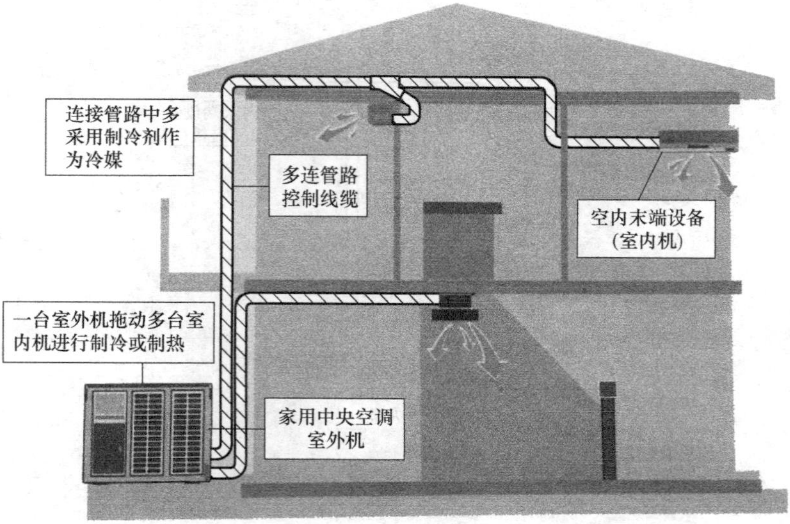

图 1-5　家用中央空调整体外部结构

如图 1-6 所示为家用中央空调的整体内部结构，室外机中将多个压缩机连接在一个室外管路循环系统中，由主电路以及变频电路对其进行控制，通过管路系统与室内机组进行冷热交换，从而达到制冷或制热的目的；室内机中的各管路及电路系统相对独立。

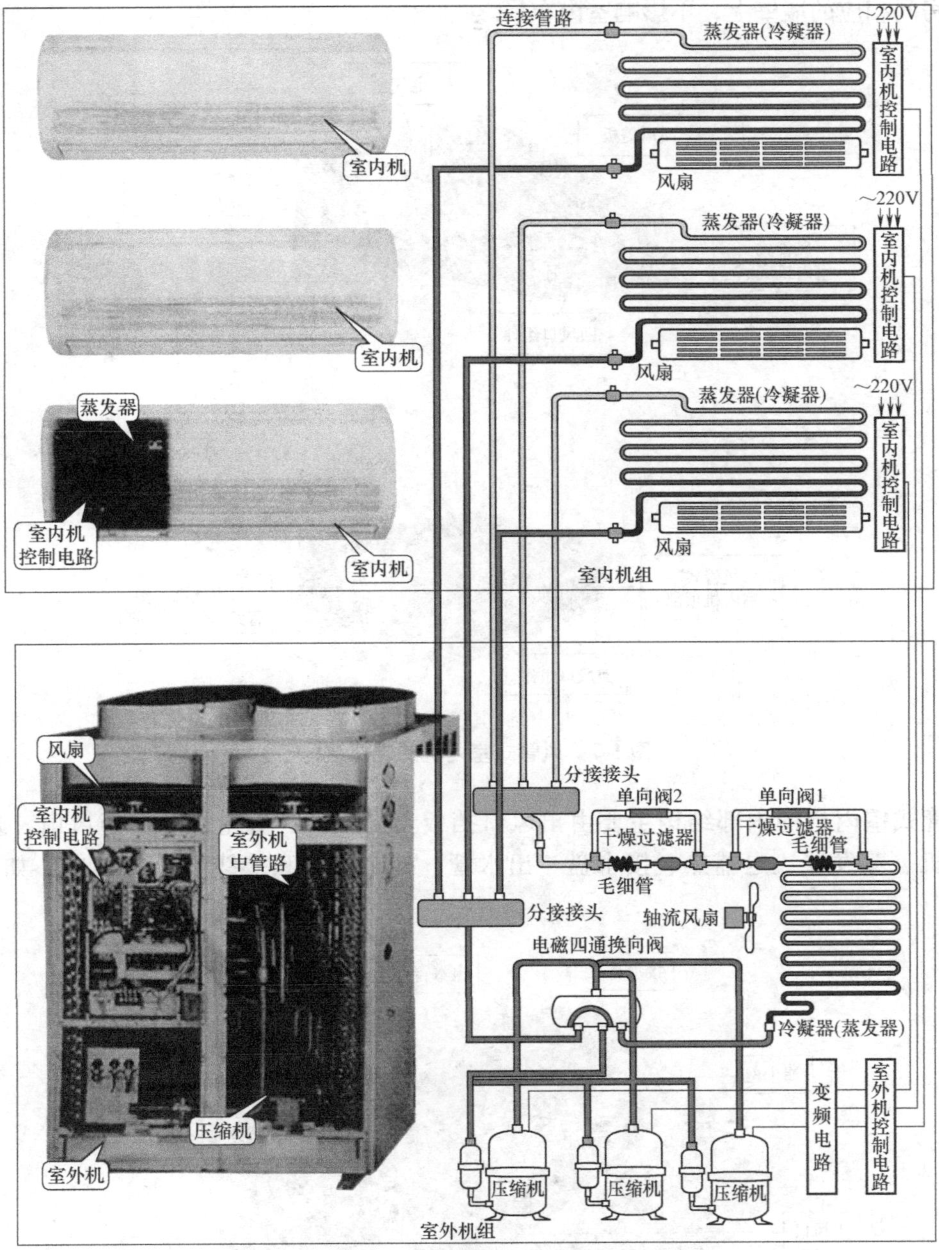

图 1-6 家用中央空调整体内部结构

二、家用中央空调室内机的结构

家用中央空调的室内机可以根据家庭的装修风格以及室内美观效果进行选择，可以选择壁挂式、柜式、风管式以及嵌入式。其中壁挂式、柜式室内机与普通家用空调结构相同，不再赘述，本节重点介绍风管式和嵌入式室内机的结构形式。

1. 风管式室内机的结构

风管式室内机的外部结构主要由回风口组件、回风盖板、与室外机连接用的管路、电气盒和冷凝水排水管等构成，如图 1-7 所示。风管式室内机一般在装修房屋时嵌入餐厅、卧室等各个房间相应的墙壁上，不影响室内布局。

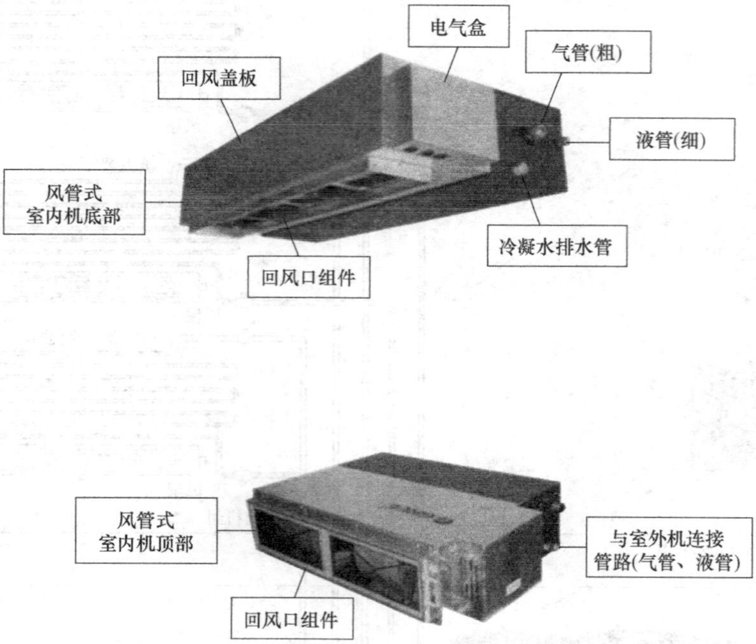

图 1-7　风管式室内机的外部结构

风管式室内机的内部结构主要由出风口挡板、出风口、滤尘网、贯流风扇、贯流风扇电动机、蒸发器、电辅热、接水盘、出水管、控制电路和接线端子等构成，如图 1-8 所示。

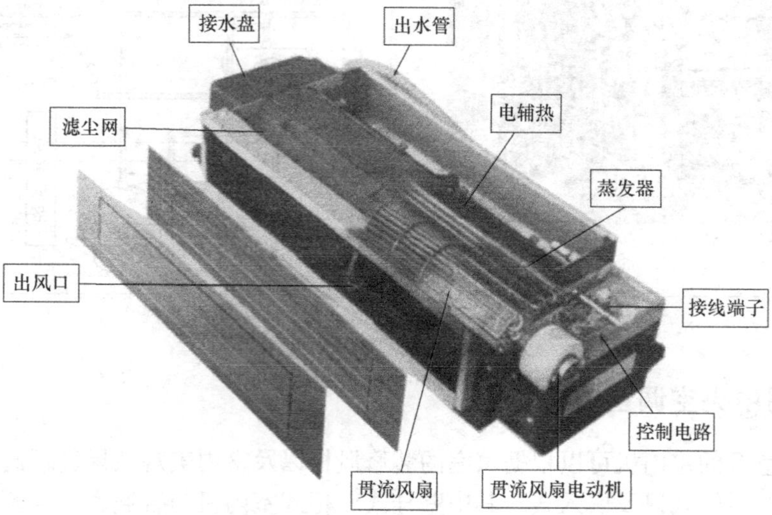

图 1-8　风管式室内机的内部结构

2. 嵌入式室内机的结构

嵌入式室内机可以根据用户的需要嵌入餐厅、卧室等各个房间相应的天花板内，前盖板外露于天花板外，其他部件均嵌入在天花板内。该类型室内机主要由涡轮风扇电动机、涡轮风扇、蒸发器、接水盘、控制电路、排水泵、前面板、过滤网、过滤网外壳等构成，如图1-9所示。

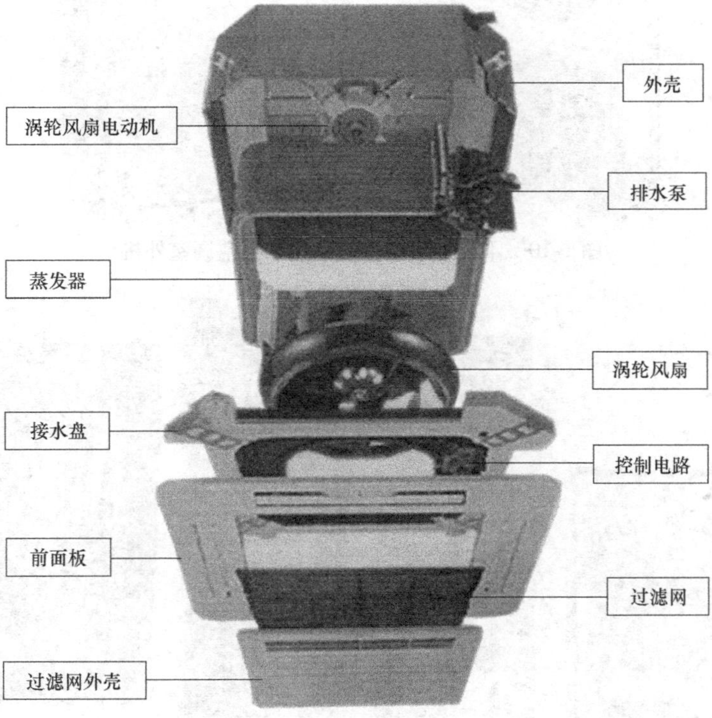

图1-9　嵌入式室内机的结构

三、家用中央空调室外机的结构

家用中央空调室外机的外部结构主要由排风口、上盖、前盖、底座、截止阀、接线护盖等组成。通常家用中央空调的室外机都是根据用户需要的制冷循环系统的数量进行选择的，即根据内部容纳的压缩机组数量进行选择，每个压缩机组都是一个单独的循环系统。图1-10所示为不同外形结构的家用中央空调室外机。

家用中央空调室外机的外部结构主要包括冷凝器、轴流风扇组件、压缩机、电磁四通阀、毛细管和控制电路等部分，如图1-11所示。

图 1-10　不同外形结构的家用中央空调室外机

图 1-11　家用中央空调室外机的内部结构

课题二　家用中央空调的工作原理

相关知识

家用中央空调制冷系统主要由压缩机、冷凝器、节流器及蒸发器组成，其制冷和制热原理与常见的小型蒸气压缩式制冷设备的工作原理相同。家用中央空调仍然是利用压缩制冷剂的原理进行制冷和制热处理，即传输介质通常为制冷剂。下面详细分析家用中央空调的制冷、制热原理。

一、家用中央空调的制冷原理

家用中央空调的种类较多，其外形结构和功能也有所差异，但制冷时的工作原理是基本相同的。图 1-12 所示为典型家用中央空调的制冷原理示意图，其制冷原理如下：

1）制冷剂在压缩机中被压缩，将原本低温、低压的制冷剂气体压缩成高温、高压的过热蒸气后，由压缩机的排气管口排出。高温、高压的气态制冷剂从压缩机排气管口排出后，通过电磁四通阀的 A 口进入。在制冷的工作状态下，电磁四通阀中的阀块在 B 口至 C 口处，所以高温、高压的气体制冷剂经电磁四通阀的 D 口送出，被送入冷凝器中。

2）高温、高压的气体制冷剂进入冷凝器中，由轴流风扇对冷凝器进行降温处理，冷凝器管路中的制冷剂进行降温后送出低温、高压的液态制冷剂。

接通电源，室内机和室外机开始工作。制冷时，来自各个室内机热交换器的低温、低压制冷剂气体汇合后被压缩机吸入、压缩成高温、高压气体，排入室外机热交换器，与室外侧空气进行热交换而成为制冷剂液体，经节流元件节流降压、降温后，再经过总阀后分流至各个室内机热交换器，与室内需调节的空气进行热交换，成为低温、低压制冷剂气体。如此周而复始地循环，达到制冷的目的。

3）低温、高压的液态制冷剂经冷凝器送出后，经管路中的单向阀 1 后，经干燥过滤器滤除制冷剂中多余的水分，再经毛细管进行节流降压，经过节流降压后的低温、低压的制冷剂液体，再经分接接头 1 分别送入室内机的管路中。

4）低温、低压的液态制冷剂经管路后，分别进入三条室内机的蒸发器管路中，经过流风道吹动室内空气，使空气与蒸发器中低温、低压的液态制冷剂进行热交换，将冷风送入室内。

5）当蒸发器中的低温、低压液态制冷剂经过热交换后，变为低温、低压的气态制冷剂，经制冷管路流向室外机，经分接接头 2 后汇入室外机管路中，通过电磁四通阀 B 口进入，由 C 口送出后再经压缩机吸气孔返回压缩机中，再进行压缩，如此周而复始，完成制冷循环。

在家用中央空调系统中，室外机内部的冷凝器与室内机的蒸发器之间安装有单向阀，用来控制制冷剂流向，它具有单向导通、反向截止的特性。

二、家用中央空调的制热原理

通常家用空调也带有制热功能。家用中央空调的制热原理与制冷原理基本相同，不同的是通过室外机电路系统控制电磁四通阀中的阀块进行换向，从而改变制冷剂的流向。图1-13 所示为典型家用中央空调的制热原理示意图，从图中可以看出，其制热原理如下：

1）制冷剂经压缩机处理后变为高温、高压气体，由压缩机的排气口排出。当家用中央空调进行制热时，电磁四通阀由电路控制内部的阀块由 B 口、C 口移向 C 口、D 口，此时高温、高压的气态制冷剂经电磁四通阀的 A 口送入，再由 B 口送出，经分接接头 2 送入各室内机的蒸发器管路中。

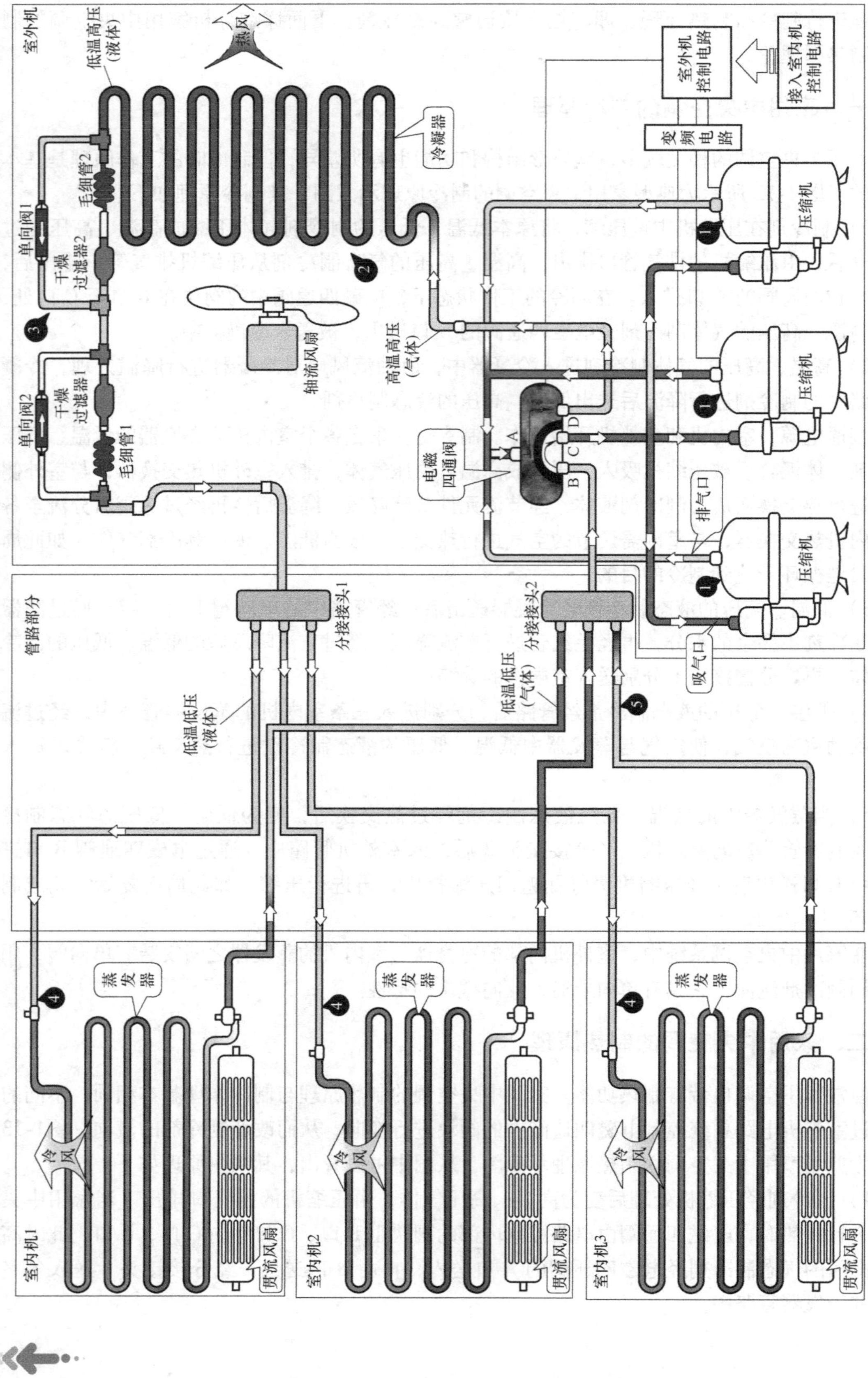

图 1-12　典型家用中央空调的制冷原理示意图

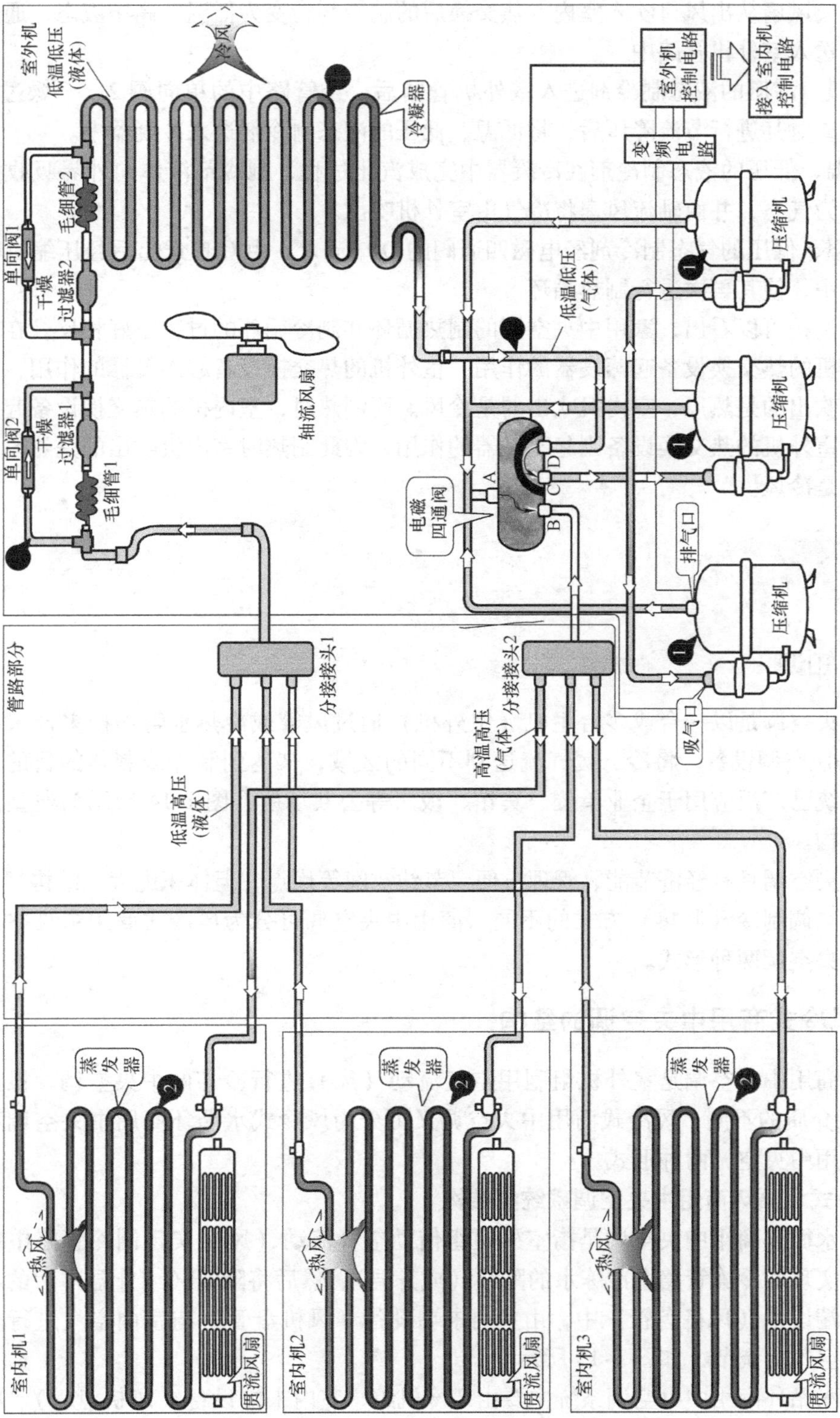

图1-13　典型家用中央空调的制热原理示意图

2）高温、高压的气态制冷剂进入室内机蒸发器后，过热的蒸气通过蒸发器散热，散出的热量由贯流风扇从出风口吹入室内。热交换后的制冷剂转变为低温、高压液态，通过分接接头汇合，送入室外机管路中。

3）低温、高压的液态制冷剂进入室外机管路后，经管路中的单向阀 2、干燥过滤器 2 以及毛细管 2 对其进行节流降压后，将低温、低压的液态制冷剂送入冷凝器中。

4）低温、低压的液态制冷剂在冷凝器中完成汽化过程，制冷剂液体向外界吸收大量的热，重新变为气态，并由轴流风扇将冷气由室外机吹出。

5）低温、低压的气态制冷剂经电磁四通阀的 D 口流入，由 C 口送出后经压缩机吸气孔返回压缩机中，使其再次进行制热循环。

由以上过程可以看出，家用中央空调的制热循环和制冷循环的过程正好相反。在制冷循环中，室内机的热交换设备起蒸发器的作用，室外机的热交换设备起冷凝器的作用，因此制冷时室外机吹出的是热风，室内机吹出的是冷风。而制热时，室内机的热交换设备起冷凝器的作用，而室外机的热交换设备则起蒸发器的作用，因此制热时室内机吹出的是热风，而室外机吹出的是冷风。

课题三 商用中央空调的结构

相关知识

商用中央空调是以一台或多台主机（室外机）通过风管或冷热水管连接多台末端出风口（室内机）空调设备，将冷、暖气流送到不同的区域，来达到制冷或制热的目的。商用中央空调系统已广泛应用于企业单位、宾馆、饭店等公共场所，图 1-14 所示为典型商用中央空调的结构。

商用中央空调具有经济节能、管理方便、节约空间等优点，但体积庞大、结构复杂。按照商用中央空调制冷（制热）方式的不同，商用中央空调可分为风冷式商用中央空调和水冷式商用中央空调两种形式。

一、风冷式商用中央空调的结构

风冷式商用中央空调是室外机组利用空气流动（风）进行冷却的中央空调。根据室内冷（热）媒介质的不同，风冷式商用中央空调又可分为风冷式水循环商用中央空调和风冷式风循环商用中央空调两种形式。

1. 风冷式水循环商用中央空调系统的结构

风冷式水循环商用中央空调是指室外机组借助空气流动（风）实现制冷管路中制冷剂的热交换，实现对冷冻管路中冷冻水的降温（或升温），然后将降温（或升温）后的冷冻水送入室内末端设备（风机盘管）中，由室内末端设备（风机盘管）与室内空气进行热交换后，实现对空气的调节，如图 1-15 所示。

风冷式水循环商用中央空调系统主要由风冷机组、室内末端设备（风机盘管）、冷冻水管路、冷冻水泵、膨胀水箱、闸阀组件和压力表阀等构成。闸阀组件中主要包括 Y 形过滤器、过滤器、水流开关、止回阀、旁通调节阀以及排水阀等，如图 1-16 所示。

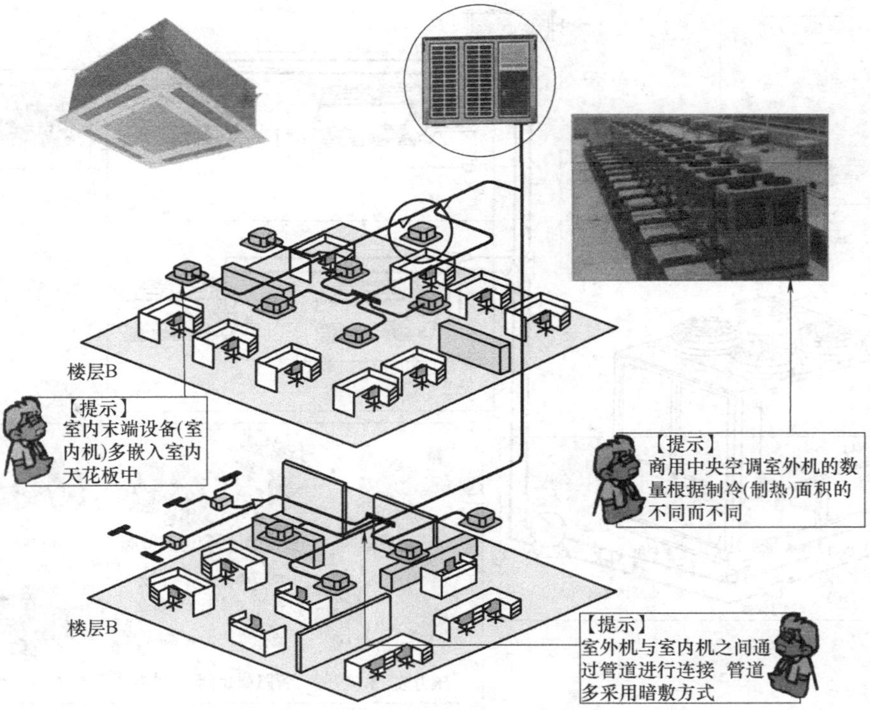

图 1-14　典型商用中央空调的结构

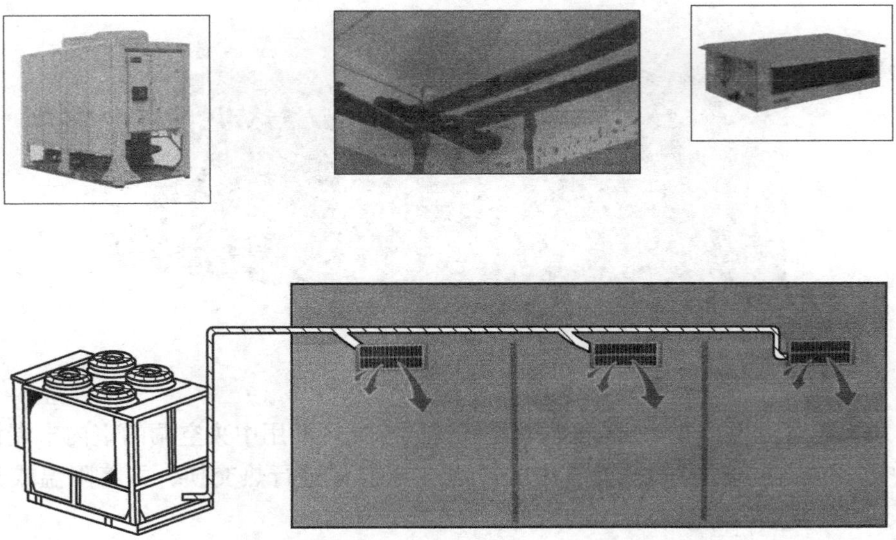

图 1-15　风冷式水循环商用中央空调系统

（1）风冷机组（室外机）　风冷机组是中央空调的核心部件，也是风冷式水循环商用中央空调的主机，它是以空气流动（风）作为冷（热）源，以水作为供冷（热）介质的中央空调机组，如图 1-17 所示。

（2）冷冻水泵　冷冻水泵连接在风冷机组的末端，主要用于将供冷（热）的冷冻水加压后送到冷冻水管路中，如图 1-18 所示。

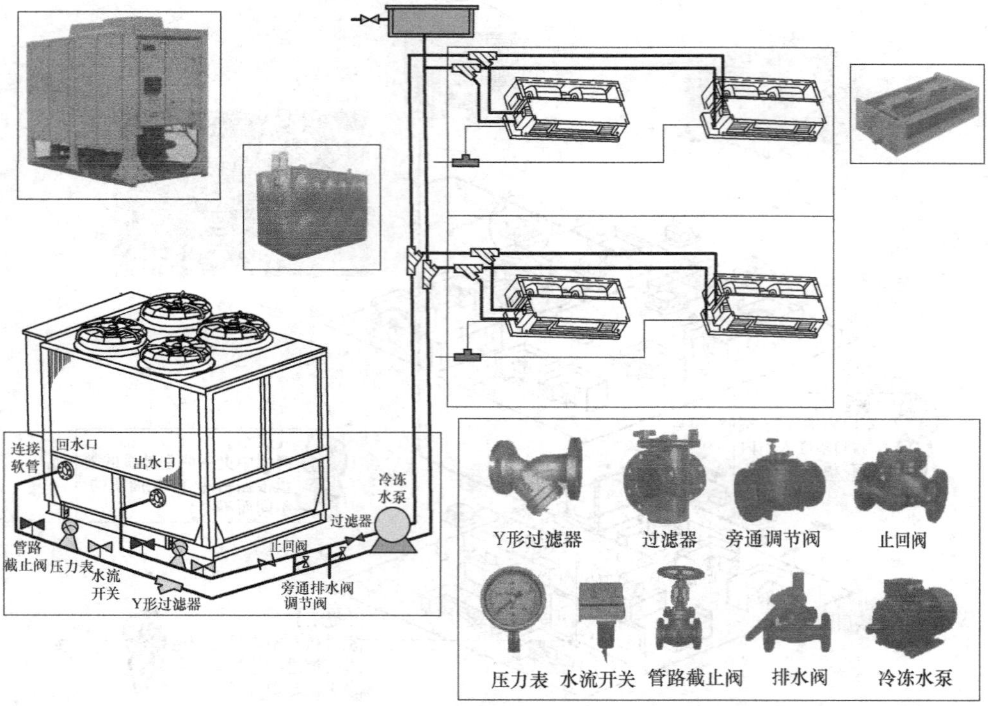

图 1-16　风冷式水循环商用中央空调系统的结构

图 1-17　风冷机组

（3）风机盘管（室内机）　风机盘管是风冷式水循环商用中央空调的室内末端设备，主要是利用空气循环使室内空气与盘管中的冷水（热水）进行热交换，并将降温或升温后的空气输出，达到使室内降温或升温的目的。

根据风机盘管使用方式的不同，将其分为多种形式，常见的主要有卧式暗装风机盘管、卧式明装风机盘管、整体卧式暗装风机盘管、立式明装风机盘管、天花板嵌入式风机盘管和四出风天花板嵌入式风机盘管等，如图 1-19 所示。

风机盘管根据其本身管道结构还可分为两管制和四管制，其实物如图 1-20 所示。两管制风机盘管最为常见，它在夏季流冷水、冬季流热水；而四管制风机盘管主要用于对空气环境要求比较高的场所，它可以同时流冷水和热水，同时实现对不同区域进行制冷和制热的目的。

图 1-18　冷冻水泵

卧式暗装风机盘管

卧式明装风机盘管

整体卧式暗装风机盘管

立式明装风机盘管

天花板嵌入式风机盘管

四出风天花板嵌入式风机盘管

图 1-19　风机盘管

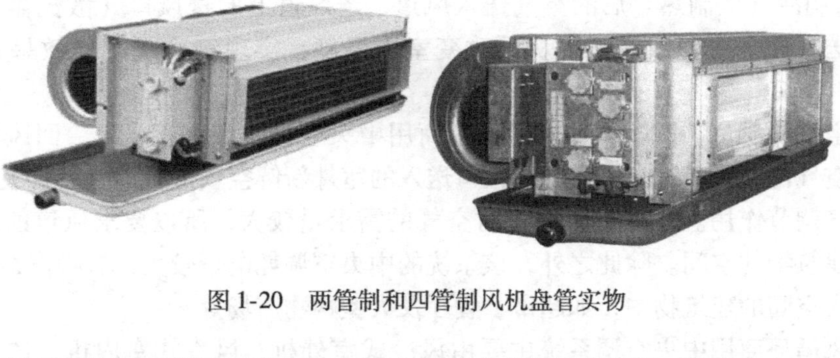

图 1-20　两管制和四管制风机盘管实物

风机盘管的性能参数可以通过风机盘管上端的标识进行识读，见表 1-1。表 1-2 所列为对应风机盘管的性能参数。

表 1-1　风机盘管上的标识

FP	—	51	W	A	H	f	B
1		2	3	4	5		6

表 1-2　风机盘管对应性能参数

序号	代号描述	可选项
1	机组代号	FP——风机盘管
2	名义风量	数字 ×10m^3/h
3	结构形式	L——立式；W——卧式；XD——吸顶式
4	安装形式	M——明装；A——暗装
5	机组静压	省略——标准型；H——高静压
6	设计序号	设计序号，按 A、B、C 排列

（4）膨胀水箱　膨胀水箱是风冷式水循环商用中央空调中非常重要的部件之一，主要作用是平衡水循环管路中的水量及压力，其实物外形如图 1-21 所示。

图 1-21　膨胀水箱实物外形

2. 风冷式风循环商用中央空调的结构

风冷式风循环商用中央空调是指室外机机组借助空气流动（风）实现制冷管路中制冷剂的热交换，然后将降温或升温后的制冷剂经管路送至室内机（风管机）中，由室内机（风管机）将制冷（或制热）后的空气送入风道，经风道上的送风口（散流器）将降温或升温的空气送入各个房间或区域，从而改变室内温度，实现制冷或制热效果，如图 1-22 所示。

为确保空气的质量，许多风冷式风循环商用中央空调安装有新风口、回风口和回风风道。室内的空气由回风口进入风道与新风口送入的室外新鲜空气进行混合后再吸入室内，起到良好的空气调节作用。这种中央空调对空气的需求量较大，所以要求风道的截面积也较大，很占用建筑物的空间。除此之外，该系统的中央空调耗电量较大，有噪声，多数情况下应用于有较大空间的建筑物中，如超市、餐厅及大型购物广场等。

风冷式风循环商用中央空调系统主要由风冷式室外机、风冷式室内机、送风口（散流器）、室外风机、风道连接器、过滤器、新风口、回风口、风道以及风道中的风量控制设备等构成，如图 1-23 所示。

（1）风冷式室外机　风冷式风循环商用中央空调室外机为风冷式室外机，采用空气循环散热的方式对制冷剂降温，其结构紧凑，可以安装在楼顶、屋顶以及地面上，如图 1-24 所示。

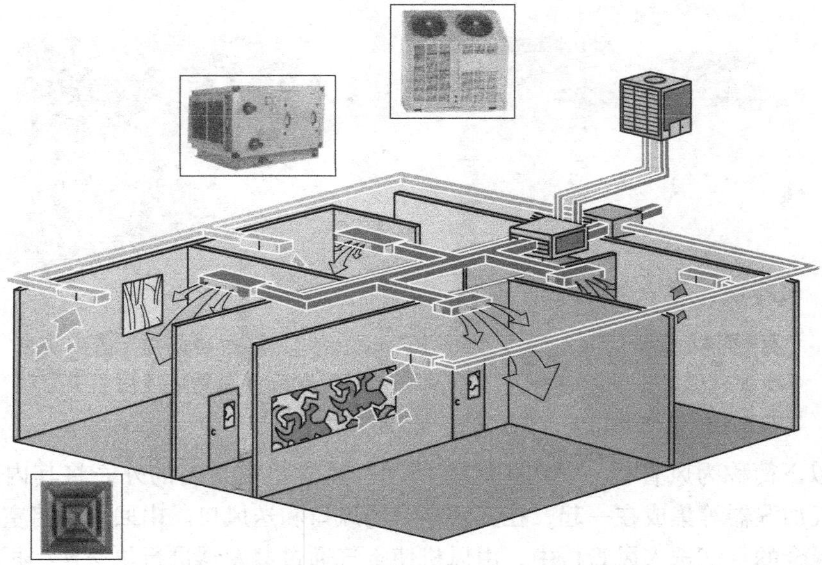

图 1-22　风冷式风循环商用中央空调的结构

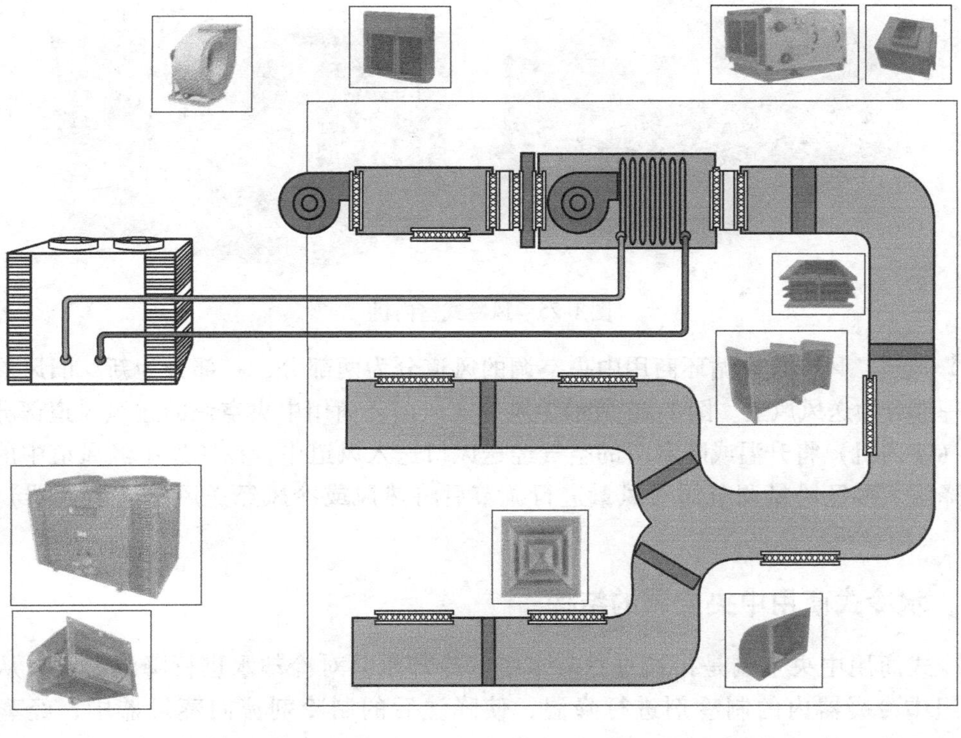

图 1-23　风冷式风循环商用中央空调系统的构成

风冷式风循环商用中央空调系统的室外机大小随着需要制冷量的不同会有所不同。当需要的制冷量较大时，可以使用多台风冷式中央空调室外机进行串联、并联安装，使其输送的制冷量达到要求。

（2）风冷式室内机　风冷式风循环商用中央空调的室内机为风冷式室内机，多采用风

图 1-24 风冷式室外机

管式结构（以下简称为风管机），如图 1-25 所示。风管机由封闭的外壳将其内部风机、蒸发器以及空气加湿器等集成在一起，在其两端有回风口和送风口。由回风口将室内的空气或由新、旧风混合的空气送入风管机中，由风机使空气通过蒸发器进行热交换，再由风管机中的加湿器对空气进行加湿处理，最后由送风口将处理后的空气送入风道中。

图 1-25 风冷式室内机

（3）风道 风冷式风循环商用中央空调的风道分为两部分，一部分为新、旧风混合风道，另一部分为送风风道。图 1-26 所示为风冷式风循环商用中央空调的送风风道部分，由风管机（室内机）将升温或降温后的空气经送风口送入风道中，在风道中经风道中的静压箱进行降压，再经风量调节阀对风量进行调节后将热风或冷风经送风口（散流器）送入室内。

二、水冷式商用中央空调的结构

水冷式商用中央空调是指通过冷却水塔、冷却水泵对冷却水进行降温循环，从而对水冷机组中冷凝器内的制冷剂进行降温，使降温后的制冷剂流向蒸发器中，经蒸发器对循环的冷冻水进行降温，再将降温后的冷冻水送至室内末端设备（风机盘管）中，由室内末端设备（风机盘管）与室内空气进行热交换后，从而实现对空气的调节，如图 1-27 所示。

水冷式商用中央空调主要由水冷机组、冷却水塔、风机盘管、膨胀水箱、冷冻水管路、冷却水泵、冷冻水泵及闸阀组件和压力表阀等构成。闸阀组件中主要包括管路截止阀、Y 形过滤器、过滤器、水流开关、单向阀以及排水阀等，如图 1-28 所示。

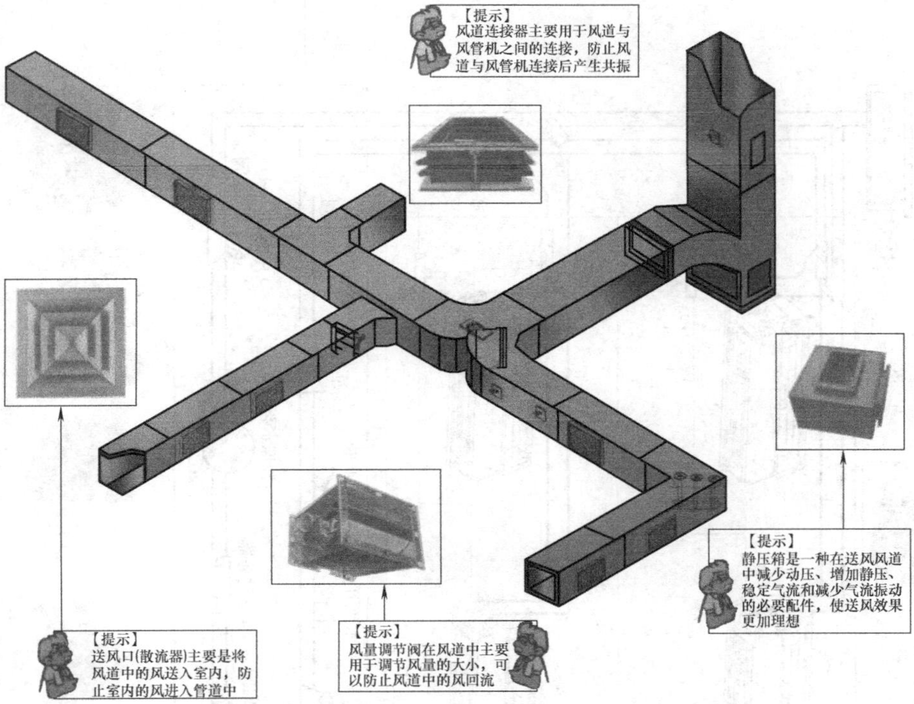

图 1-26　风冷式风循环商用中央空调的送风风道部分

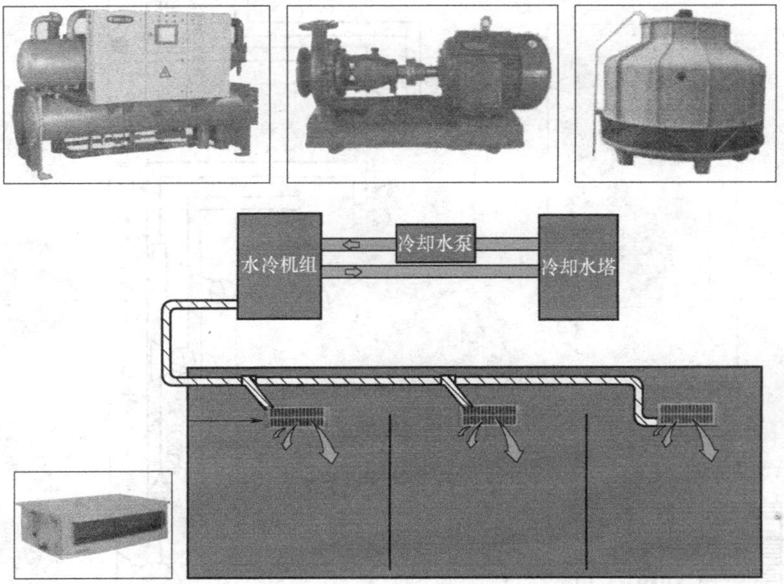

图 1-27　水冷式商用中央空调系统

水冷式商用中央空调系统主要通过对水的降温处理，使室内末端设备可以进行热交换处理，对室内空气进行降温。若需要使用该系统制热时，需要在冷媒水系统中添加锅炉等制热设备，对管路中的冷却媒进行加温，形成热水循环，再由室内末端设备进行热交换处理，对室内空气进行升温。

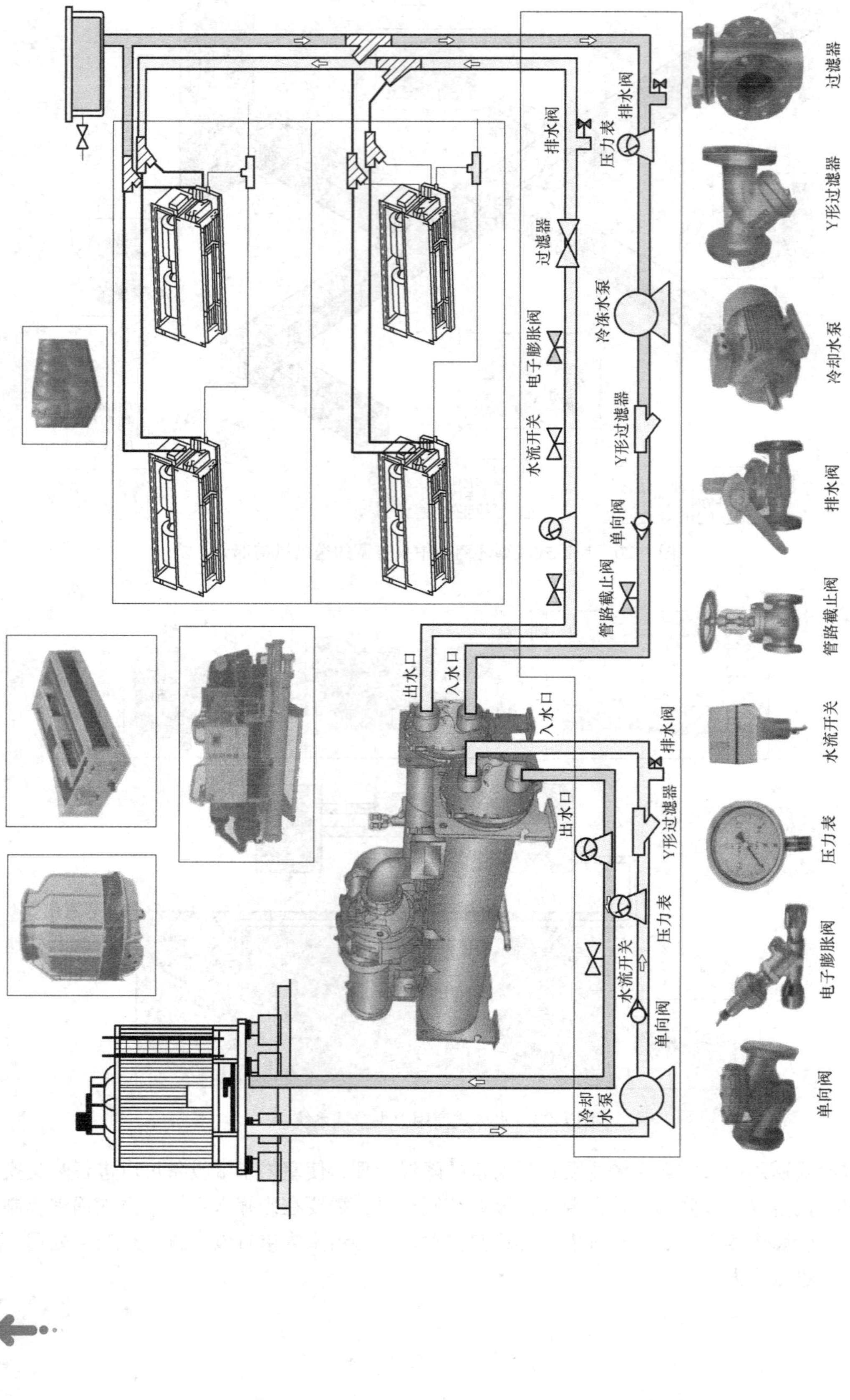

图1-28 水冷式商用中央空调系统的构成

1. 水冷机组

水冷机组是水冷式中央空调系统的核心组成部件，一般安装在专门的空调机房内，如图1-29所示。它是一种靠制冷剂循环来达到冷凝效果，然后靠水循环来带走一定的冷量的空调机组。

图1-29　水冷机组

水冷机组的应用十分广泛，类型也多种多样。其中，在商用中央空调系统中主要有螺杆式水冷机组和涡旋式水冷机组两种，如图1-30所示。

螺杆式水冷机组　　涡旋式水冷机组

图1-30　螺杆式水冷机组和涡旋式水冷机组实物外形

2. 冷却水泵和冷冻水泵

冷却水泵是用于冷却水循环系统的部件，用来循环冷却水。冷却水泵将经冷凝器升温后的循环水送至冷却塔，再经冷却水塔降温后，送回到水冷机组。冷冻水泵是用于冷冻水循环系统的部件，用来循环冷冻水，从水冷机组流出的冷冻水由冷冻水泵加压送入到冷冻水管路，经风机盘管与各个房间（或区域）进行热交换，带走房间热量，实现制冷。图 1-31 所示为冷却水泵应用实例和冷冻水泵的实物外形。

图 1-31　冷却水泵应用实例和冷冻水泵实物

3. 冷却水塔

冷却水塔是集合空气动力学、热力学、流体学、化学、生物化学、材料学、结构力学及加工技术等多种学科为一体的综合产物。它是一种利用水与空气的接触对水进行冷却，并将冷却的水经连接管路送入水冷机组中的设备。

冷却水塔的应用十分广泛，类型也多种多样。其中，在商用中央空调系统中主要有逆流式冷却水塔和横流式冷却水塔两种，如图 1-32 所示，其内部结构如图 1-33 所示。

图 1-32　冷却水塔实物外形

逆流式冷却水塔和横流式冷却水塔的主要区别在于水和空气流动的方向。逆流式冷却水塔中的水自上而下进入淋水填料，空气为自下而上吸入，两者流向相反。该类型的水塔具有配水系统不易堵塞，淋水填料可以保持清洁不易老化，湿气回流小，防冻措施设置便捷，安装简便和噪声小等特点。

横流式冷却水塔中的水自上而下进入淋水填料，空气自塔外水平流向塔内，两者流向呈垂直正交。该类型的水塔一般需要较多的填料进行散热，填料易老化，布水孔易堵塞，防冻

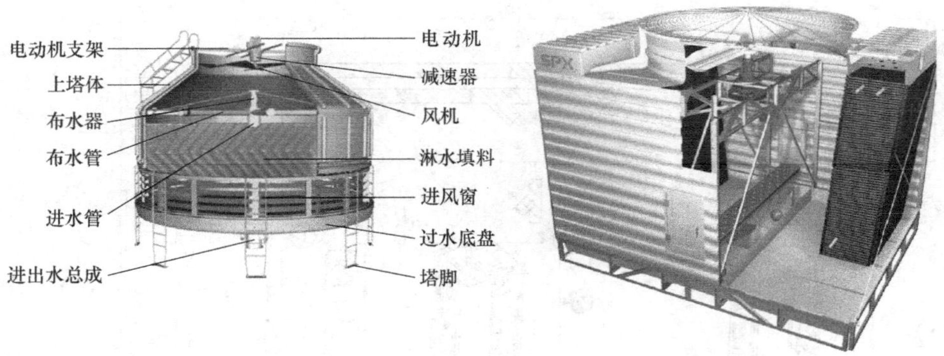

图 1-33　逆流式冷却水塔和横流式冷却水塔内部结构

性能不良，湿气回流大，但其节能效果好，水压低，风阻小，无滴水噪声和风动噪声，可以安装在噪声要求严格的居民区内，其淋水填料和配水系统检修方便。

根据分类方式的不同，冷却水塔有多种类型：按照通风方式进行分类，可以分为自然通风式冷却水塔、机械通风式冷却水塔和混合通风式冷却水塔；按照水与空气接触的方式，可以分为湿式冷却水塔、干式冷却水塔和干湿式冷却水塔；按照应用领域，可以分为工业冷却水塔与中央空调冷却水塔；按照噪声级别，可以分为普通式冷却水塔、低噪声式冷却水塔、超低噪声式冷却水塔和超静音式冷却水塔；按照形状可以分为圆形冷却水塔和方形冷却水塔，还可以分为喷流式冷却水塔和无风机式冷却水塔等。

课题四　商用中央空调的工作原理

相关知识

商用中央空调是一种制冷（制热）量大，可同时满足多空间、大范围内制冷和制热要求的空调系统，其结构庞大、系统复杂、功能完备。下面分别以典型的水冷式冷（热）水中央空调、风冷式冷（热）水中央空调和风管式中央空调为例，具体介绍不同类型商用中央空调的工作原理。

一、水冷式冷（热）水中央空调的制冷原理

水冷式冷（热）水中央空调主机组分为电机组和非电机组，通常采用螺杆式压缩机组和离心式压缩机组，非电机组主要采用吸收式机组，对于采用电机组主机的中央空调主要用于制冷。若需要其进行制热时，则要在室外机循环系统中加装制热设备，对管路中的水进行加热。而采用吸收式机组的中央空调既可制冷，也可制热。本课题主要对水冷式冷（热）水电机组中央空调的制冷原理进行介绍。

水冷式冷（热）水中央空调的主机通常也称水冷机组，其制冷系统的压缩机、冷凝器及蒸发器均安装在水冷机组，冷凝器的冷却方式采用水循环冷却，也正是因此称其为水冷式冷（热）水中央空调。图 1-34 所示为典型水冷式冷（热）水中央空调制冷原理示意图。其制冷原理如下：

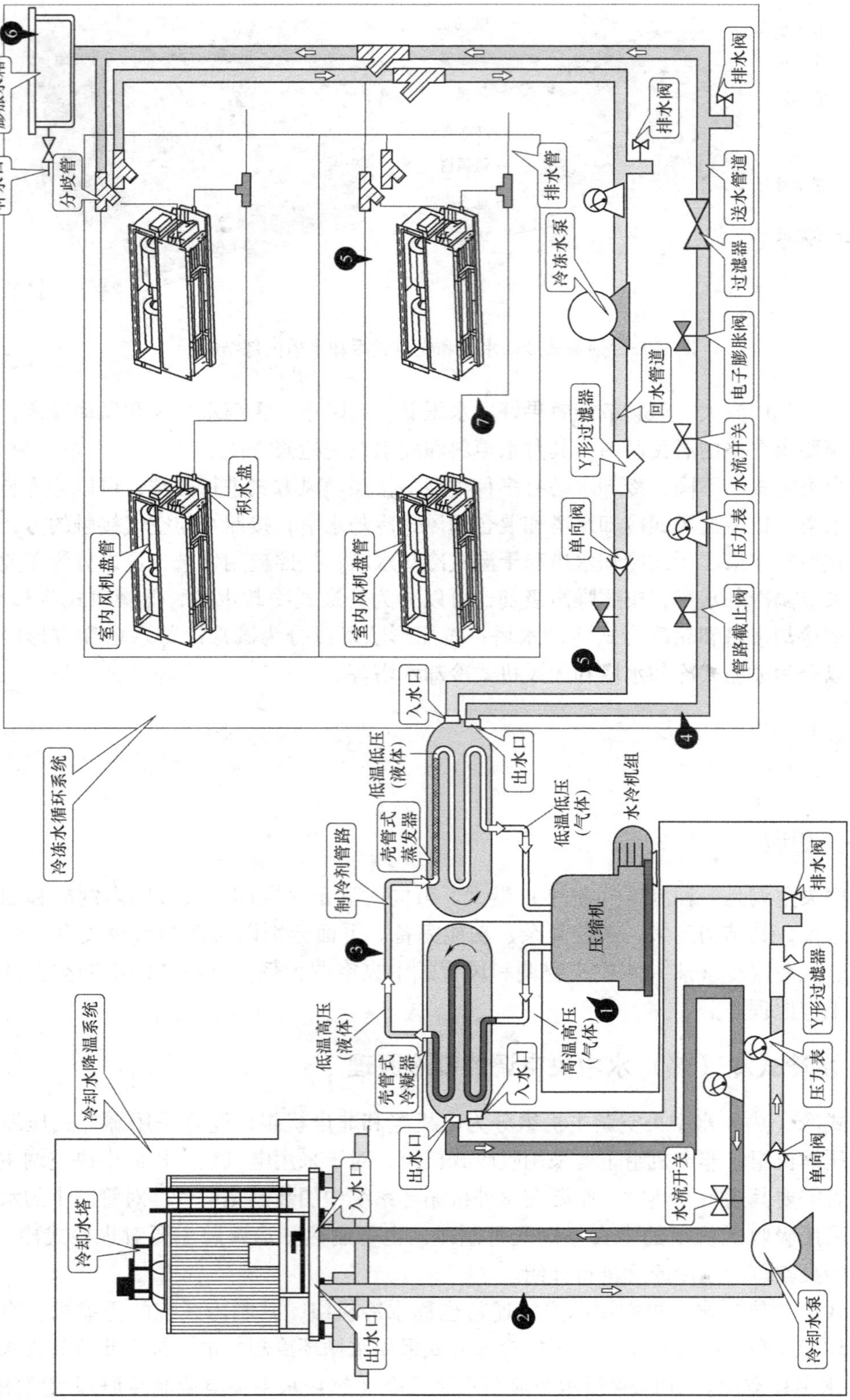

图 1-34 典型水冷式冷（热）水中央空调制冷原理示意图

1）水冷式冷（热）水中央空调制冷时，水冷机组的压缩机将制冷剂压缩为高温、高压气体，送入壳管式冷凝器中，等待冷却水降温系统对壳管式冷凝器进行降温。

2）冷却水降温系统进行循环，由壳管式冷凝器送出温热的水，进入冷却水降温系统的管道中，经过压力表阀和水流开关后，进入冷却水塔，由冷却水塔对水进行降温处理，再经冷却水塔的出水口送出，经冷却水泵、单向阀、压力表阀以及Y形过滤器后，进入壳管式冷凝器中，实现对冷凝器的循环降温。

3）送入壳管式冷凝器中的高温、高压的制冷剂气体经过冷却水降温系统降温后，送出低温、高压的液态制冷剂，制冷剂经过管路循环进入壳管式蒸发器中，低温、低压的液态制冷剂在蒸发器管路中吸热汽化，变为低温、低压的制冷剂气体，然后进入压缩机中，再次进行压缩，进行制冷循环。

4）壳管式蒸发器中的制冷剂管路与壳管中的冷冻水进行热交换，将降温后的冷冻水由壳管式蒸发器的出水口送出，进入冷冻水送水管道，经过管路截止阀、压力表阀、水流开关、电子膨胀阀以及过滤器在送水管道中循环。

5）经降温后的冷冻水经送水管道送入室内风机盘管中，冷冻水在室内风机盘管中循环，与室内空气进行热交换，从而降低室内温度。进行热交换后的冷冻水循环至回水管道中，经压力表阀、冷冻水泵、Y形过滤器、单向阀及管路截止阀后，经入水口进入壳管式蒸发器中，由壳管式蒸发器再次对冷冻水进行降温，使其循环。

6）在送水管道中安装有膨胀水箱，防止管道中的冷冻水由于热胀冷缩而导致管道破损。膨胀水箱上带有补水口，当冷冻水循环系统中的水量减少时，可以通过补水口为该系统进行补水。

7）室内机风机盘管中的制冷管路在进行热交换的过程中，会形成冷凝水。冷凝水由风机盘管上的冷凝水盘收集，经排水管排出。

二、风冷式冷（热）水中央空调的制冷/制热原理

风冷式冷（热）水中央空调采用风机对冷凝器进行冷却，取消了冷却水降温系统，不需安装冷却水塔等设备。其制冷/制热原理与水冷式冷（热）水中央空调基本相同。

1. 风冷式冷（热）水中央空调的制冷原理

风冷式冷（热）水中央空调因取消了冷却水降温系统，结构相对简单，应用领域比较广泛。图1-35所示为典型风冷式冷（热）水中央空调制冷原理示意图。其制冷原理如下：

1）风冷式冷（热）水中央空调制冷时，由室外机中的压缩机将制冷剂压缩为高温、高压的气体，此气体由电磁四通阀的A口进入，经D口送出。

2）高温、高压的气态制冷剂进入制冷管路后，送入翅片式冷凝器中，由冷凝风扇吹动空气，对翅片式冷凝器中的制冷剂进行降温，使制冷剂由气态变成低温、高压的液态。

3）降温后的低温、高压的液态制冷剂由冷凝器中流出，进入制冷管路，制冷管路中的电磁阀关闭、截止阀打开后，制冷剂经制冷管路中的储液罐、截止阀、干燥过滤器和液视镜后，形成低温、低压的液态制冷剂。

4）低温、低压的液态制冷剂进入壳管式蒸发器中，与冷冻水进行热交换，并由壳管式蒸发器送出低温、低压的气态制冷剂，再经制冷管路进入电磁四通阀的B口中，由C后送出，进入气液分离器后送回压缩机，由压缩机再次对制冷剂进行制冷循环。

5）壳管式蒸发器中的制冷管路与循环的冷冻水进行热交换，冷冻水经降温后由壳管式蒸发器的出水口送出，进入送水管道中经管路截止阀、压力表阀、水流开关、止回阀、过滤器以及管道上的分歧管后，分别进入各个室内风机盘管中。

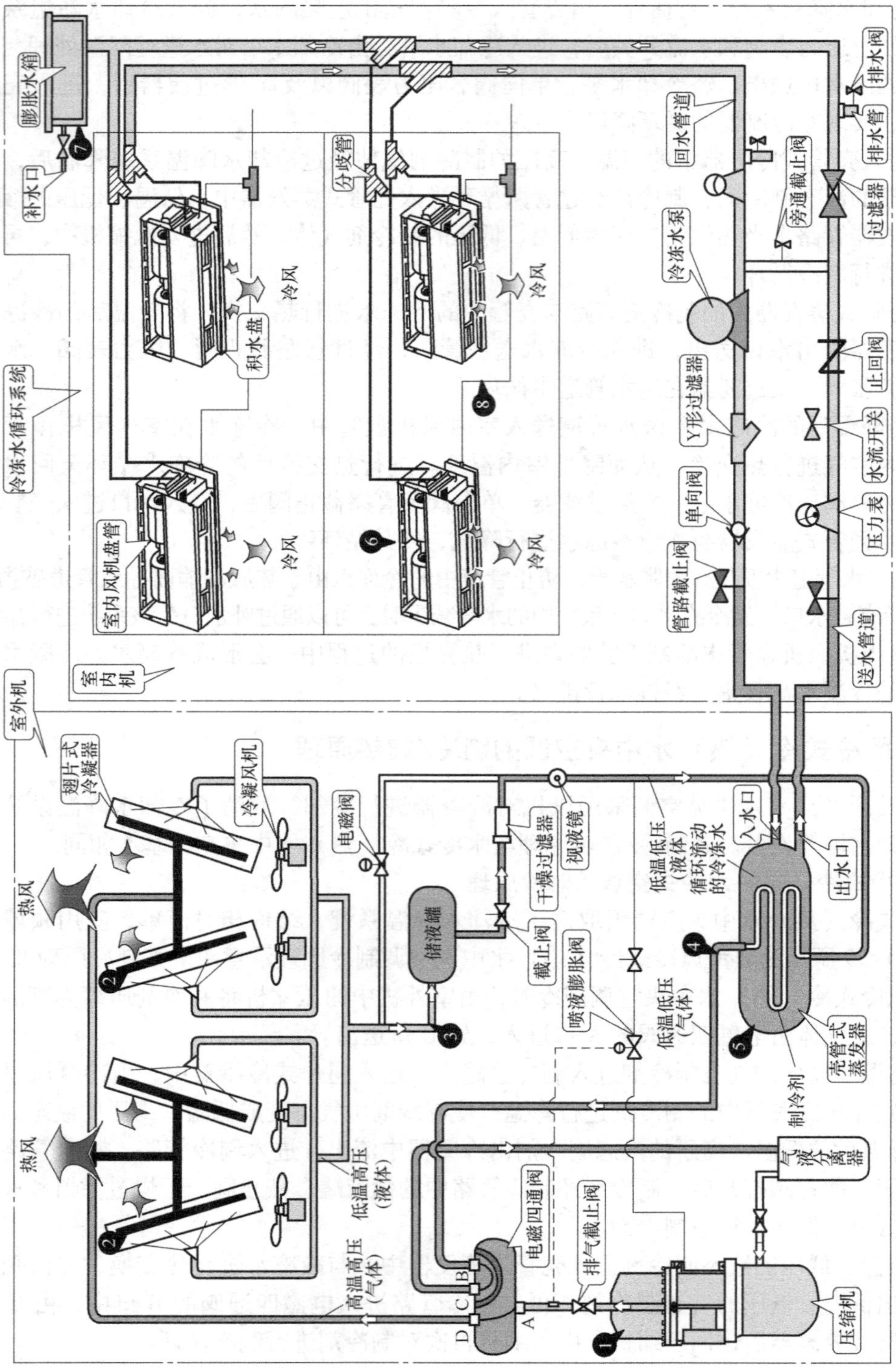

图 1-35　典型风冷式冷（热）水中央空调制冷原理示意图

6）由室内风机盘管与室内空气进行热交换，从而对室内降温。冷冻水经风机盘管进行热交换后，经过分歧管循环流回回水管道，经压力表阀、冷冻水泵、Y形过滤器、单向阀以及管路截止阀后，经壳管式蒸发器的入水口进入壳管式蒸发器中，再次进行热交换。

7）在送水管道中连接有膨胀水箱，防止管道中的水由于热胀冷缩而导致管道破损。在膨胀水箱上设有补水口，当冷冻水循环系统中的水量减少时，可以通过补水口为该系统进行补水。

8）室内机风机盘管中的制冷管路在进行热交换的过程中，会形成冷凝水，由风机盘管上的冷凝水盘盛放，经排水管排出。

2. 风冷式冷（热）水中央空调的制热原理

风冷式冷（热）水中央空调的制热原理与制冷原理相似，不同的只是室外机的功能由制冷循环转变为制热循环。图1-36所示为典型风冷式冷（热）水中央空调的制热原理示意图，由图可以看出，该其制热原理如下：

1）风冷式冷（热）水中央空调制热时，制冷剂在压缩机中被压缩，将原来低温、低压的制冷剂气体压缩为高温、高压的气体，电磁四通阀在控制电路的控制下，内部滑块C、B口移动至C、D口，此时高温、高压的气体制冷剂由压缩机送入电磁四通阀的A口，并经电磁四通阀的B口进入制热管路中。

2）高温、高压的气体制冷剂进入制热管路后，流入壳管式蒸发器中，与冷冻水进行热交换，使冷冻水的温度升高。

3）高温、高压的气体制冷剂经壳管式蒸发器进行热交换后，转变为低温、高压的液态制冷剂并进入制热管路中，此时制热管路中的电磁阀开启、截止阀关闭，制冷剂经电磁阀后转变为低温、低压的液体，继续经管路进入翅片式冷凝器中，由冷凝风机对翅片式冷凝器进行降温，制冷剂经翅片式冷凝器后转变为低温、低压的气体。

4）低温、低压的气态制冷剂经电磁四通阀D口进入，经C口流入气液分离器中，进行气液分离后进入压缩机中，由压缩机再次对制冷剂进行制热循环。

5）壳管式蒸发器中的制热管路与循环冷冻水进行热交换，冷冻水经升温后由壳管式蒸发器的出水口送出，进入送水管道后经管路截止阀、压力表阀、水流开关、止回阀、过滤器以及管道上的分歧管后，分别进入各个室内风机盘管中。

6）由室内风机盘管与室内空气进行热交换，从而对室内进行升温。冷冻水经风机盘管进行热交换后，经过分歧管进入回水管道，经压力表阀、冷冻水泵、Y形过滤器、单向阀以及管路截止阀后，经壳管式蒸发器的入水口回到壳管式蒸发器中，再次与制冷剂进行热交换。

7）在送水管道中连接有膨胀水箱，由于管路中的冷冻水受热膨胀后进入膨胀水箱中，可防止管道压力过大而破损。在膨胀水箱上设有补水口，当冷冻水循环系统中的水量减少时，可以通过补水口为该系统进行补水。

8）当室内机风机盘管进行热交换时，管路中可能会形成冷凝水。此冷凝水由风机盘管上的冷凝水盘盛放，经排水管排出，防止其对室内环境造成破坏。

三、风管式中央空调的制冷/制热原理

风管式中央空调的蒸发器通常安装在室内房间的一端，室内机与风道连接，空气由回风口进入室内机中与蒸发器进行热交换，经过热交换后的冷风进入风道中，再由风道经出风口送出。

1. 风管式中央空调的制冷原理

风管式中央空调的种类繁多，结构和功能也有所差异，但其制冷原理是基本相同的。图1-37所示为典型风管式中央空调制冷原理示意图，由图可以看出，其制冷原理如下：

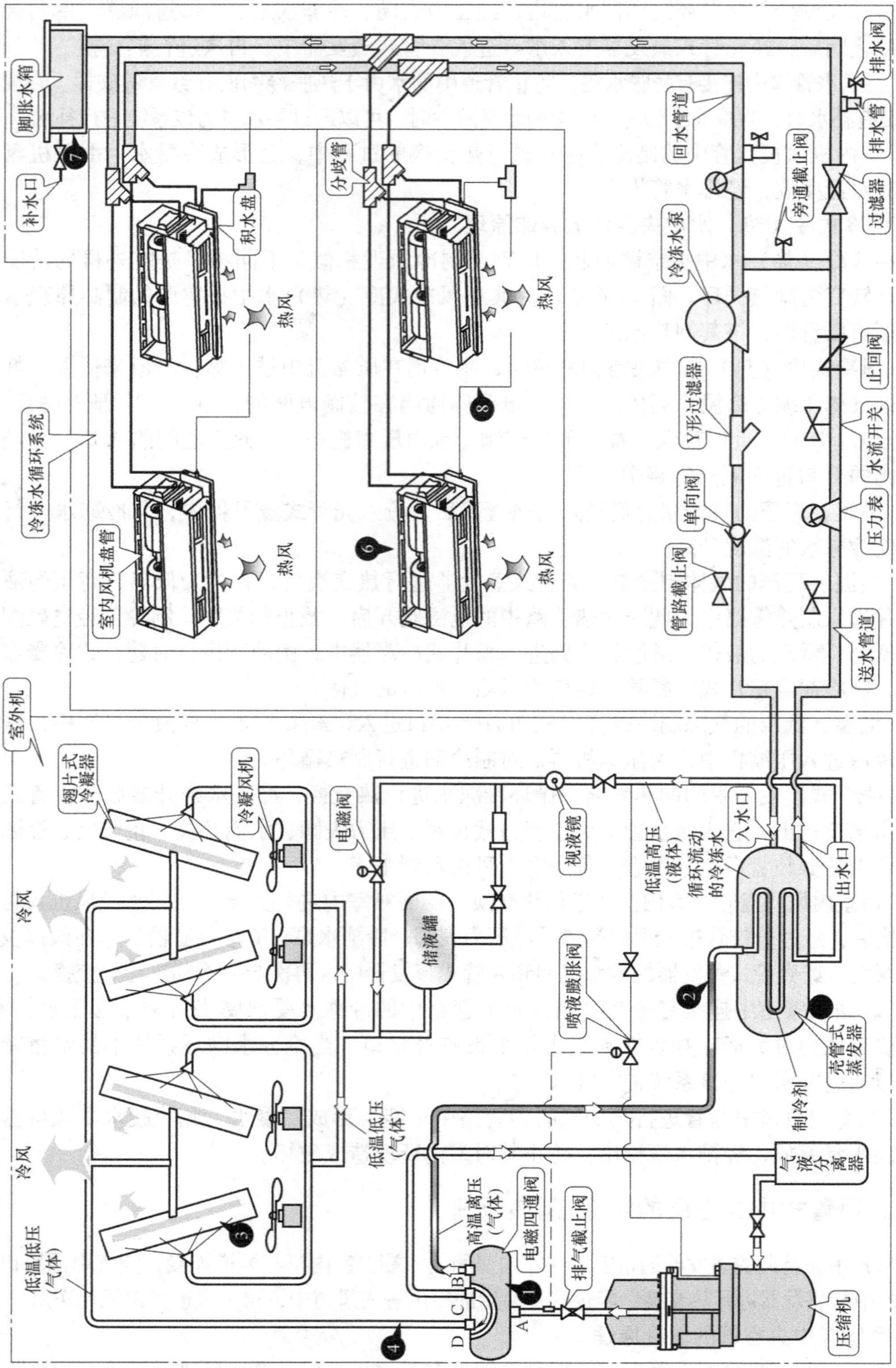

图 1-36　典型风冷式冷（热）水中央空调的制热原理示意图

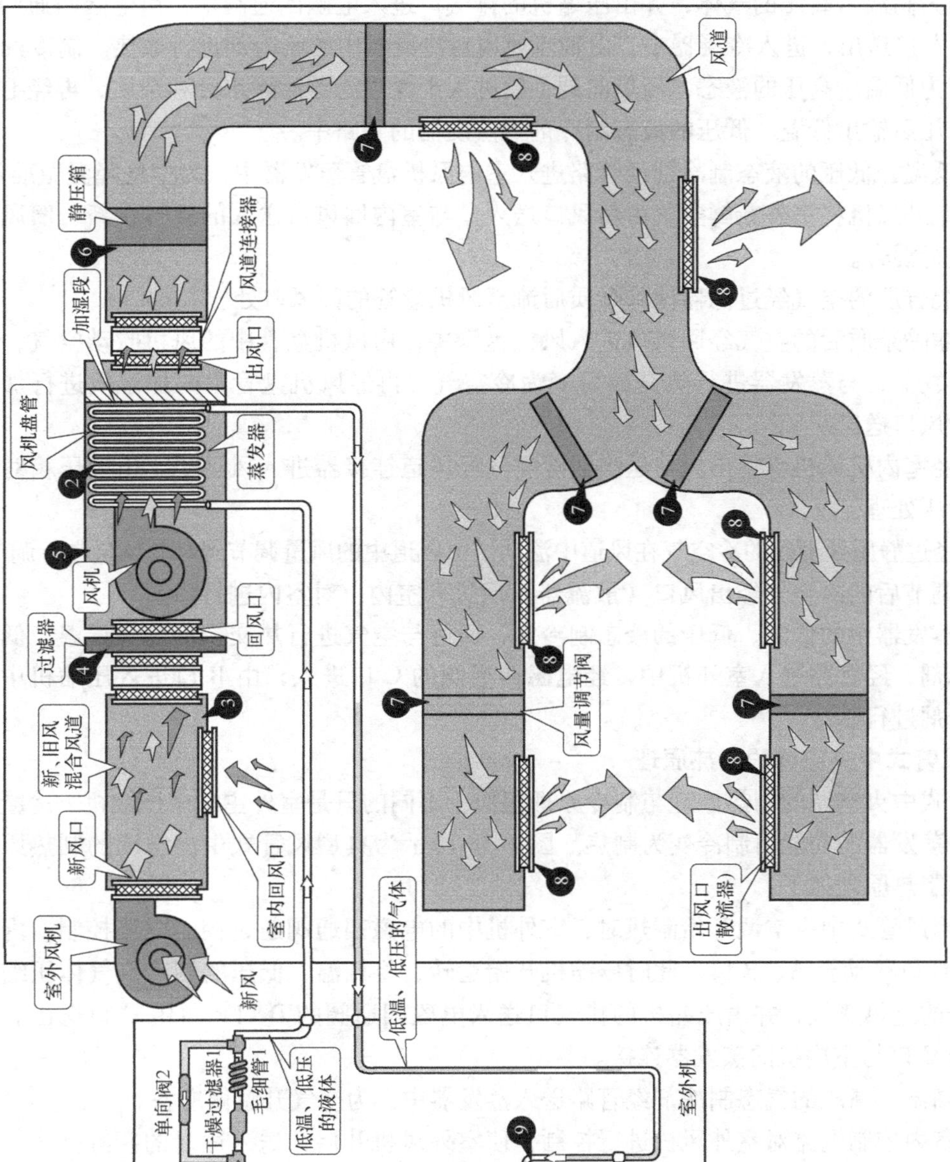

图 1-37　典型风管式中央空调制冷原理示意图

1）当风管式中央空调开始制冷时，制冷剂在压缩机中被压缩，低温、低压的制冷剂气体被压缩为高温、高压的气体，并由压缩机的排气口进入电磁四通阀中，由电磁四通阀的D口进入，A口送出，进入冷凝器中，由轴流风扇对冷凝器中的制冷剂进行散热。制冷剂经降温后转变为低温、高压的液态，经单向阀1后进入干燥过滤器滤除水分和杂质，再经毛细管节流、降压后输出低温、低压的液态制冷剂到蒸发器的管路中。

2）低温、低压的液态制冷剂经管路进入室内风机盘管蒸发器中，为空气降温做准备。

3）室外风机将室外新鲜空气由新风口送入，与室内回风口送入的空气在新、旧风混合风道中进行混合。

4）混合后的空气经过滤器滤除杂质后流至风机盘管的回风口处。

5）滤除杂质后的空气经回风口进入风机盘管中，由风机盘管中的风机吹动空气，使空气经过蒸发器，与蒸发器进行热交换后变为冷空气，再经风机盘管中的加湿段进行加湿处理，由出风口送出。

6）经室内机风机盘管出风口送出的冷空气经风道连接器进入风道中，由静压箱对冷空气进行静压处理。

7）经过静压处理后的冷空气在风道中流动，由风道中的风量调节阀对其风量进行调节。

8）调节后的冷空气经出风口（散流器）后进入室内，对室内进行降温。

9）蒸发器中的低温、低压的液态制冷剂，通过与空气进行热交换后变为低温、低压的气态制冷剂，经管路进入室外机中，经电磁四通阀的C口进入，由B口进入压缩机中，再次对制冷剂进行制冷。

2. 风管式中央空调的制热原理

风管式中央空调的制热原理与制冷原理相似，不同的只是室外主机中压缩机、冷凝器与室内机中蒸发器的功能由制冷变为制热。图1-38所示为典型风管式中央空调的制热原理示意图。其制热原理如下：

1）当风管式中央空调开始制热时，室外机中的电磁四通阀通过控制电路控制，内部滑块由B、C口移动至A、B口，此时压缩机开始运转，将低温、低压的制冷剂气体压缩为高温、高压的过热蒸气，并由压缩机的排气口送入电磁四通阀的D口，再由C口送出。电磁四通阀的C口与室内机的蒸发器连接。

2）高温、高压的气态制冷剂经管路送入蒸发器中，为空气升温做准备。

3）室内控制电路对室外风机进行控制，使室外风机开启，送入适量的新鲜空气，使其进入新、旧风混合风道。因为冬季室外的空气温度较低，若送入大量的新鲜空气，可能导致风管式中央空调的制热效果下降。

4）由室内回风口将室内空气送入，室外送入的新鲜空气与室内送入的空气在新、旧风混合风道中混合，再经过滤器滤除杂质后流至风机盘管的回风口处。

5）滤除杂质后的空气经回风口进入风机盘管中，由风机盘管中的风机将空气吹动，空气经过蒸发器后，与蒸发器进行热交换，变为暖空气，再经风机管中的加湿段进行加湿处理，由出风口送出。

6）经室内机风机盘管出风口送出的暖空气经过风道连接器进入风道中，在风道中经过静压箱进行静压处理，然后经过风量调节阀后，再由出风口（散流器）进入室内，对室内进行升温。

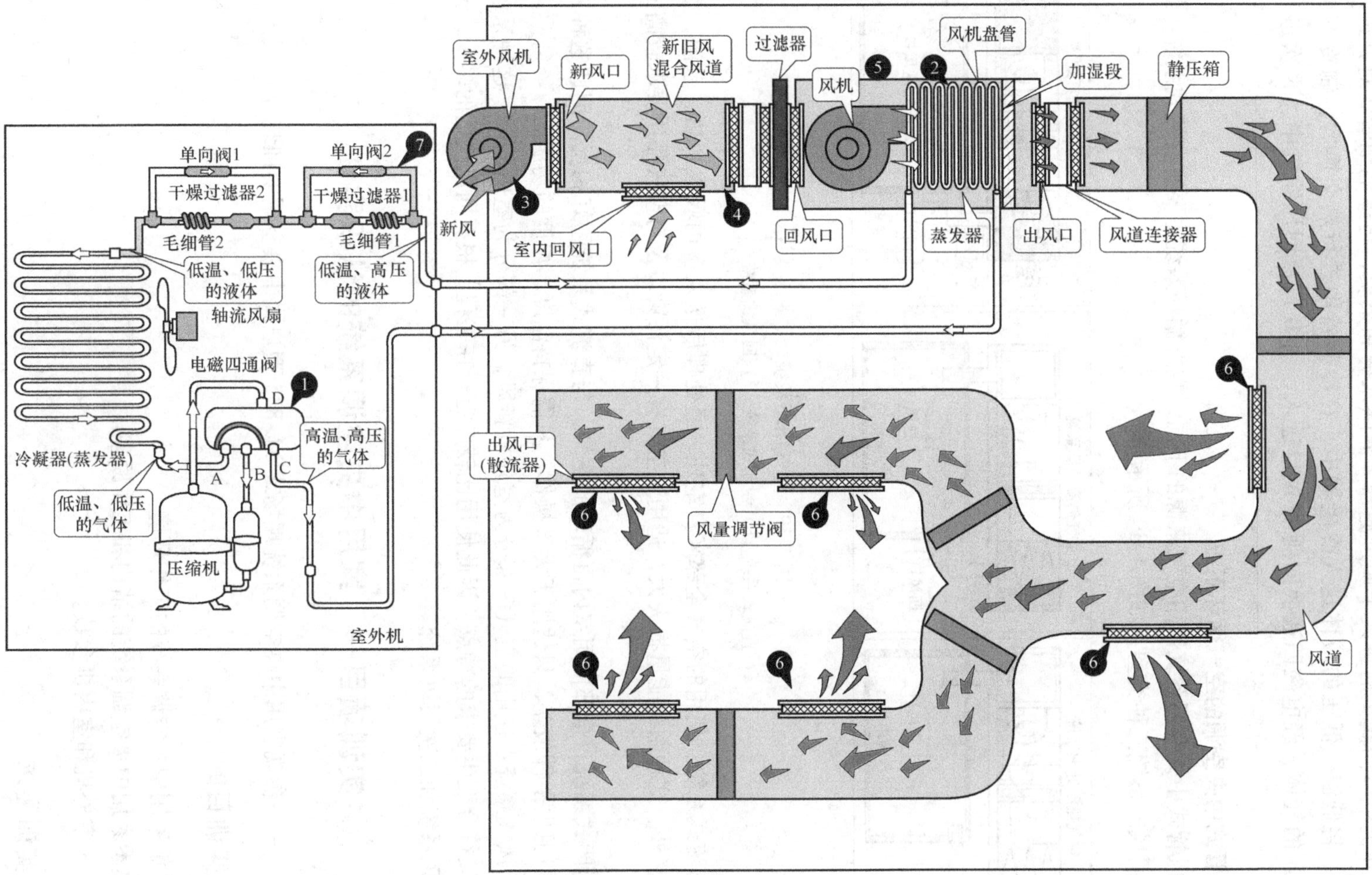

图 1-38 典型风管式中央空调的制热原理示意图

7）蒸发器中的制冷剂与空气进行热交换后，转变为低温、高压的液体进入室外机中，经室外机中单向阀2后进入干燥过滤器2滤除水分和杂质，再经毛细管2对其进行节流降压后，将低温、低压的液体送入冷凝器中，在冷凝器中进行热交换后，制冷剂变为低温、低压的气体，经电磁四通换向阀的A口进入，由B口流回压缩机中，再次进行制热循环。

3. 风管式中央空调的空气循环系统

根据风管式中央空调系统使用空气来源的不同，空气循环系统主要有直流式系统、封闭式系统、回风式系统三种类型，如图1-39所示。

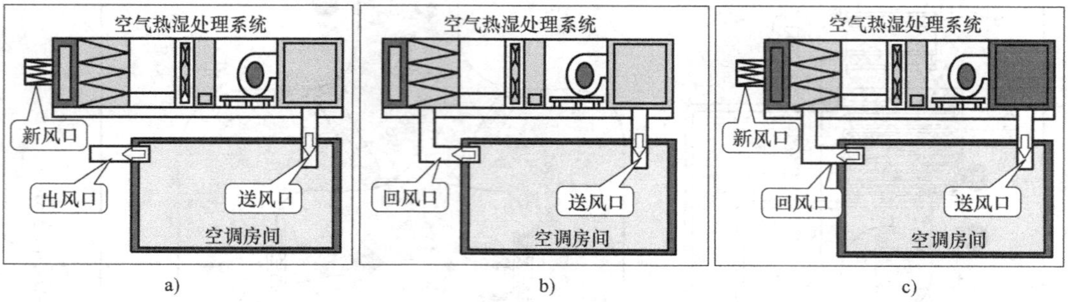

图1-39　空气循环系统

a）直流式系统　b）封闭式系统　c）回风式系统

1）直流式系统：使用的空气全部来自室外，经处理后送入室内吸收余热、余湿，然后全部排到室外。这种系统能量损失大，适用于空气有一定污染以及对空气品质要求较高的空调房间。

2）封闭式系统：全部使用室内再循环的空气，与直流式系统刚好相反。因此这种系统最节能，但卫生条件最差，只适用于无人操作、只需保持温度、湿度的场所。

3）回风式系统：使用的空气一部分为室外机新风，另一部分为室内回风。这种系统具有既经济又符合卫生要求的特点，因此使用比较广泛。在工程上根据回风次数的多少，又分为一次回风系统和二次回风系统。

实训项目一　家用中央空调系统的认识实训

——参观家用中央空调系统现场或YL-835型户式中央空调实训装置

一、实训目的

1）了解家用中央空调系统的工作环境。
2）熟悉家用中央空调系统的结构和工作原理。
3）记录室外机和室内机参数。

二、实训要求

1. 看一看——家用中央空调系统现场或实训场所

通过参观将所见家用中央空调系统的设备名称、型号及参数记录在表1-3中。

表 1-3 所见家用中央空调系统的设备名称、型号及参数记录

序号	名称	型号	参数	用途
1				
2				
3				
4				
5				
6				
7				
8				
9				
10				
11				
12				
13				

2. 评一评——收获体会

将参观的收获与体会填写在表 1-4 中。

表 1-4 参观情况评议表

课题	家用中央空调系统的认识实训						
班级		姓名		学号		日 期	
参观后的收获体会							
建议							
参观评价	评议	评议情况			等级	签名	
	互评						
	师评						
	综合评定						

实训项目二 商用中央空调系统的认识实训

——参观商用中央空调系统现场

一、实训目的

1）了解商用中央空调系统的工作环境。

2）熟悉商用中央空调系统的结构和工作原理。

3）记录室外机和室内机参数。

二、实训要求

1. 看一看——商用中央空调系统现场

通过参观将所见商用中央空调系统的设备名称、型号及参数记录在表 1-5 中。

表 1-5 所见商用中央空调系统的设备名称、型号及参数记录

序号	名称	型号	参数	用途
1				
2				
3				
4				
5				
6				
7				
8				
9				
10				
11				
12				
13				

2. 评一评——收获体会

将参观的收获与体会填写在表 1-6 中。

表 1-6 参观情况评议表

课题	商用中央空调系统的认识实训						
班级		姓名		学号		日 期	
参观后的收获体会							
建议							
参观评价	评议	评议情况				等级	签名
	互评						
	师评						
	综合评定						

单元小结

1）家用中央空调的整体结构，家用中央空调室内机、室外机的结构。

2）家用中央空调的制冷和制热原理，根据循环原理示意图，掌握制冷剂的循环工作流程和制冷剂的状态变化。

3）风冷式商用中央空调和水冷式商用中央空调的结构及两者的区别。

4）风冷式商用中央空调和水冷式商用中央空调的制冷、制热原理，根据循环原理示意图，掌握制冷剂的工作循环流程和状态变化，掌握各工作介质的作用和状态变化规律。

思考与练习

一、填空题

1. 中央空调是由一台主机通过__________、__________或冷热水管道连接多个末端设备的空调设备。

2. 家用中央空调的制热原理是通过室外机电路系统控制__________中的阀块进行换向，从而改变制冷剂的流向。

3. __________是中央空调的核心部件，也是风冷式水循环商用中央空调主机，它是以__________作为冷（热）源，以__________作为供冷（热）介质的中央空调机组。

4. 商用中央空调系统中主要有__________冷却水塔和__________冷却水塔。

5. 高温、高压的制冷剂气体经壳管式冷凝器进行热交换后，转变为__________的制冷剂液体并进入制冷管路中。

二、问答题

1. 简述中央空调与家用空调的区别。
2. 简述家用中央空调室内机的分类。
3. 简述家用中央空调制冷原理及制冷剂的状态变化过程。
4. 风冷式水循环商用中央空调系统主要由哪些部件组成？
5. 试画出中央空调制冷原理示意图及制冷剂的流向。

第二单元

家用中央空调的安装与调试

内容构架

- 家用中央空调的安装与调试
  - 中央空调主要安装工具
  - 家用中央空调管路的加工与连接
  - 家用中央空调的安装
  - 家用中央空调的调试

学习引导

目的与要求

1. 掌握中央空调主要安装工具的使用方法。
2. 掌握家用中央空调的安装方法。
3. 掌握家用中央空调的运行调试方法。

重点与难点

重点：家用中央空调的安装及调试方法

难点：家用中央空调的安装方法。

课题一　中央空调主要安装工具

相关知识

学习中央空调的安装方法，必须了解中央空调的常用安装工具，熟练掌握这些工具的特点和用法，是中央空调安装人员的基本技能。中央空调常用的安装工具包括焊接工具、管道加工工具、开凿工具、人字梯、吊车和绳索、真空泵、压力表阀。

一、焊接工具

在中央空调的安装过程中，需要焊接水循环管路和制冷剂铜管，最常使用的焊接工具有电焊设备和气焊设备两种。

1. 电焊设备

安装中央空调时，通常需要使用电焊设备对其水循环管路进行焊接。电焊设备主要包括电焊机、电焊钳、焊条和接地夹等，如图 2-1 所示。

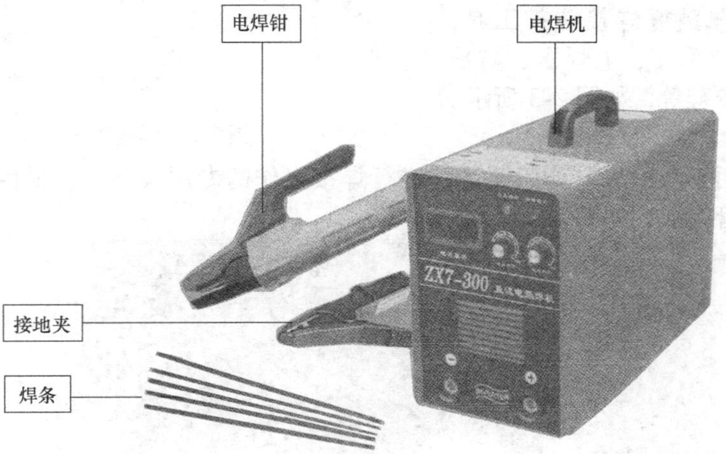

图 2-1　电焊设备

（1）电焊机　根据输出电压的不同，电焊机可分为直流电焊机和交流电焊机。交流电焊机的电源是一种特殊的降压变压器，具有结构简单、噪声小、价格便宜、使用可靠、维护方便等优点。直流电焊机的输出电源有正负极，其连接方式分为直流正接和直流反接，直流正接是将焊件接到电源正极，焊条接到电源负极，直流反接则相反，如图 2-2 所示。直流正接适合焊接厚焊件，直流反接适合焊接薄焊件。交流电焊机的输出无极性之分，可随意搭接。

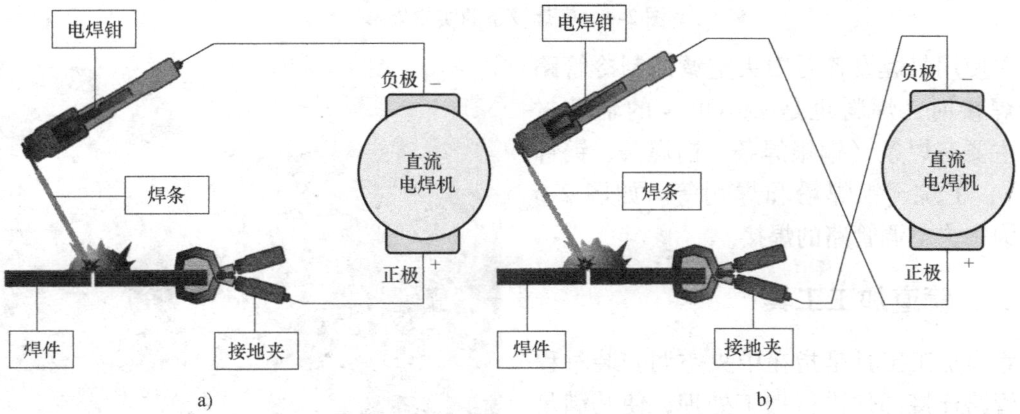

图 2-2　直流正接和直流反接

a）直流正接　b）直流反接

（2）电焊钳　电焊钳需要结合电焊机使用，主要用来夹持焊条，是在焊接操作时传导焊接电流的一种器械。

（3）焊条　焊条主要是由焊芯和药皮两部分构成的，其头部为引弧端，尾部有一段无涂层的裸焊芯，便于电焊钳夹持和利于导电。焊芯可作为填充金属实现对焊缝的填充和连接；药皮具有助焊、保护、改善焊接工艺的作用。

使用电焊设备对水循环制冷管路进行焊接时，应当佩戴好焊接防护工具，如防护面罩、防护手套、电焊服、防护眼镜以及绝缘橡胶鞋等，如图 2-3 所示。

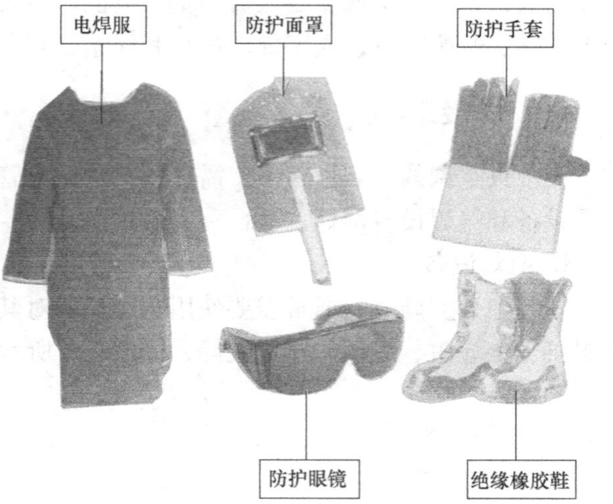

图 2-3　焊接防护工具

2. 气焊设备

气焊设备是用于对中央空调管路系统进行焊接操作的专用设备，主要由氧气瓶、燃气瓶、焊枪和连接管组成，如图 2-4 所示。

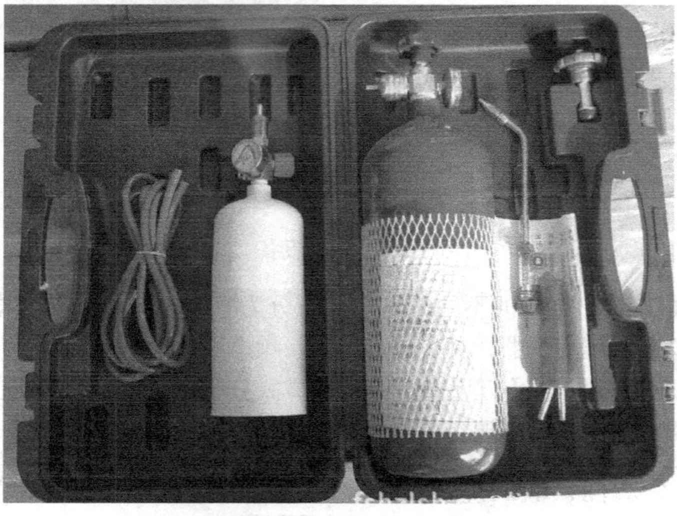
图 2-4　气焊设备的实物外形

在使用气焊设备对中央空调的制冷管路进行焊接时，焊料也是必不可少的辅助材料，主要有焊条（铜银焊条、铜焊条、铜锌焊条）、丁烷、铝焊粉和焊剂等。如图 2-5 所示为中央空调管路的焊接。

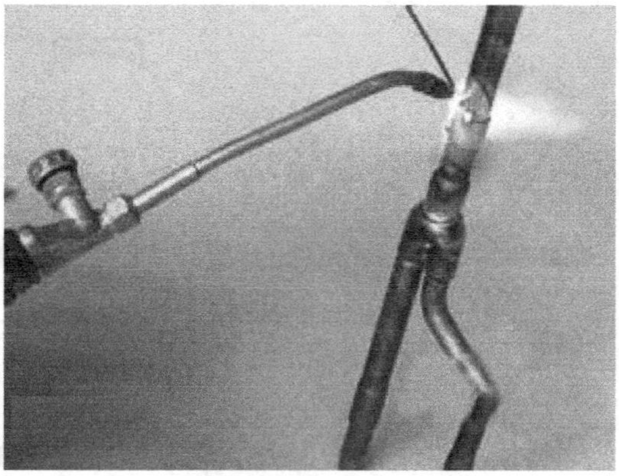
图 2-5　中央空调管路的焊接

二、管道加工工具

管道加工工具是指在中央空调安装过程中对管路连接部件进行加工处理，使其满足连接需要的一种加工工具。常用的管道加工工具主要有割管器、弯管器、倒角器、扩管器和胀管器等。

1. 割管器

割管器是制冷系统安装维修过程中专门切割制冷系统管路的工具。它一般由支架、导轮、刀片和手柄组成，如图 2-6 所示。常用割管器的切割范围为 3～45mm。

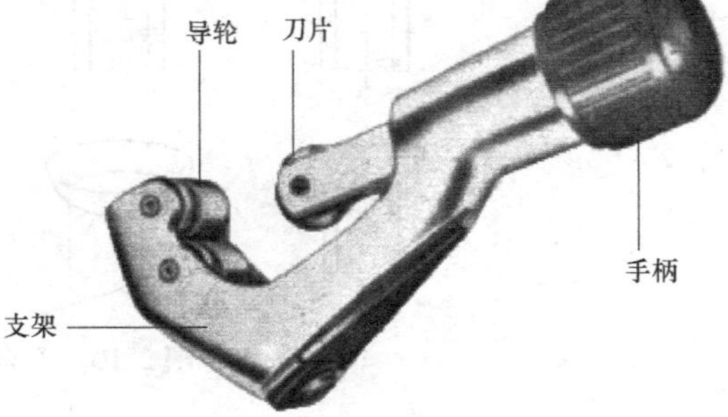

图 2-6　割管器

2. 弯管器

弯管器是专门弯曲铜管、铝管的工具，弯曲半径不应小于管径的 5 倍。弯好的管子的弯曲部位不应有凹瘪现象。

弯管器根据导轮及导槽的大小可对不同管径的铜管进行加工。与铜管相对应，弯管器也有米制和寸制之分，其常见的规格有米制 6mm、8mm、10mm、12mm、16mm、19mm 和寸制 1in/4、3in/8、1in/2、5in/8、3in/4。如图 2-7 所示为弯管器实物。

3. 倒角器

铜管在切割加工过程中，切口易产生收口和毛刺现象。倒角器主要用于去除切割加工过程中所产生的毛刺，消除铜管收口现象。倒角器外形如图 2-8 所示，它是将三把均匀分布且成一定角度的刮刀装在一段塑料管子里，这三把刮刀在端部互成钝角，在另一端互成锐角。

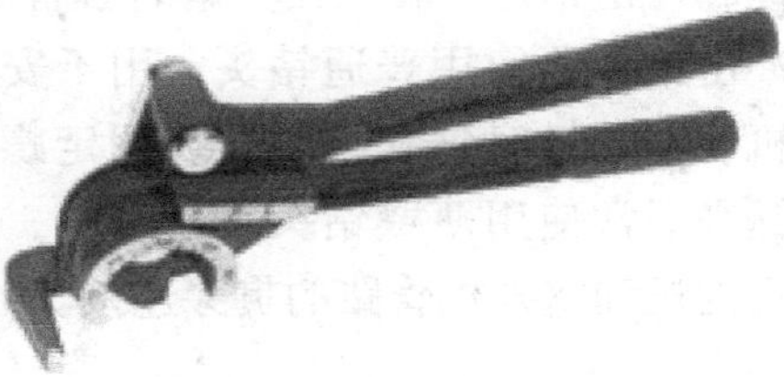

图 2-7　弯管器实物

4. 扩管器

扩管器是将小管径（ϕ19mm 以下）铜管端部扩胀形成喇叭口的专用工具，它由扩管夹具和扩管顶锥组成，如图 2-9 所示，夹具有米制和寸制两种。

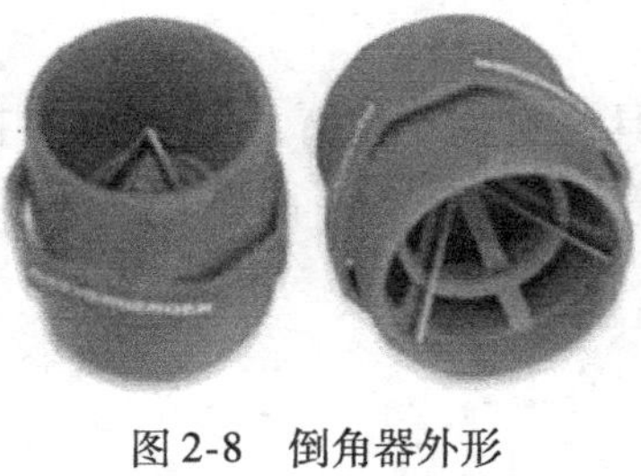

图 2-8　倒角器外形

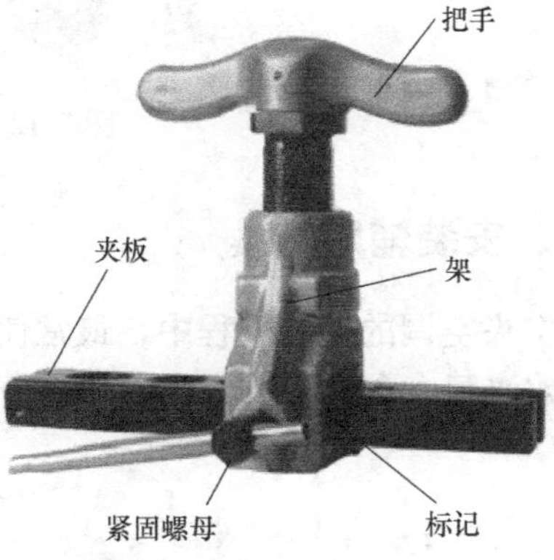

图 2-9　扩管器外形

管路管口进行扩管处理后，应注意检查管口的质量，必须确保扩管后的管口合格，方可使用。图 2-10 所示为制冷铜管扩口中的不合格喇叭口示例。

5. 胀管器

胀管器主要用来制作杯形口，它由胀管夹具和胀管顶锥组成，同样有米制和寸制之分。胀管夹具分成对称的两半，夹具的两端使用紧固螺母和螺栓紧固，两半对合后形成的孔按不同的管径制成螺纹状，目的是便于更紧地夹住铜管。如图 2-10 所示为胀管器的外形。

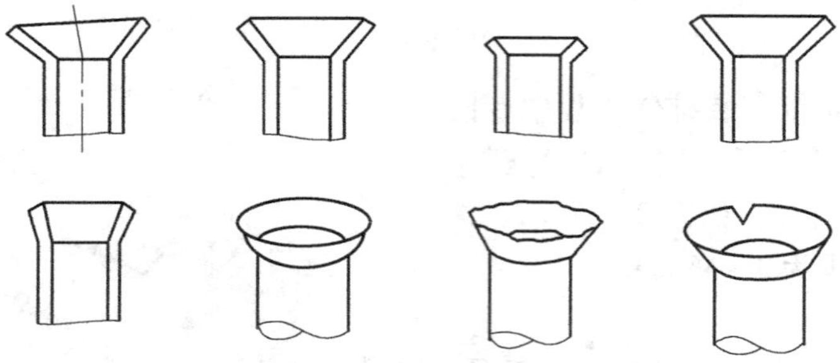

图 2-10 不合格喇叭口示例

三、开凿工具

在中央空调安装操作中，常用的开凿工具有电锤和冲击钻，如图 2-12 所示。电锤和冲击钻是安装中央空调时必备的工具。冲击钻主要使用普通钻头，用于安装室内机、室外机时钻孔，以安装固定螺钉。电锤则通常使用薄壁钻头钻过墙孔，以方便室内机和室外机管路的贯穿连接。

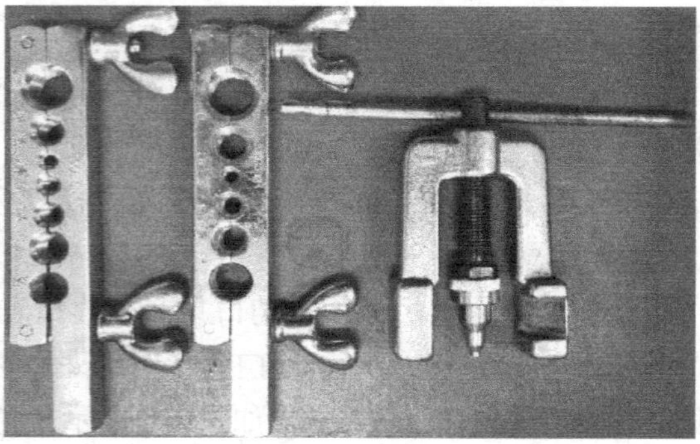

图 2-11 胀管器的外形

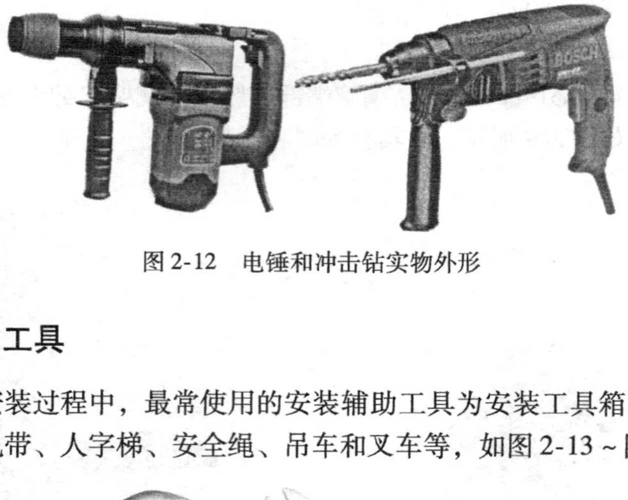

图 2-12 电锤和冲击钻实物外形

四、安装辅助工具

在中央空调的安装过程中，最常使用的安装辅助工具为安装工具箱、内六角螺钉扳手、胀管、水平尺、包扎带、人字梯、安全绳、吊车和叉车等，如图 2-13 ~ 图 2-15 所示。

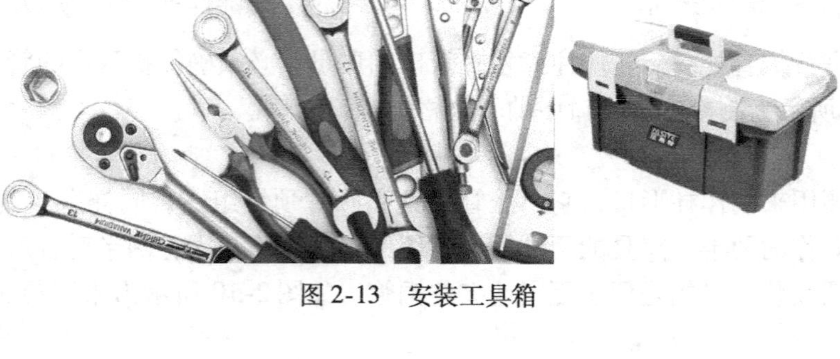

图 2-13 安装工具箱

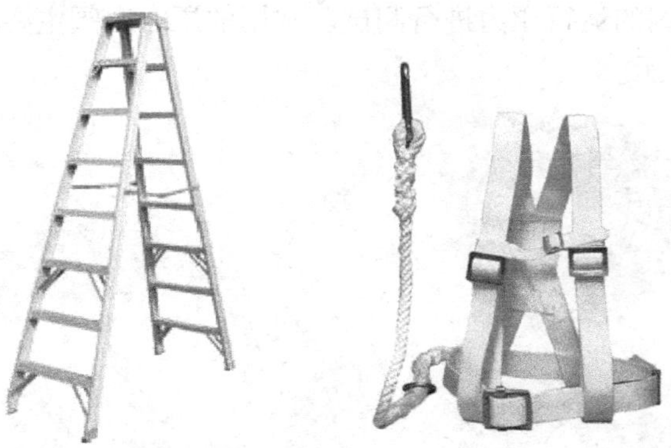

图 2-14　人字梯和安全绳

图 2-15　吊车和叉车

五、真空泵

为有效防止空气及空气中的水分对制冷剂管路的影响，中央空调安装完成后，需要使用真空泵对制冷剂管路系统进行抽真空处理，用以排除制冷剂管路中的空气。图 2-16 所示为真空泵的实物，在使用真空泵时，应对其加装电子止回阀，防止真空泵中的润滑油回流。

图 2-16　真空泵

六、压力表阀

压力表阀是中央空调管路安装、检修中的重要工具之一。中央空调安装完成后，一般还需要连接压力表阀对空调的运行压力进行测试。常用的压力表阀主要有三通压力表阀和五通压力表阀，如图 2-17 所示。

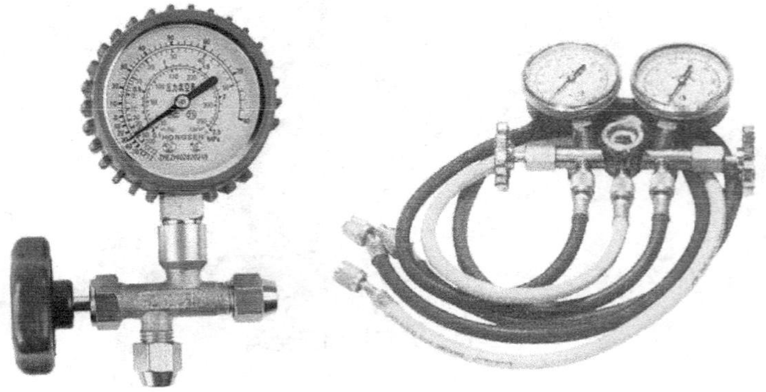

图 2-17　压力表阀

课题二　家用中央空调管路的加工与连接

相关知识

家用中央空调的管路加工、连接及敷设是家用中央空调安装过程中一项十分专业、细致的工作，它直接关系安装质量的好坏，影响空调设备的使用效果和使用寿命。掌握家用中央空调的管路加工、连接及敷设，是进行家用中央空调安装的重要专业技能。

一、家用中央空调管路的加工方法

家用中央空调制冷管路通常采用铜管，排水管路一般可采用给水 U-PVC 管，或 PP-R 管、PP-C 管和热镀锌钢管等。在对管路进行安装之前，应当对需要使用的制冷管路和排水管等进行加工。

对于铜管的加工，主要是管路的切割以及管路的保温工作等。家用中央空调中可以根据采用的制冷剂、所需要管路承载的压力等，选择合适尺寸的铜管。表 2-1 所列为制冷剂铜管的基本参数。

表 2-1　制冷剂铜管的基本参数

制冷剂型号	公称尺寸/in	外径/mm	壁厚/mm	设计压力/MPa	耐压压力/MPa
R22	1/4	6.35 ±0.04	0.6 ±0.05	3.15	9.45
	3/8	9.52 ±0.05	0.7 ±0.06		
	1/2	12.70 ±0.05	0.8 ±0.06		
	5/8	15.88 ±0.06	1.0 ±0.08		
R410a	1/4	6.35 ±0.04	0.8 ±0.05	4.15	12.45
	3/8	9.52 ±0.05	0.8 ±0.06		
	1/2	12.70 ±0.05	0.8 ±0.06		
	5/8	15.88 ±0.06	1.0 ±0.08		

空调铜管的材质要求用脱磷无缝拉制纯铜管；管道内、外表面应无针孔、裂纹、起皮、起泡、夹杂、铜粉、积炭层、绿锈、脏污和严重氧化膜，不允许存在明显的划伤、凹坑和斑点等缺陷；必须要有合格证和质量检测报告；抗拉强度不小于 $240kgf/mm^2$；铜管内部清洁干燥后，管口必须要用管帽、塞子或胶带封堵严密。

1. 铜管的清洗

1）绸布拉洗：用细钢丝缠上一块洁净绸布，绸布缠成团状，布团直径略大于铜管直径。清洗时，在绸布上滴一些三氯乙烯制剂，从铜管的一端塞入，然后从另一端拉出。每拉出一次，都要用三氯乙烯浸洗布团，将绸布上的灰尘和杂质洗掉。反复清洗直至管内无灰尘杂质。此方法适用于直管。

2）吹洗：用氮气吹去管内的灰尘和杂物。此方法适用于盘管。

清洗完毕后，铜管管端应使用盖套或胶带及时封堵。

2. 铜管的切割

用专用而且合适于铜管尺寸（大、中、小）的割管器垂直于轴线方向切割铜管。

操作时应该缓慢地夹紧割管器，缓慢地转动，在铜管不发生变形的情况下切断铜管。绝对不能使用锯或砂轮机切割铜管，因为那样铜屑会留在铜管内部，使其全部的工作都作废。还要注意避免将铜管直接放在地面上进行作业，以防水和垃圾进入。

3. 铜管的弯管

手动弯管适用于比较细的铜管，机械弯管适用于比较粗的铜管。

4. 铜管胀喇叭口

胀管是为了给管道连接提供焊接点的管道加工方法。胀管时应注意以下问题：切断管道后必须清除内部的毛刺和杂质；胀管时在胀管表面上应加适量的润滑油（润滑油必须符合对应制冷剂系统要求）；胀管长度应与管径插入深度相符合；为避免胀管处留下直线痕迹导致泄漏，操作时应将铜管转一个角度进行矫正；胀管时应避免用力过猛而导致出现裂纹。如图 2-18 所示为铜管胀喇叭口操作示意图。

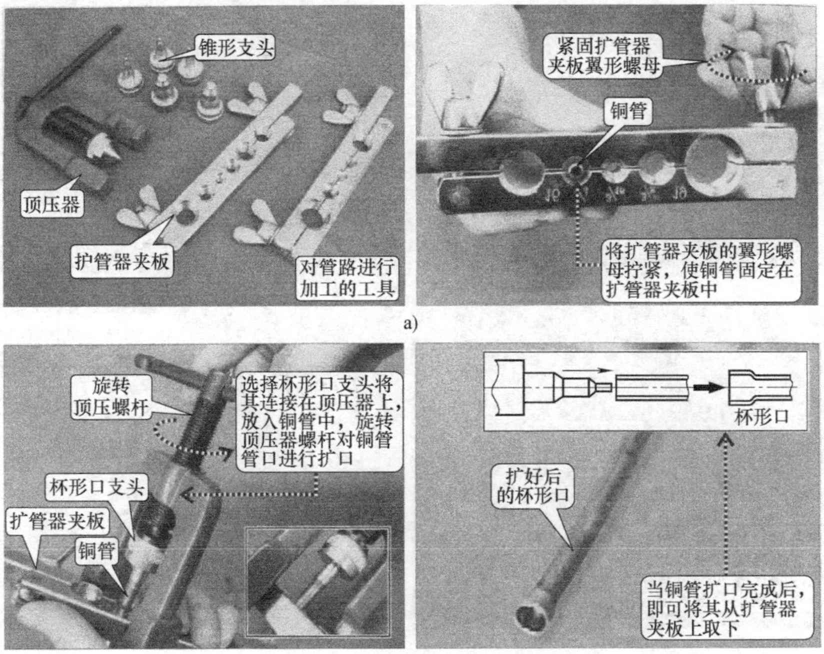

图 2-18　铜管胀喇叭口操作示意图

a）用铜管的加工工具将铜管放入扩管器夹板中　b）将铜管连接管口加工为杯形口

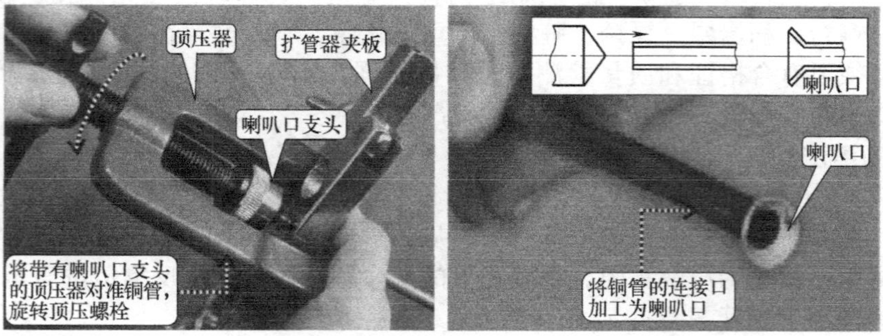

c)

图 2-18　铜管胀喇叭口操作示意图（续）

c）将铜管连接管口加工为喇叭口

5. 铜管的扩口

扩口加工就是将配管口扩大，以将铜管插入，代替套管，只在扩管处一个部位进行钎焊就可以了。

6. 铜管的保温加工方法

铜管的保温处理可以防止在制冷管路上形成冷凝水，也可保证家用中央空调的制冷和制热效果。铜管的保温是将铜管穿入保温材料管中，使用维尼龙胶带将其缠绕，对管路进行保温处理。图 2-19 所示为常用铜管保温材料管及铜管保温操作。

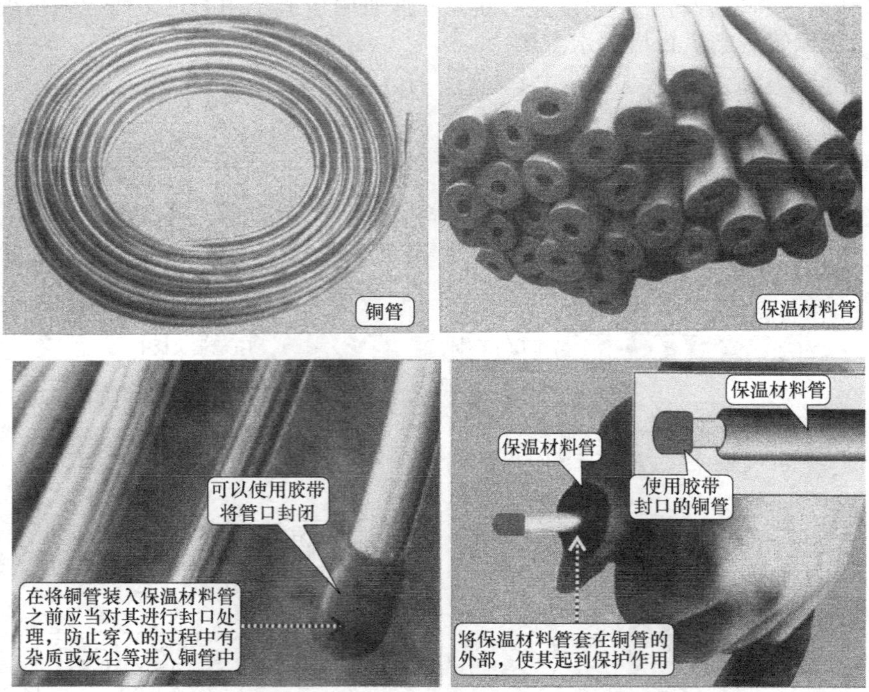

图 2-19　常用铜管保温材料管及铜管保温操作

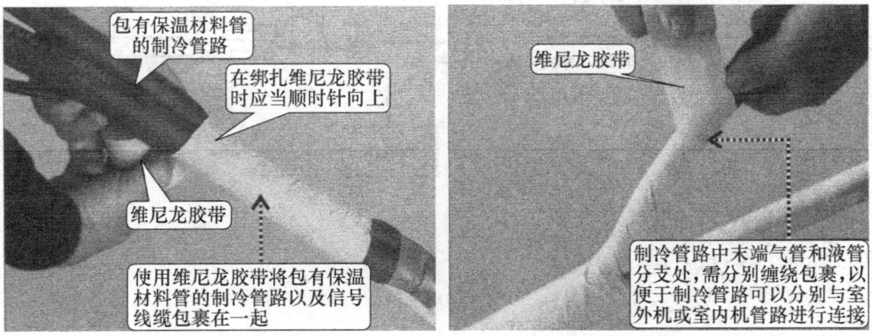

图 2-19　常用铜管保温材料管及铜管保温操作（续）

7. 回油弯的制作

在家用中央空调安装中，如果立管中的气管超过 6m 时，每隔不超过 6m 处要安装一个回油弯。回油弯制作采用两个“U”形弯或者一个“回”形弯，高度为管径的 3 ~ 5 倍，具体设置与做法要求如下：

1）回油弯可设置成“U”形或者“回”形。

2）室外机处于室内机下方的，无需在立管最低处和最高处加设回油弯；如果室外机处于室内机上方，则必须分别在立管的最低处和最高处加设回油弯和止回弯。

3）回油弯的外形如图 2-20 所示，其尺寸见表 2-2。

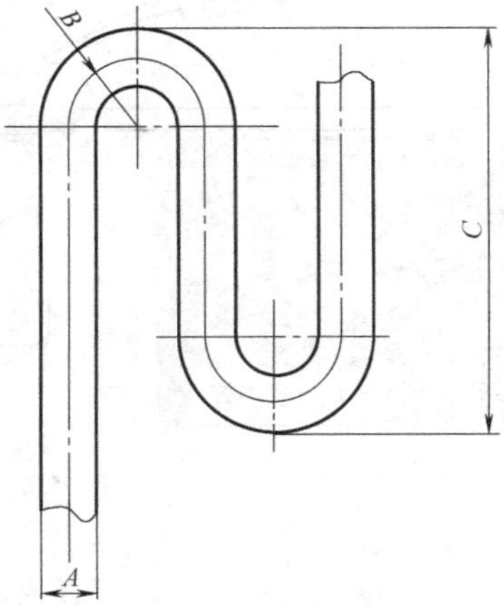

图 2-20　回油弯的外形

表 2-2　回油弯尺寸

A/mm	B/mm	C/mm
19.0	≥34	≤150
22.2	≥31	≤150
25.4	≥45	≤150

二、家用中央空调管路之间的连接

1. 制冷管路之间的连接方法

当需要将制冷管路分为两路时，可在制冷管路之间加装分歧管，如图 2-21 所示。在将分歧管连接到管路之前，应当先对分歧管的管口进行扩管，并且在连接完成后，应对其进行保温处理。

安装分歧管时，两出口一定要保持水平位置，不可将两出口垂直；并且分歧管两出口之间的水平距离不应相差过大，应当根据中央空调的品牌型号，选择专用的分歧管，如图2-22 所示；在安装前，应当区分液管（铜管）与气管（铜管）上的分歧管，安装在液管（铜管）上的分歧管较粗，安装在气管（铜管）上的分歧管较细，不可混装。

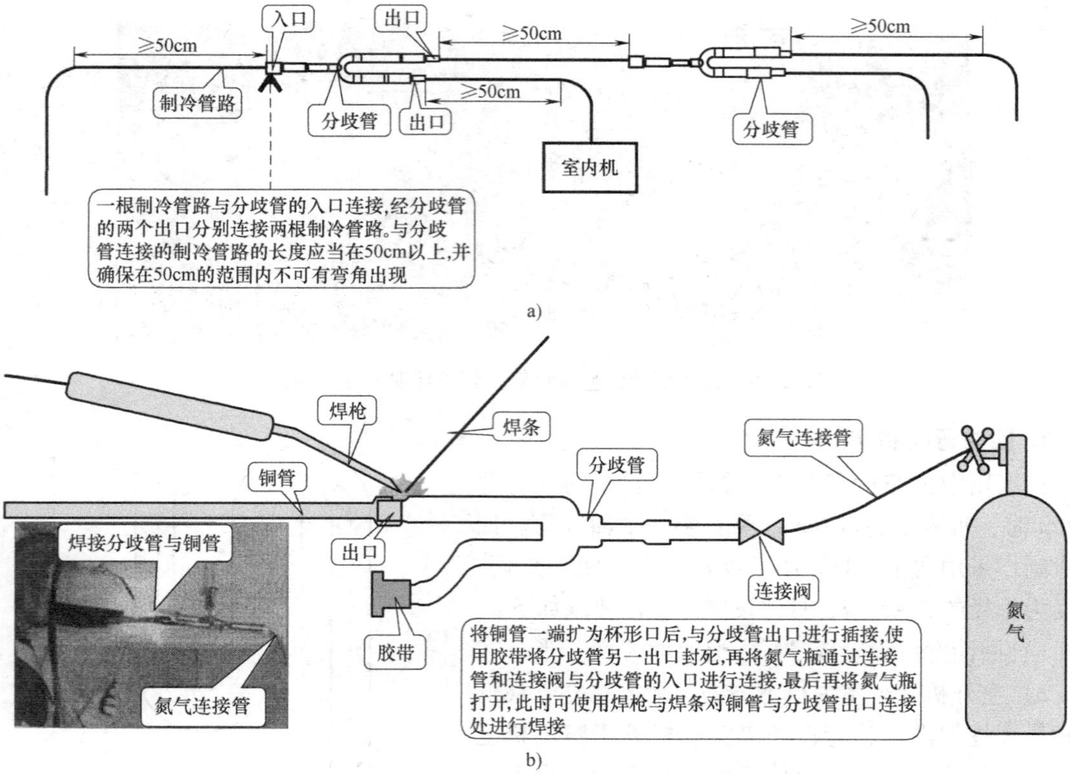

图 2-21　管路与管路连接

a）分歧管安装位置　b）将分歧管进行焊接

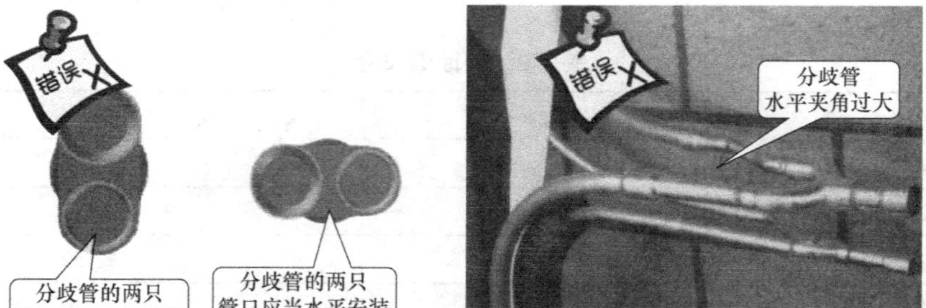

图 2-22　安装分歧管的注意事项

2. 排水管之间的连接方法

连接家用中央空调中的排水管时，可以利用三通，但不可以将排水管连接成 T 形。当排水管路长度超过 3m 时，应当在排水管上加装排气孔，防止排水管中压力过大，冷凝水无法流出。排水管之间的连接方法如图 2-23 所示。

在安装风机盘管的排水管时，应当注意管路的安装要求，如图 2-24 所示。自然排水时，排水管应当向下 50mm 以后形成存水弯，并且存水弯的高度为排水管向下一半的距离。可以在存水弯管处设置塞子，也可在存水弯上端的管路设置塞子，便于对管路的维护和清理。采用提水泵进行排水的风机盘管，应当在 300mm 以内将管路向上，防止提水泵反复工作。

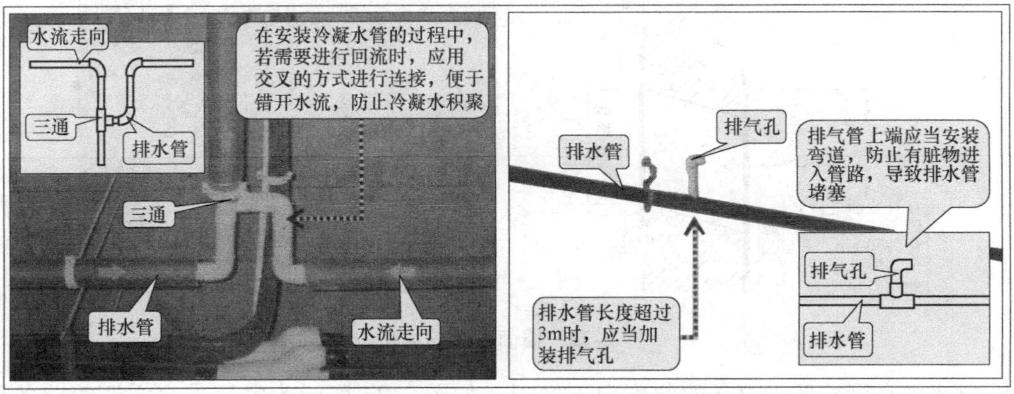

图 2-23　排水管之间的连接方法

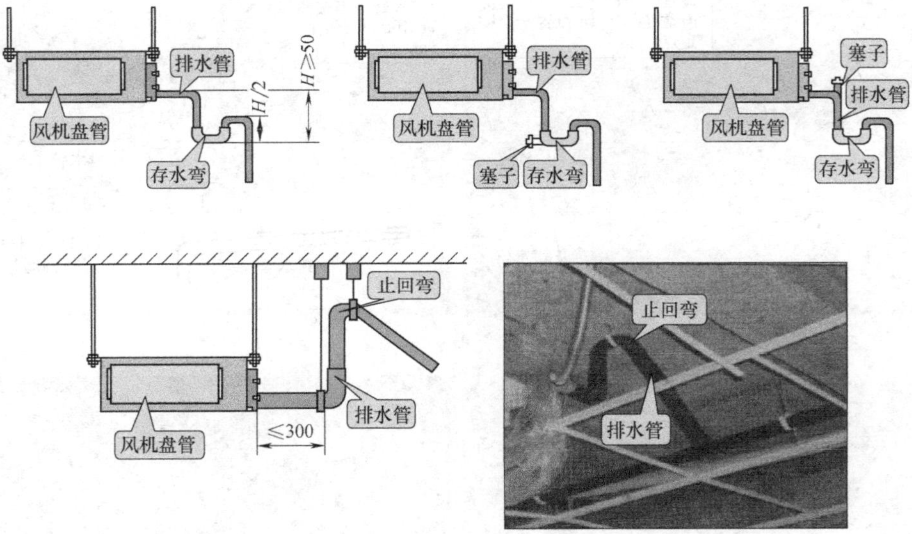

图 2-24　风机盘管冷凝排水管的安装

三、家用中央空调管路的敷设

管路的敷设可以分为墙面开孔和管路的固定与吊装。

1. 墙面开孔

墙面开孔的方法如图 2-25 所示。

2. 管路的固定与吊装

家用中央空调管道通常可以直接固定在墙壁上，也可进行水平或垂直吊装。在对管路进行固定和吊装前，应当测量需要固定管路的长度；在对制冷管路与排水管分别进行固定时，制冷管路通常在 1.2 ~ 1.5m 设置一个固定点，排水管通常在 0.8 ~ 1m 设置一个固定点；在对制冷管路和排水管路一同进行吊装时，两吊架之间的距离不能大于 2.5m。对管路进行固定，可以使用金属卡箍；对管路进行吊装时，应当使用吊杆和吊架。在对排水管进行固定

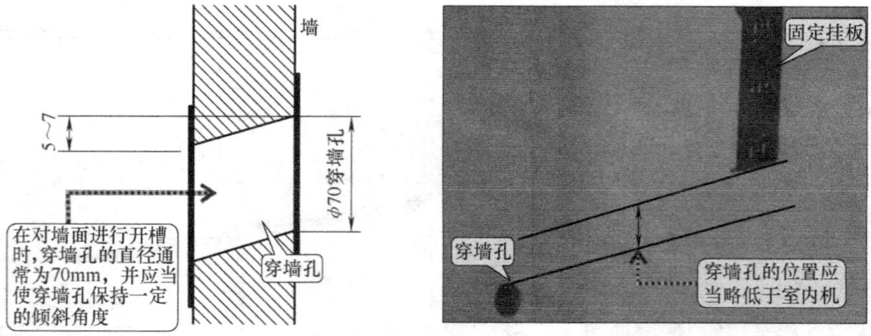

图 2-25　墙面开孔的方法

时，应当使排水管按照 1:100 的斜度向下倾斜。如图 2-26 所示为家用中央空调管路的固定和吊装方法。

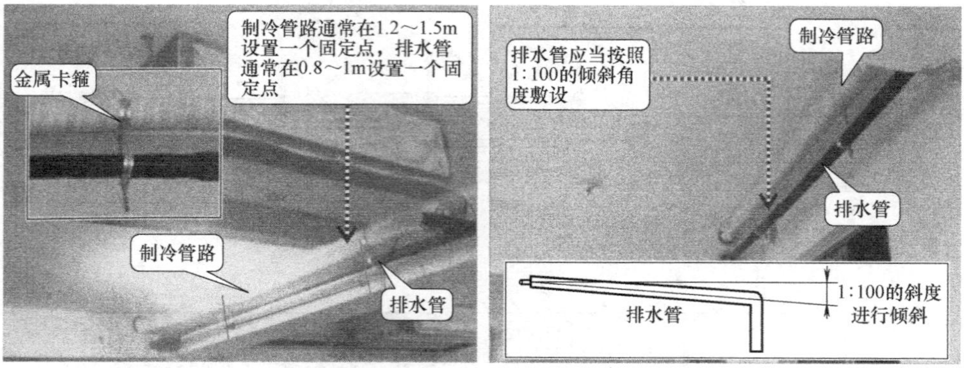

a）

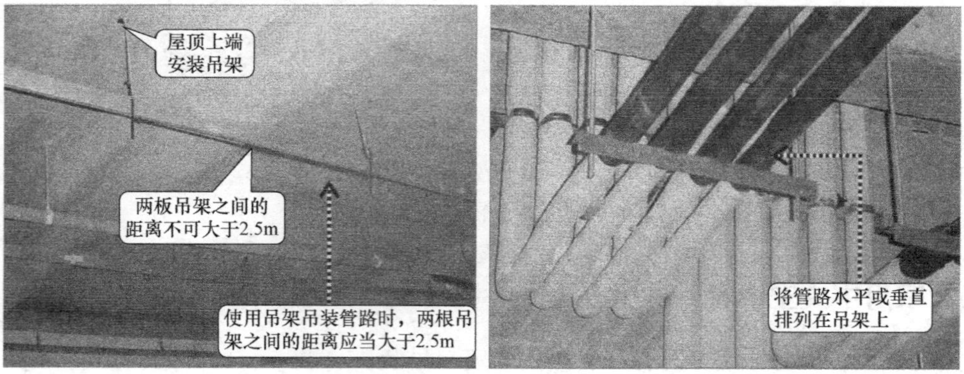

b）

图 2-26　家用中央空调管路的固定和吊装方法

a）使用金属卡箍固定管路，排水管应当按 1:100 斜度倾斜敷设　b）使用吊架吊装管路

课题三　家用中央空调的安装

相关知识

相对于普通家用空调来说，由于家用中央空调系统相对比较复杂，安装技术要求更高，

掌握家用中央空调安装方法是中央空调安装维修人员的必备技能。家用中央空调的种类很多，但其安装的基本要求和方法相同。本课题以格力直流变频多联空调为例，详细分析家用中央空调的安装方法。

一、家用中央空调的安装注意事项及要点

安装家用中央空调前，先确认好安装场所、电源规格、可能使用条件（配管距离、室内外高低差、电源电压）及安装空间是否正确、适当；仔细阅读产品安装手册，以确保正确安装，涉及安全的重要内容，务必严格遵守。

1. 家用中央空调的安装注意事项

1）安装作业务请按照安装手册正确地进行。如安装不当，则会引起漏水、触电及火灾等事故。

2）要把大的空调系统安装在小的房间内时，务必采取适当措施，防止发生制冷剂渗漏时超出其极限浓度。否则，万一发生制冷剂渗漏，则可能引起人员窒息。

3）将机器安装在确实能充分承受机器重量的场所，安装在强度不够的场所会导致机器掉落而引起人身伤害事故。

4）进行能防备台风、地震等的规定的安装作业。安装作业不符合要求，会发生机器翻倒等事故。

5）电气布线作业应由有资格的电工按照电气设备安全标准、当地的有关规则及安装说明等进行，务必使用专用电路。如电源电路容量不够及施工不当，则可能会引起触电、火灾等事故。

6）布线应使用合适的电缆，进行规范的连接，并固定好接线端子连接部，不可因电缆受到的外力影响端子连接部的连接。连接和固定不妥，则可能引起发热、火灾等事故。

7）布线要保持正确的形状，不要向上凸起，并采用必要的保护材料如线管或线槽等将线保护好。安装不妥会引起发热、火灾等事故。

8）在设置及移装空调器时，制冷循环系统内除了规定的制冷剂以外，不要让空气等混入。如有空气等混入，则制冷循环系统会产生异常高压而引起破裂，导致人身伤害等事故的发生。

9）安装时务必使用本产品随带的零部件或指定的零部件。否则，易造成漏水、触电、火灾、制冷剂渗漏等事故。

10）空调设备必须接地。接地线不能连接到煤气管、自来水管、避雷针或电话的接地线上。接地不当，有可能引起触电等事故。在有的设置场所必须安装漏电断路器。如不安装漏电断路器，有可能引起触电等事故。

11）空调设备不能安装在有可能泄漏可燃性气体的场所。因为可燃气体泄漏而积聚在机器的周围，有可能引起火灾等事故。

12）安装作业完成后，进行试运行并确认一切正常后，按照使用说明书向客户说明使用及保养方法。此外，还要将本注意事项和使用说明书一起交给客户，请他们妥善保管。

2. 家用中央空调安装要点

1）确认机组是否按照说明书和设计手册中的要求进行安装，并保证一定的换热、维修

空间，使得机组风流畅通，运行可靠。换热空间过小，可能导致机组工作能力下降。

2）确认机组安装的电气元件选型是否合理，如电源线径是否满足要求。

3）确认内、外机组连接管的管长是否在规定的范围内，高度差是否在规定的长度内。管长或者高度差过大，将导致机组工作能力下降，甚至影响其可靠性。

4）出、回风面板的安装是否合理。在有噪声要求的情况下，需要采用后回风，不得采用下回风，可在风道中增加吸音棉降低噪声。

5）送风风口、面板设计的合理性，出、回风方位的布局是否能使送风均匀、流畅。

6）安装过程中需要对机组进行防尘保护。

3. 家用中央空调安装流程图

图 2-27 所示为典型家用中央空调的安装流程图，表 2-3 为各个安装步骤的说明和合格判断依据。

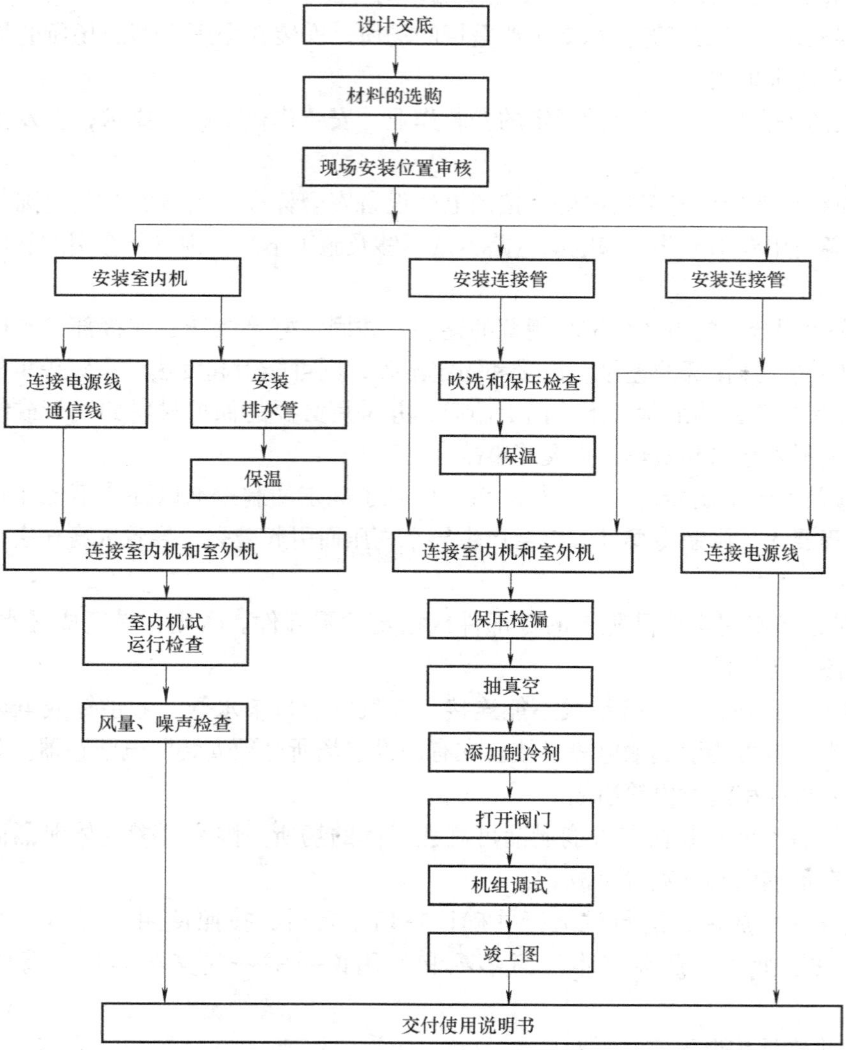

图 2-27　典型家用中央空调的安装流程图

表 2-3　典型家用中央空调的安装步骤说明和合格判断依据

<table>
<tr><th colspan="3">安装步骤</th><th>说明和合格判断依据</th></tr>
<tr><td colspan="3">设计交底</td><td>①发放图纸后，技术人员会同施工负责人先对图纸进行深化、熟悉，了解并提出施工图纸中的问题、难点、错误，并在图纸会审及技术交底时予以解决
②对质量难以控制的施工部位进行深入研究，并编制相应的作业指导书或施工方案，用以指导施工
③技术员要将本专业所有预留预埋深化到土建图纸中，以便土建施工时检查监督，防止漏埋、错埋</td></tr>
<tr><td colspan="3">材料采购和设备检查</td><td>①工程图纸已说明的材料（铜管、保温管、PVC 管、电源线、空气开关等）按说明采购
②工程图纸没有说明的材料按实际工程量采购（例如吊架，线槽等材料）
③检查室外机、室内机、通信线等和各种配件是否备齐</td></tr>
<tr><td rowspan="4">安装室内机</td><td colspan="2">通信线</td><td>①多套机组时请做好标识
②合上室外机电源，没有“通信线故障 E6”显示</td></tr>
<tr><td colspan="2">电源线</td><td>①电源线规格一定满足要求
②同一机组的室内机必须统一供电</td></tr>
<tr><td rowspan="2">排水管</td><td>安装</td><td>①PVC 管规格满足要求
②顺水流方向有一定的坡度
③安装完，进行水检
④水检合格后才能对排水管进行保温</td></tr>
<tr><td>保温</td><td>①保温管规格满足要求
②保温管之间密封，防止空气进入</td></tr>
<tr><td rowspan="3">安装连接管</td><td colspan="2">连接管安装</td><td>①铜管规格满足要求
②保证管道内干燥、清洁。用 0.8MPa（表压）的压缩空气进行吹扫，吹扫次数不应小于 3 次，直至无污物排出为止
③在液管侧加装一个双向过滤器
④多系统时，对系统进行标记</td></tr>
<tr><td colspan="2">吹洗、保压检漏</td><td>①将系统吹洗干净。用贴有白纸的木板距排污口 300～500mm 处进行检查，以白纸上没有明显脏物为清洗干净
②R22 冷媒系统用 2.8MPa 氮气保压 24h，除温度的影响外，压力降在 0.02MPa 以内为合格（温度变化 1℃，压力大约变化 0.01MPa）</td></tr>
<tr><td colspan="2">保温</td><td>①保温管规格满足要求
②保温管之间密封，防止空气进入</td></tr>
<tr><td colspan="3">安装室外机</td><td>①正确选择安装位置
②根据地脚螺钉孔位和室外机尺寸建筑基础
③做好减振装置
④搬室外机时防止剧烈碰撞，倾斜角度不能大于 15°</td></tr>
<tr><td colspan="3">室内机和室外机的连接</td><td>①拧紧联接螺母
②做好室外连接管、通信线和电源的保护工作</td></tr>
<tr><td colspan="3">保压检漏</td><td>①R22 冷媒系统用 2.8MPa 氮气保压 24h
②保压检漏结果：压力降在 0.02MPa 以内为合格（温度变化 1℃，压力大约变化 0.01MPa）</td></tr>
<tr><td colspan="3">抽真空</td><td>①气管和液管同时抽真空
②抽真空时间足够长
③抽完放置 1h，压力不回升为合格</td></tr>
</table>

（续）

安装步骤	说明和合格判断依据
追加制冷剂	按照工程图纸说明的追加制冷剂量追加制冷剂
打开室外机阀门	必须认真确认每台机组的阀门都已打开
调试机组	逐台运转室内机，确认有无错误配管
竣工图	按照实际工程制订详细的施工图，以方便后续检查
使用说明书	在向用户作使用说明的同时交付各种资料

二、家用中央空调安装工具选配及安装材料的选择

1. 安装工具选配（表2-4）

表2-4　安装工具选配

序号	工具名称	单位	数量	序号	工具名称	单位	数量
1	三级配电箱	套	根据施工实际需要确定	13	氧气减压阀	块	根据施工实际需要确定
2	照明灯	盏		14	氮气减压阀	块	
3	灭火器	个		15	乙炔减压阀	块	
4	专业工作服	套		16	回火阀	个	
5	安全帽	顶		17	双头压力表阀	块	
6	安全带	套		18	打压表	块	
7	铜管和水管割刀	把		19	手电钻	个	
8	弯管器	套		20	铆钉枪	把	
9	氮气瓶	瓶		21	扩口器	套	
10	氧气瓶	瓶		22	胀管器	套	
11	乙炔瓶	瓶		23	水钻	把	
12	工具箱	个		24	冲击电锤	把	

2. 安装材料的选择

（1）制冷管道　制冷管道的选择要求及特点可参考课题二相关内容。

（2）冷凝水排水管　可用于空调排水的管道有给水U-PVC管、PP-R管、PP-C管和热镀锌钢管，选择冷凝水排水管可根据实际施工条件确定管材种类、规格与管厚等。

（3）保温材料　保温材料选择橡塑发泡保温材料，难燃级别为B1级，耐热度不低于120℃。冷凝水水管的保温材料厚度不小于10mm；铜管直径规格大于或等于16mm时，保温材料厚度不小于20mm；铜管直径规格小于16mm时，保温材料厚度不小于15mm。

（4）吊杆和支架　吊杆材料可采用直径大于10mm的圆钢，支架材料可采用8号或者以上槽钢，膨胀螺栓选用M8和M10的膨胀螺栓。

三、家用中央空调室外机的安装

1. 安装前检查

1）在接到机器后，应检查是否有运输损伤；检查压缩机是否反转、润滑油是否泄漏，

是否存在冷媒泄漏，通信线和各种配件是否备齐。如果发现表面或内部有损伤，应立即以书面的形式向运输公司或设备公司申报。

2）在接到机器后，应检查型号、规格、数量是否与合同相符。

2. 安装位置的选择

1）室外机组必须安装在稳定而坚固的支承面上。

2）室外机组和室内机组应尽可能相互靠近，尽量减少制冷管道的长度及弯角数。

3）避免将室外机安置在窗下或建筑物之间，使正常的运行噪声传入室内。

4）选择通气良好的安装位置，使进、出口气流不受阻碍，以便机器能吸入和排出足够的空气。

5）不选择有易燃、易爆物品及严重灰尘、盐霉等污染性空气的安装位置，如满是机油处、海边盐碱地区、含硫化气体（如硫化温泉）处、有高频设施（如无线电型电焊机及医疗设备）处等特殊环境中。

3. 机组的搬运吊装

将机组从包装箱中取出之前，应将其运至距离安装场地尽可能近的地方。

1）搬运室外机时，必须用两根足够长的吊绳，在四个方向吊；为防止机组中心偏移，起吊移动时，绳子之间的夹角必须小于40°。

2）安装机组前后均不得将任何物品放置在机组顶部。

3）尽量避免阳光直射。

4）安装处必须能排出雨水和化霜形成的水。

5）安装处必须保证机器不会被埋在雪中，不受垃圾和油雾的影响。

4. 机组安装注意事项

为了使机组良好运行，选择安装位置必须遵循以下原则。

1）安装室外机应该使室外机排出的空气不会回流，并且在机器的周围留出足够的维修空间。

2）安装点必须通风良好，以使机器能吸入和排出足够的空气。确保机器进风和出风没有障碍。若有障碍，必须移开阻挡空气进、出风的障碍物。

3）安装处应足以承受室外机的重量，并采用橡胶减振垫或弹簧减振器等，以满足噪声及振动要求，保证机组的出风和噪声不影响邻居。

4）吊装室外机组必须使用指定的吊装孔吊运，吊装时应注意保护机组，严禁碰伤钣金件，以防日后生锈。

5）安装尺寸应符合说明书的要求，室外机组必须用M12螺钉组件紧固机组支脚和底架，使室外机固定在安装处。

5. 机组外形及安装空间尺寸

格力GMV-Pd100W/NaFB-Nl空调的外形尺寸如图2-28所示。

6. 机组的安装空间

室外机安装空间尺寸要求如图2-29所示。

四、家用中央空调室内机的安装

1. 风管机的安装

1）安装前检查室内机是否损坏，检查通信线和各种配件等是否备齐。

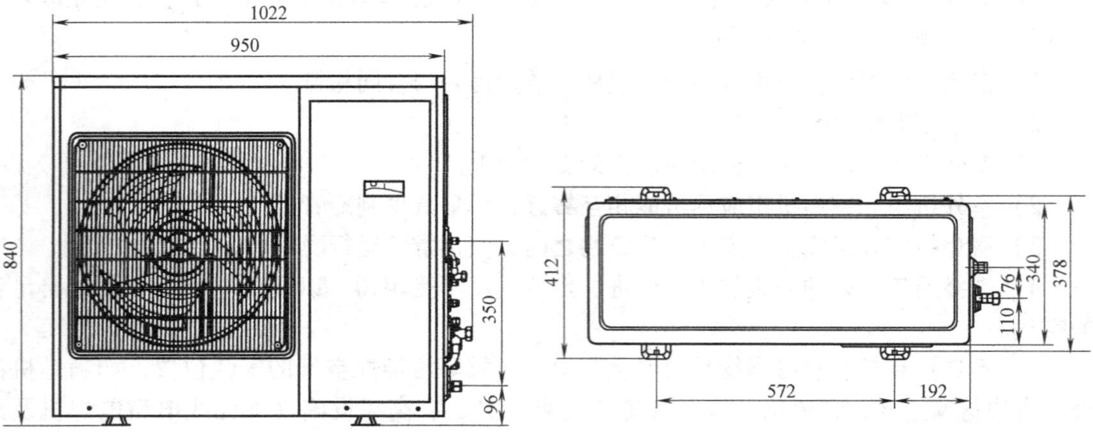

图 2-28　格力 GMV-Pd100W/NaFB-Nl 空调的外形尺寸

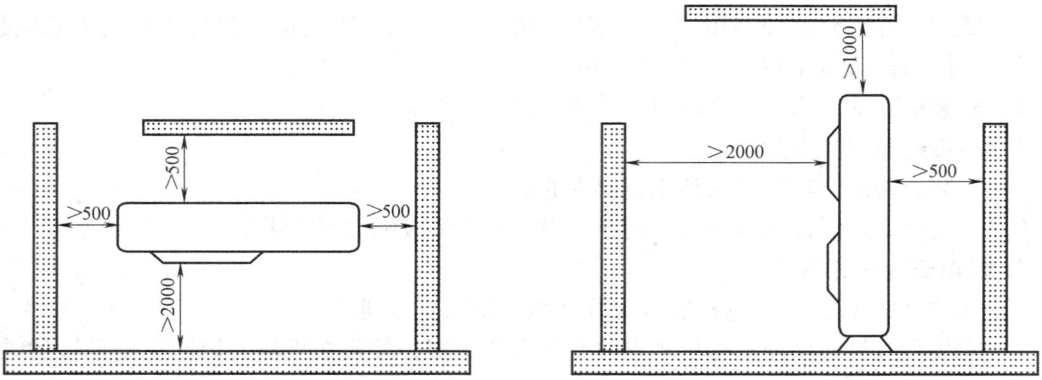

图 2-29　室外机安装空间尺寸

2）安装位置的选择要求。

① 避免日光直射。

② 确保顶部吊杆、天花板、建筑物结构等有足够的强度来承受机组的重量。

③ 方便排水管接出。

④ 进、出口气流不受阻碍。

⑤ 室内、外连接管道能方便地引至室外。

⑥ 不可选择有易燃、易爆物品或有易爆、易燃性气体泄漏的位置。

⑦ 不可选择有腐蚀性气体及严重灰尘、盐雾、油烟及特别潮湿的位置。

⑧ 室内机要确保规定要求的安装距离，确保维修保养所需要的空间。

⑨ 室内机、室外机的电源线与连接电线距电视机、收音机至少 1m 的距离，以防电视机和收音机出现图像干扰和噪声。

3）安装注意事项。

① 安装前先完成要与室内机连接的所有管道（制冷剂管道、排水管道）和电线（线控器连线，室内、外机组连接线）的准备工作，以便风管机安装后马上能与室内机组连接。

② 在天花板上打出开口，可能要加固天花板，以保持天花板平整，并防止天花板振动，细节问题可向用户或建筑商咨询。

③ 如果天花板的强度不够，可采用角铁搭个横梁支架，将机组放在横梁上固定。

④ 确保顶部挂件有足够的强度来承受机组的重量。

4）室内机组的外形。如图 2-30 为风管室内机组的外形。

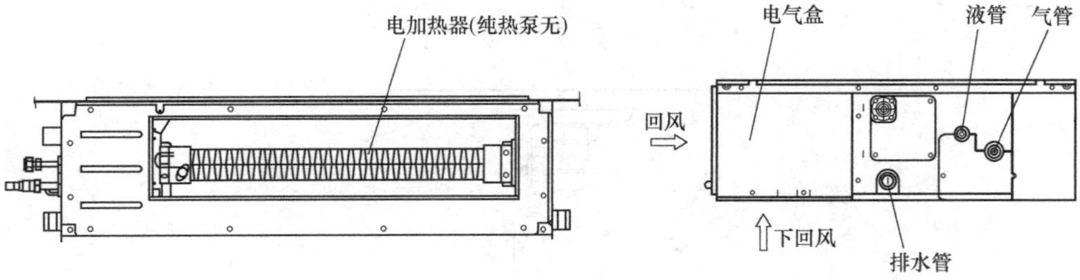

图 2-30　室内机组外形及安装空间尺寸

5）安装方法。

① 将 M10 膨胀螺栓插入孔中，然后将铁钉打入螺栓中，如图 2-31 所示，孔距参照室内机外形尺寸图。

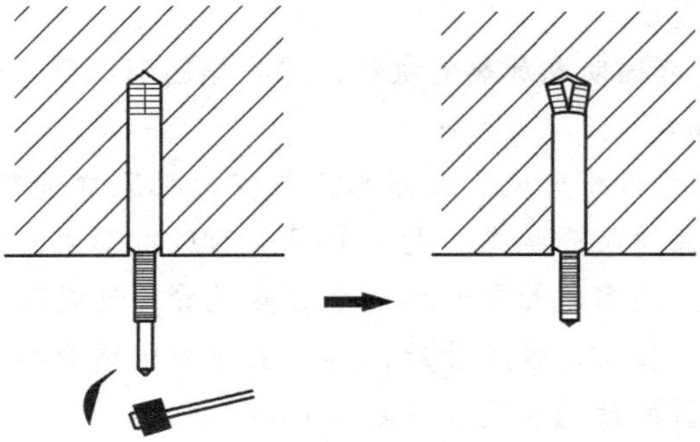

图 2-31　膨胀螺栓的安装

② 将吊钩安装在室内机上，如图 2-32 所示。

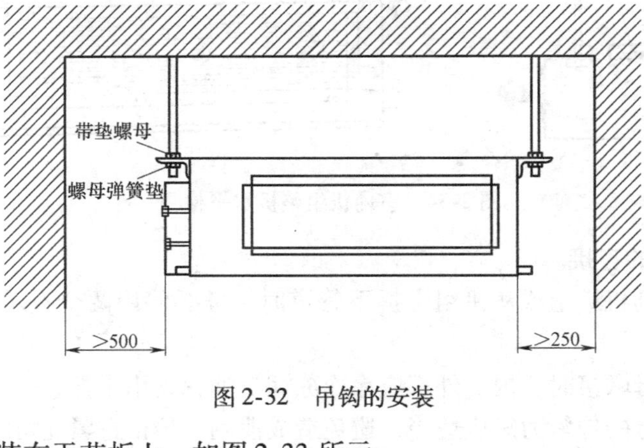

图 2-32　吊钩的安装

③ 将室内机安装在天花板上，如图 2-33 所示。

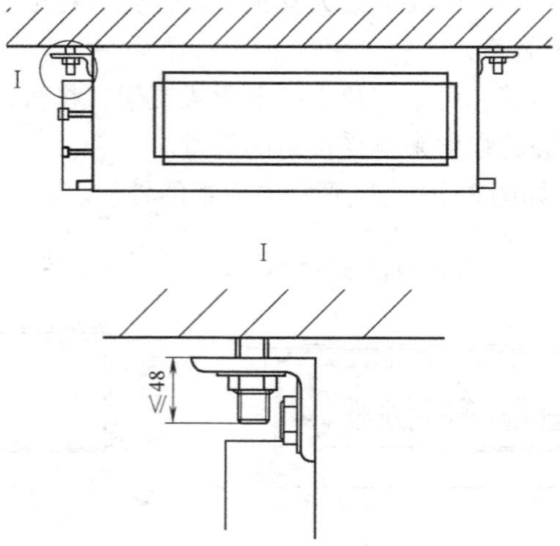

图 2-33　室内机的安装

6）室内机组水平检测。在室内机组安装完毕后必须进行整机的水平检测，必须使机组前后水平放置，左右朝排水管方向倾斜 5°，如图 2-34 所示。

注意　① 风管最大长度是指最远送风口的送风管总长加上相对应的到最远回风口的回风管总长。

② 对带有辅助电加热的机组，若要接圆形风管，过渡风管的直线长度不得少于 200mm。

③ 送风管为矩形风管或圆形，与室内机风口进行连接。所有送风口中，至少有一个保持敞开状态。也可采用圆形风道形式，采用圆形保温软管输送冷风到房间。圆形风管需增加一个过渡风管，过渡风管的尺寸和机组的送风口尺寸相配。接上过渡风管后，再装上圆形出风口接管，圆形出风口接管到其各自散流器的最大长度应不超过 10m。

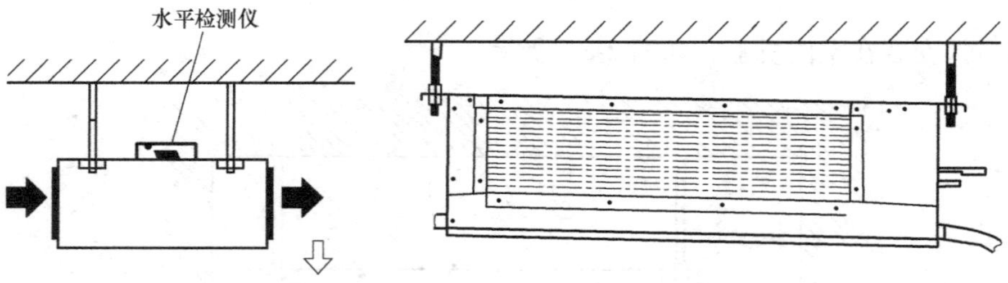

图 2-34　室内机组整机水平检测

7）制冷剂管道的连接。

① 把管道连接到机组上或从机组上拆下管道时，务必使用两个扳手拧紧或松开管道接头，如图 2-35 所示。

② 使用锥形螺母联接时，内、外都应涂冷冻润滑油，先用手拧 3 ~4 圈，再上紧。

③ 管道联接螺母的拧紧力矩应适当，避免造成泄漏，拧得过紧还可能损坏螺母。

④ 检查连接管是否漏气，然后进行保温隔热。

⑤ 管道连接好后，必须用海绵包扎好管道的接头接头部分。

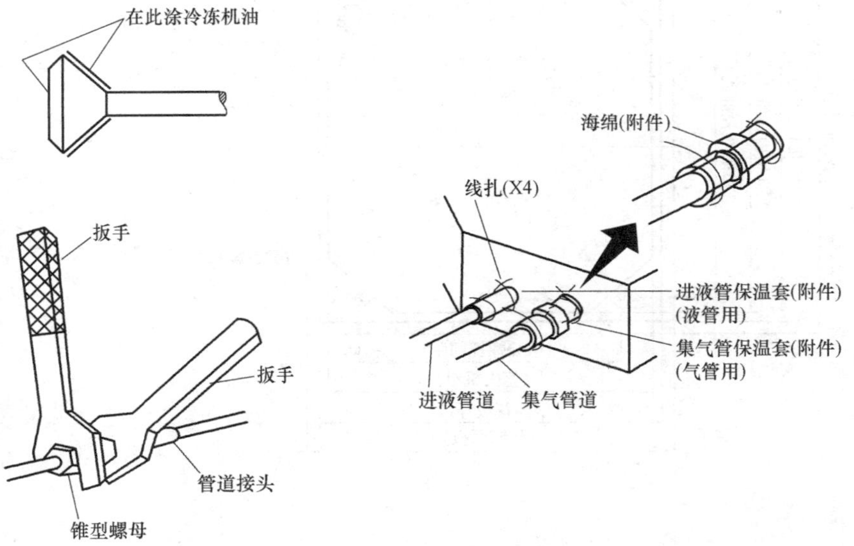

图 2-35　制冷剂管道的连接

2. 天井机的安装

天井机的安装前检查、安装位置选择及安装注意事项与风管机的安装基本相同，特别要求的是：天井机要求室内机离地面高度必须超过 1800mm，且保证空调远离厨房，以免空调吸入油烟。

（1）机组外形安装尺寸及空间　如图 2-36 所示为格力系列天井机有关安装尺寸。

（2）安装室内机组

1）安装吊装螺杆。吊装螺杆一端带膨胀套，一端有螺纹，其长度根据不同机组型号选配，安装方法与膨胀螺栓的安装方法相同。

2）安装吊架座。把吊架座附在吊装螺杆上，务必在吊架座的上、下两头分别使用螺母和垫圈，使吊架座固定牢靠，使用垫圈定位板可以防止垫圈脱落，如图 2-37 所示。

3）吊装室内机组。用螺钉（3 只）把安装用纸板装在机组上，并用螺钉固定管道出口处排水槽的角，然后把机组初步吊装固定到吊装螺杆上。

4）检查机组是否水平。用水准器逐个检查机组的 4 个角是否水平，逐步调节四根吊装螺杆上的机组固定螺母，直至机组处于水平状态，拧紧机组固定螺母。室内机组配有内置式排水泵和浮子开关，若机组向凝结水流的相反方向发生倾斜，可能引起浮子开关出现故障，造成滴水。

5）拆除安装用纸板。

（3）制冷剂管的连接　可参考风管机安装过程中制冷剂管道的连接。

3. 壁挂机的安装

壁挂机的安装与家用中央空调壁挂机的安装方法相同。

（1）室内机安装空间尺寸要求　壁挂机安装空间尺寸要求如图 2-38 所示。

（2）壁挂机固定挂板的安装方法　如图 2-39 所示。

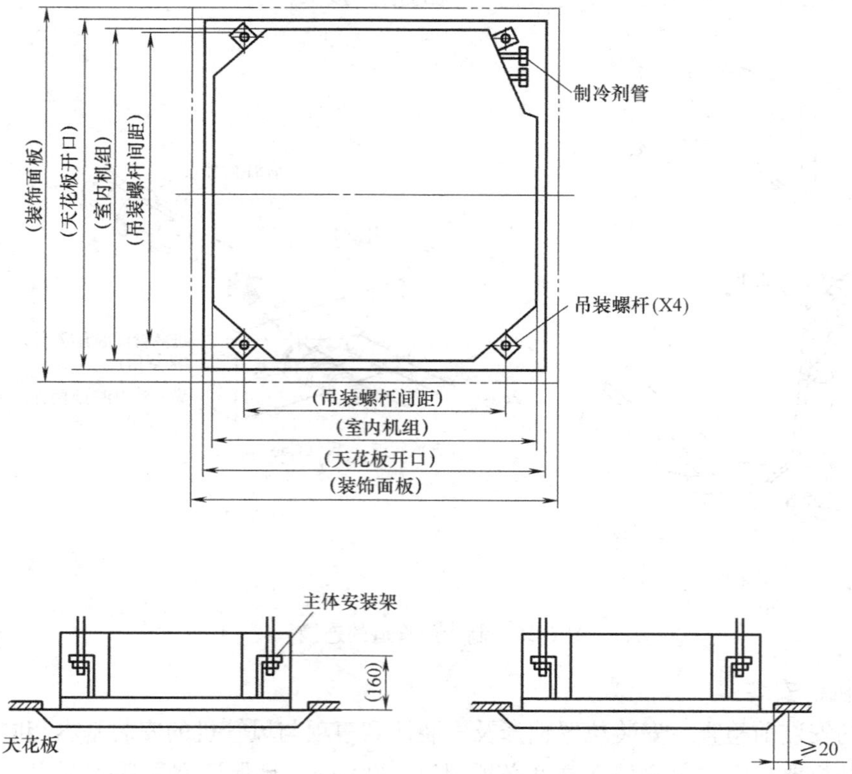

图 2-36　格力系列天井机有关安装尺寸

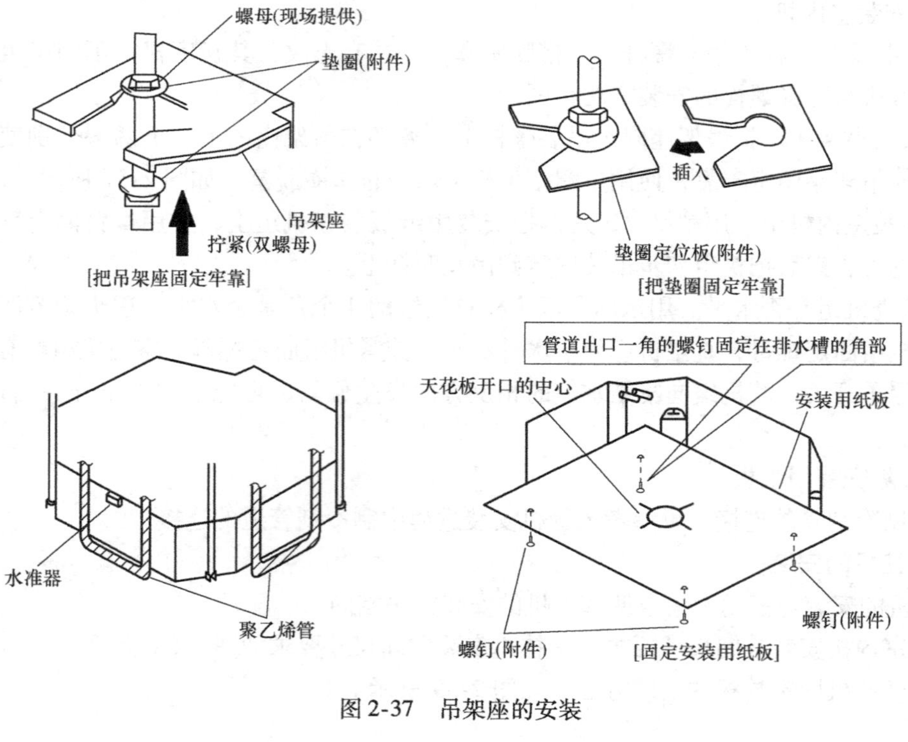

图 2-37　吊架座的安装

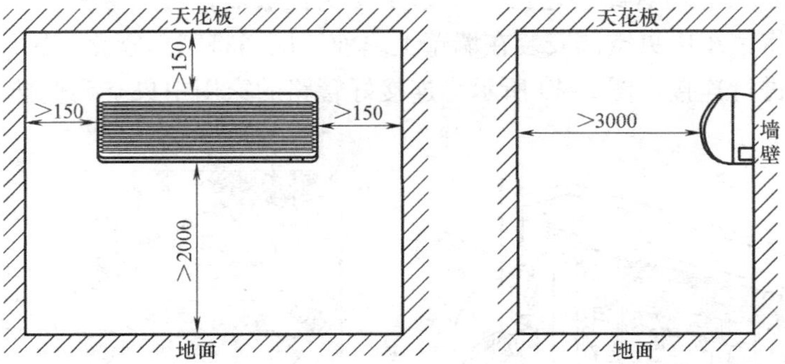

图 2-38　家用中央空调壁挂机安装空间尺寸

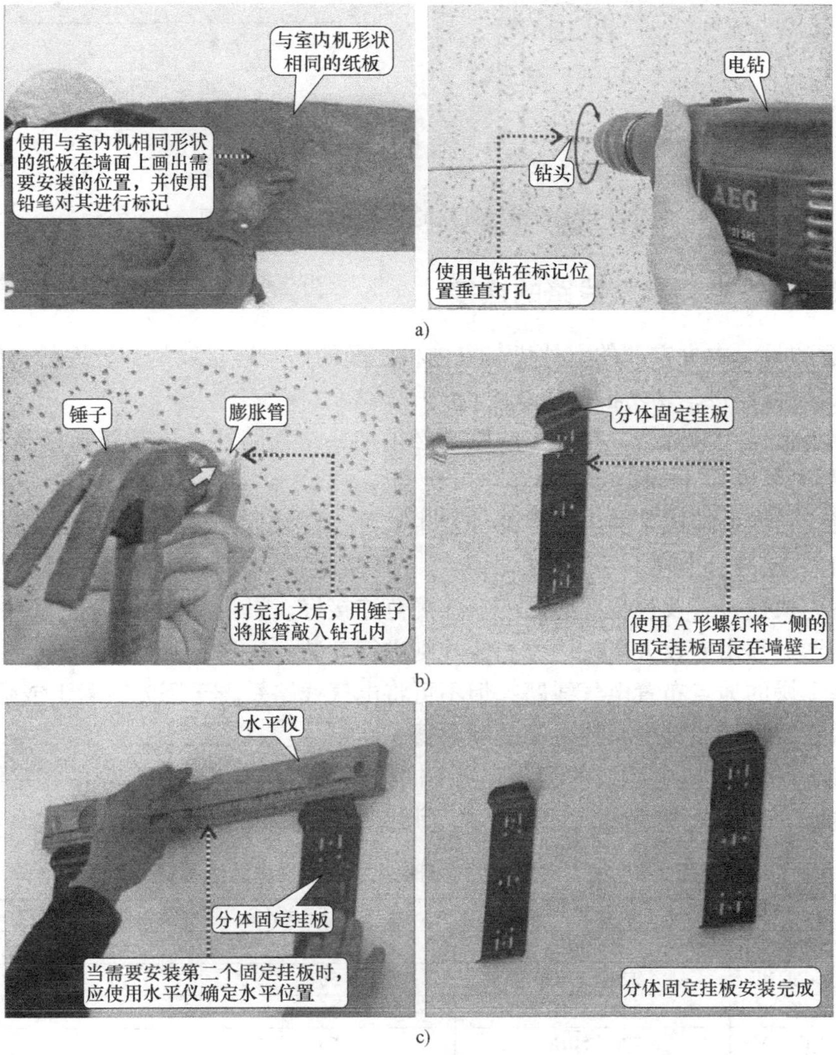

图 2-39　壁挂机固定挂板的安装方法

a）标记室内机安装的位置，使用电钻打孔　b）安装膨胀管，固定一侧的分体固定挂板
c）用水平仪确保第二个固定挂板的水平位置，安装另一侧的分体固定挂板

（3）壁挂机的安装与管路的连接　安装完固定挂板后，应对家用中央空调壁挂式室内机进行安装。在将家用中央空调安装在墙壁上之前，应当将室内管路与家用中央空调壁挂式室内机上的管路进行连接。图 2-40 所示为连接好管路的家用中央空调壁挂机。

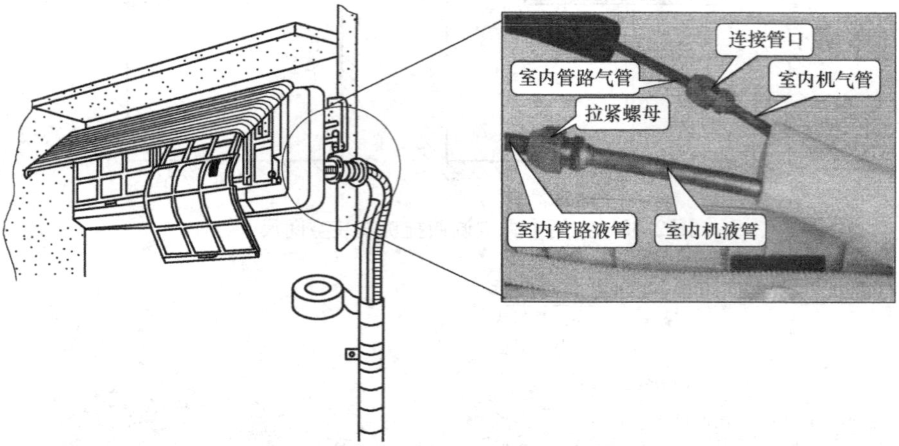

图 2-40　连接好管路的家用中央空调壁挂机

五、家用中央空调电气线路的连接

值得注意的是，中央空调的室外机与室内机之间的信号连接线是有极性的，应当按照说明书上的规定进行连接，切勿混乱接线。

1）对于不带插头的机型，在固定线路中必须加一个断路器，该断路器是全极断开，并且触点开断距离至少为 3mm。

2）连接线错误会造成某些电器零部件发生故障。缆线固定后，应确保连接处至固定处之间的导线有一定的自由度。

3）各室内机连接管及连接线必须各自按规范连接好。

4）空调器必须由专业人员按国家布线规则进行安装。

5）选择干燥的地点布置电气线路，但不可将电气线路暴露于阳光直射下或强风中。

6）必须安装可切断整个系统电源的断路器。

不同厂家对于室外机电源线的配置有所不同，可根据需要并按照厂家的规定使用合适的配线进行连接。表 2-5 所列为格力家用中央空调室外机的标准电源线配置。

表 2-5　格力家用中央空调室外机的标准电源线配置

使用机型	电源	空气容量开关/A	推荐导线（截面积/mm^2 ×根数）
GMV-Pd50W/NaFB-Nl	220V 50Hz	25	2.5×3
GMV-Pd70W/NaFB-Nl	220V 50Hz	50	4×3
GMV-Pd80W/NaFB-Nl	220V 50Hz	50	4×3
GMV-Pd100W/NaFB-Nl	220V 50Hz	50	4×3
GMV-Pd120W/NaFB-Nl	220V 50Hz	63	6×3

家用中央空调一台室外机可以控制多台室内机，需要对电源线以及与各室内机之间的信号线进行连接。图 2-41 所示为格力 GMV-Pd80W/NaFB-N1 中央空调外部线路连接图。

六、家用中央空调冷凝排水管的安装

1. 冷凝排水管的设计

冷凝排水管管材一般可采用给水 U-PVC 管，专用胶粘接。其他可选用材质有 PP-R 管、PP-C 管和热镀锌钢管，不允许使用铝塑复合管。

2. 冷凝排水管的保温

（1）冷凝排水管保温材料要求

1）应使用闭孔发泡保温材料，难燃 Bl 级。

2）热导率在平均温度为 0℃时不大于 0.035W/(m·K)。

（2）冷凝排水管保温层的厚度要求

1）冷凝排水管保温层厚度应保证在 10mm 以上。

2）保温材料接缝处必须用专用胶粘接，然后缠塑料胶带，胶带宽度不小于 5cm，保证牢固，防止结露，如图 2-42 所示。

3）冷凝排水管室外的部分可以不保温。

4）排水管必须包扎保温管，防止排水管外表面凝露，保温管厚度参考表 2-6。

3. 冷凝排水管的安装注意事项

1）安装冷凝排水管前，应确定其走向和标高，避免与其他管线交叉，以保证坡度顺直。横管道吊架的固定卡子高度应当可以调节，并在保温外部固定，吊架间距见表 2-7。每根立管的固定卡子不得少于两个。

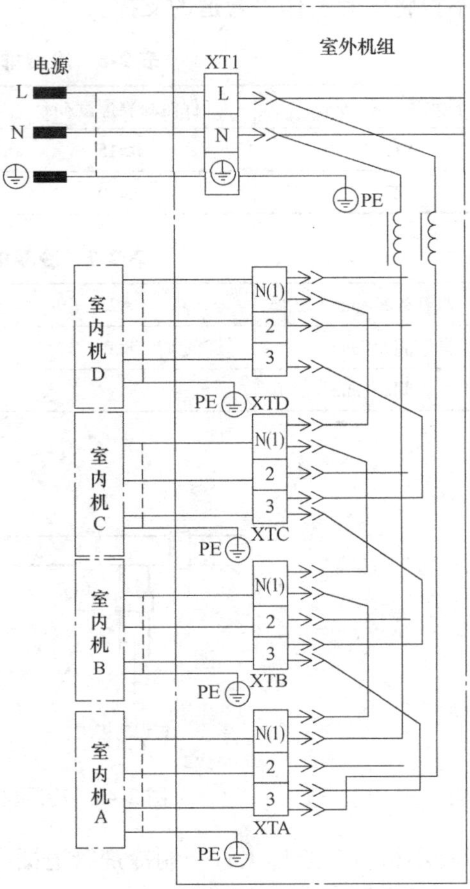

图 2-41　格力 GMV-Pd80W/NaFB-N1 中央空调外部线路接线图

2）冷凝排水管坡度应在 1% 以上，干管坡度不得少于 0.3%，且不得出现倒坡。

3）连接冷凝排水管的三通管时，三通管的二通直管应该在同一坡度上，不允许二通管两端有两个坡度，如图 2-43 所示。

4）管道穿墙体或楼板处应设钢套管，管道接缝不得置于套管内；钢套管应与楼面或者楼板底面齐平，穿楼板时要高出地面 20mm；钢套管不得影响管道的坡度；管道与钢套管的空隙应用柔性不燃材料填

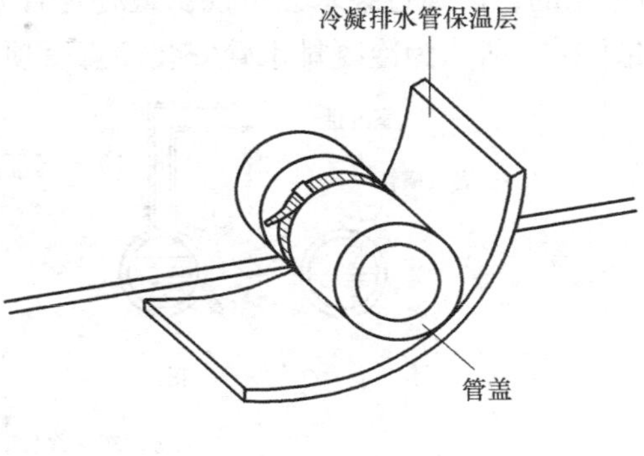

图 2-42　冷凝排水管保温示意图

塞，不得将钢套管作为管道的支撑。

表 2-6 冷凝排水管保温厚度参数表

排水管外径/mm	保温材料厚度/mm	排水管外径/mm	保温材料厚度/mm
17	≥15	≥34.9	≥20
27	≥20		

表 2-7 冷凝排水管吊架间距参数

水管外径/mm	≤25	25~32	≥32
横管间距/mm	800	1000	1500
立管间距/mm	1500		2000

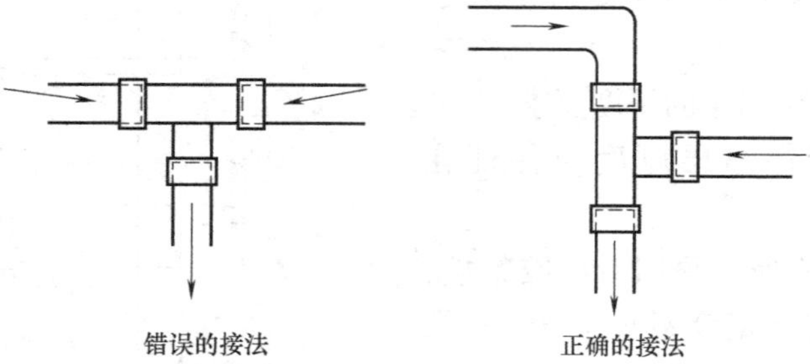

图 2-43 冷凝排水管三通连接示意图

5）不得将冷凝排水管与制冷剂管道捆绑在一起。

6）排水管最高点应设通气孔，以保证冷凝水顺利排出。

7）管道连接完成后，应做通水试验和满水试验。一方面检查排水是否畅通，另一方面检查管道系统是否漏水。

8）连接排水管与室内机时要保证 1% 以上的坡度；连接处采用随机附带的管箍固定，不得用胶水粘接，以保证检修方便。

9）连接排水支管与主管时，必须从主管上方接入。

10）安装时要保证所有的冷凝排水管管道与机组电气盒的距离在 300mm 以上，对于特殊空间限制的，需经过技术人员确认最终走管方式。

如图 2-44 所示为冷凝排水管安装注意事项。

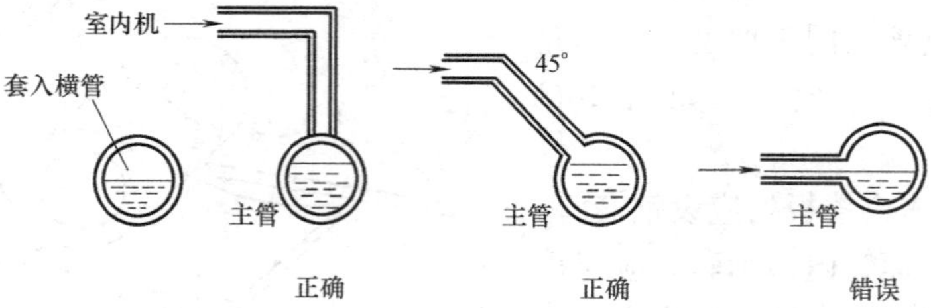

图 2-44 冷凝排水管安装注意事项

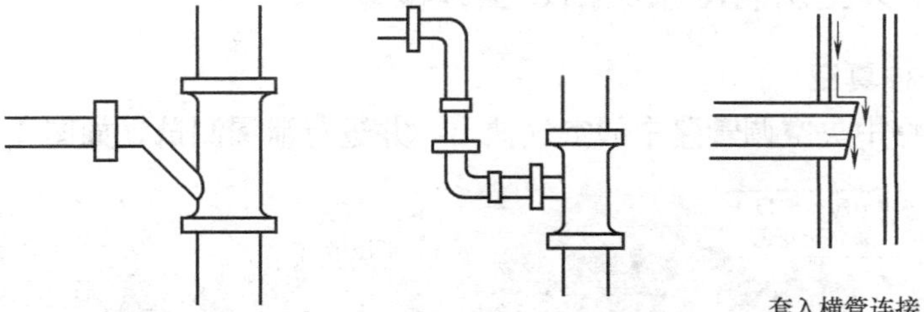

图 2-44 冷凝排水管安装注意事项（续）

课题四 家用中央空调的调试

相关知识

当家用中央空调安装完成后，应当对其制冷管路系统和电气系统进行检查，并对家用中央空调进行试运行，测量和记录运行参数，检测家用中央空调的安装质量和运行性能。

一、家用中央空调调试前的准备

1. 做好工程的整体调试规划

调试前，应了解工程的整体进度规划，了解空调工程调试的总体工作量，可能影响调试进度的问题有哪些？要多少人力和物力？这是相关负责人必须做好的事前规划。

2. 调试成员的组成

调试成员包括售后调试人员和安装人员等。所有参与调试的人员必须通过相关的专业培训方可参与机组调试，根据实际情况对所有参与人员进行分组，每个组的成员起码应包括专业调试员和协助工人。

3. 调试工具及仪器的准备

调试前须准备表 2-8 所列工具和仪器；确认测试软件是否正确；调试所需文件是否齐全，所需记录的参数是否齐全。

表 2-8 调试工具、仪器

序号	名 称	序号	名 称
1	内六角扳手	9	温度计
2	活动扳手	10	噪声仪
3	十字螺钉旋具	11	钳形表
4	一字螺钉旋具	12	数字万用表
5	真空泵	13	电表
6	电子秤	14	计时器
7	相应制冷剂系统高、低压压力表阀	15	人字梯
8	风速仪	16	调试器及数据通信线

二、家用中央空调制冷系统抽真空和检查

1. 制冷系统抽真空

使用真空泵将中央空调管路中的空气抽出，并进行泄漏测试，如图 2-45 所示。

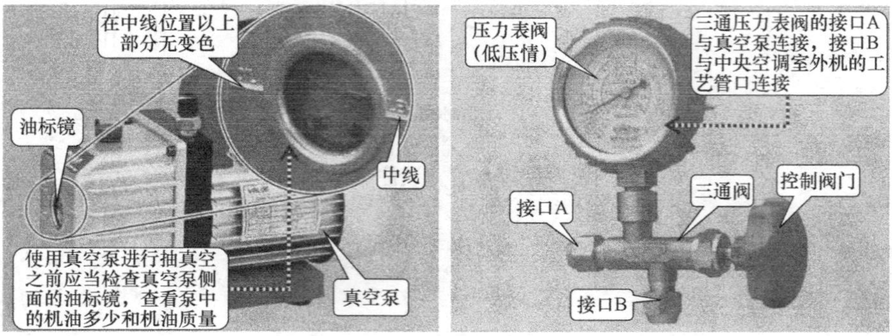

a)

b)

图 2-45　中央空调抽真空

a）真空泵使用前的检查以及三通压力表阀接口的连接

b）将真空泵通过三通压力表阀与工艺管口连接，打开真空泵进行抽真空和管路密封性的测试

2. 制冷系统的检查

调试前必须再次确认室外机截止阀是否均已打开到最大开度状态，所有电子膨胀阀部件的控制线是否与相应室的室内机主板可靠连接。

三、家用中央空调电气系统的检查

1. 机组所处的环境有无强的电磁干扰、粉尘和酸碱性气体

空调机组的电源系统不宜与带变频器的设备共用，也不可与产生强烈电磁干扰的设备靠近，以免空调机组受到干扰而不能正常工作，同时应避免酸性或碱性气体或液体腐蚀空调机组所用电缆。

2. 不同机组所需的电源容量

由于空调机组工作在不同条件下，工作电流变化范围较大，比额定电流大许多，再加上电网电压不稳，线路功率因数下降等因素，所以电源容量应以额定功率的 1.5～1.8 倍为宜。容量过小，可能导致压缩机无法起动、机组无法正常工作。

3. 用户为机组安装的空气开关、熔断器选型及使用方式

空气开关可以用作过载及短路保护，其分断电流较熔断器小，反应速度较熔断器慢，特点是动作后可人工复位；熔断器只用于机组的短路保护，特点是分断电流大，反应速度快，但动作后需更换熔丝。建议用户为机组选配空气开关时参照整机额定电流，通常空气开关电流值接近该整机额定电流的2.25倍即可，熔断器的额定电流是机组额定电流的1.5～2倍。

4. 电气盒内部电气元件的检查（断电情况下）

首先要目测电气盒内的电气元件有无在运输途中脱落，再用手逐一试试看电气元件是否松动，然后用力拉扯机内配线看是否松脱，对于大机组，电源接线板的电源线端子和引入接触器的配线端子一定要用套筒或螺钉旋具拧紧一遍，待正常运行两个月后再断电拧紧一次。交流接触器的辅助触点块不能拆下，出厂时已调试好。

5. 敷设电源线的注意事项

小机组电源线要用线槽或阻燃PVC管敷设，大机组的电源线用桥架敷设，避免电源线受阳光直射或雨水淋刷。

1）机组功率与电流、线径的对应关系

电缆的选型：种类为橡胶、PVC。

线径：首先要确定电源柜距离机组的远近以及敷设电缆的总体长度，根据电缆型号查出电阻/千米，进而确定电缆线径。

2）机组接地线。为保证机组和操作人员的安全，机组一定要可靠接地；接地装置不能承受机械拉力等，电源接地线的线径标准为

$$S = D, D \leqslant 16$$

$$S = D/2, D > 16$$

式中　S——接地线截面积，单位为mm^2；

D——电源线截面积，单位为mm^2。

6. 通信系统的检查

调试前必须再次检查室内、室外机组和室内机之间的通信已经连接完毕，各个室内机地址拨码是否按照给定地址设定。

通信线不能和电源线同槽敷设，必须用阻燃的硬PVC管单独敷设，通信线与强电线平行间距应大于20cm。

四、家用中央空调制冷模式的运行

起动调试家用中央空调机组时，必须保证主机组通电后压缩机已经预热8h以上，否则可能会损坏压缩机。调试必须由专业人员或在专业人员指导下进行。以下以格力直流变频多联机为例，分析家用中央空调制冷模式运行调试的方法。

针对格力直流变频多联机的特点，对系统的调试必须区分最大室内机容量运行和最小室内机容量运行进行调试。

在确认第一次起动压缩机前，机组通电后压缩机已经预热超过8h。整机得电后，首先确认系统数据通信是否正常，从监控软件上是否能查看到所有的室内机和手操器，是否有重码问题。确认通信正常后准备开机，但开机前必须记录表2-7中的各项参数，记录完毕后先进行最大室内机容量运行，观察判断系统运行的各项参数。如果发现异常，必须及时找出原

因并解决，解决完毕后重新进行调试。在系统运行无异常的情况下，30min 后测量并记录各参数，之后直接转为最小室内机容量运行。

在最大室内机容量调试完毕后，直接转为最小室内机容量进行调试。记录容量刚转换时的各项参数，30min 后测量并记录相关参数，最后保存监控软件数据，调试完毕。如果发现有异常，必须及时找出原因并解决，解决完毕后重新进行调试。

注意：在整个调试过程中，必须注意辨听室内、外风机以及压缩机运行的声音是否正常。

五、家用中央空调制热模式的运行

在环境条件允许的前提下，家用中央空调在完成制冷模式的调试后，可直接将系统转换为制热模式，同样需要区分最大室内机容量和最小室内机容量运行，调试方法与制冷模式运行调试相同。如果当时环境条件不满足系统制冷模式要求，则直接进行制热模式运行调试。

调试完毕后，整理数据并保存，最后打出调试报告并移交给用户使用。

六、家用中央空调调试参数

典型家用中央空调（格力 GMV-Pd80W/NaFB-Nl 系列直流变频多联机）制冷和制热运行参数见表 2-9，表 2-10 为调试合格参考标准。

表 2-9　格力家用中央空调调试参数表

<table>
<tr><td>工程项目名称</td><td colspan="3"></td><td colspan="2">机组型号</td><td></td></tr>
<tr><td>调试人</td><td colspan="3"></td><td colspan="2">日期</td><td></td></tr>
<tr><td>室外机额定容量/kW</td><td></td><td>室内机总额定容量/kW</td><td></td><td colspan="2">制冷剂管路总长</td><td></td></tr>
<tr><td>室内、外机最大落差</td><td></td><td colspan="2">制冷剂追加量/kg</td><td colspan="3"></td></tr>
<tr><td colspan="7">调试状态：　口制冷　口制热　　室内机运行台数及容量：</td></tr>
<tr><td colspan="2">状态参数</td><td>单位</td><td>开机前</td><td>30min</td><td>60min</td><td>90min</td></tr>
<tr><td rowspan="7">室外机状态参数</td><td>室外环境温度</td><td>℃</td><td></td><td></td><td></td><td></td></tr>
<tr><td>电源电压</td><td>V</td><td></td><td></td><td></td><td></td></tr>
<tr><td>频率</td><td>Hz</td><td></td><td></td><td></td><td></td></tr>
<tr><td>压缩机电流</td><td>A</td><td></td><td></td><td></td><td></td></tr>
<tr><td>排气温度</td><td>℃</td><td></td><td></td><td></td><td></td></tr>
<tr><td>系统高压</td><td>℃</td><td></td><td></td><td></td><td></td></tr>
<tr><td>室外机噪声</td><td>dB</td><td></td><td></td><td></td><td></td></tr>
</table>

（续）

状态参数		单位	开机前	30min	60min	90min
1#室内机参数	额定容量	kW				
	环境温度	℃				
	室内机风挡	挡位				
	出风口温度	℃				
	风口风速	m/s				
	噪声	dB				
	接水盘排水情况	—				
2#室内机参数	额定容量	kW				
	环境温度	℃				
	室内机风挡	挡位				
	出风口温度	℃				
	风口风速	m/s				
	噪声	dB				
	接水盘排水情况	—				
3#室内机参数	额定容量	kW				
	环境温度	℃				
	内机风挡	挡位				
	出风口温度	℃				
	风口风速	m/s				
	噪声	dB				
	接水盘排水情况					

表 2-10 调试合格参考标准

调试参数	单位	合格参考标准
压缩机电流	A	电流根据不同的频率相应变化
压缩机排气(壳顶)温度	℃	交流和直流变频压缩机排气保护温度为118℃;智能变频压缩机排气温度为125℃;数码压缩机排气温度为130℃。R410A系统制冷正常温度为70~85℃,且比系统高压对应的饱和温度高10℃以上;制热正常温度为65~75℃,且比系统高压对应的饱和温度高10℃以上;R22系统制冷正常温度为85~100℃,比系统高压对应的饱和温度高10℃以上;制热正常温度为80~90℃,且比系统高压对应的饱和温度高10℃以上
驱动母线电压	V	针对变频系统,正常母线电压为电源电压的1.414倍
驱动模块温度	℃	保护温度为115℃,正常温度小于85℃
系统高压压力值	MPa	R410A系统高压保护值为42kgf/cm^2(65℃),系统正常的高压值为28~32kgf/cm^2(35~55℃);R22系统高压保护值为31kgf/cm^2(70℃),系统正常的高压值为18~20kgf/cm^2(35~55℃)

（续）

调试参数	单位	合格参考标准
系统低压压力值	MPa	R410 系统低压正常值为 8 ~ 9kgf/cm^2（35 ~ 55℃），R22 系统低压正常值为 4.5 ~ 5kgf/cm^2（35 ~ 55℃）
压缩机油温	℃	针对数码压缩机系统，其油温比压缩机排气温度低约 40℃，比低压吸气温度高 10℃以上
室外换热器进、出管温度	℃	制冷运行时，进管温度要比出管温度高 20℃以上；制热时，进管温度要比出管温度高 1℃左右。进、出管温度和环境温度相差不大时，要检查感温包是否脱落
室外换热器管中温度	℃	制冷运行时，管中温度比出管温度高 2 ~ 5℃；制热运行时，管中温度与进、出管温度相差 0 ~ 2℃。管中温度和环境温度相差不大时，要检查感温包是否脱落
室外电子膨胀阀开度	PLS	制冷运行时始终保持 480PLS；制热运行时在 150 ~ 480PLS 范围内变化
室内换热器进、出管温度	℃	根据环境温度的不同，制冷模式下同一室内机的进管温度要比出管温度低 1 ~ 7℃；制热模式下同一室内机进管温度要比出管温度高 10 ~ 20℃
室内换热器管中温度	℃	制冷模式下管中温度比出管温度低约 0 ~ 5℃；制热模式下管中温度介于进、出管温度之间
室内电子膨胀阀开度	PLS	开度在 120 ~ 480PLS 范围内自动调节
通信数据	—	从监控软件上能够实时检测到所有室内机的主板和线控器数据，无通信故障出现
风系统	—	室内送风距离为 3 ~ 4m；平均风速为 1.5 ~ 3.0m/s；对于风管多风口送风的，根据负荷的不同，每个风口送风量也应该相应地变化
水系统	—	室内机排水顺畅彻底，冷凝排水管无倒坡存水情况；室外机能够完全从排水管排水，不从机组基础直接滴落
其他	—	压缩机，室、内外风机运行均无异响，机组运行无故障

注：以上所述的高压和低压温度是指高、低压力对应的饱和温度值。

七、工程竣工验收

空调工程施工期长，而且涉及多个专业和各方人员，竣工验收是在施工质量和设备质量合格的前提下进行的。因此，做好竣工验收是对用户负责的态度，也是一个企业诚信的体现。

参与竣工验收的人员包括业主、监理单位、安装单位以及设备厂家等，验收合格后应及时办理竣工验收合格手续。如存在不合格项目，应及时办理整改手续，提供整改方案，并在业主要求的限期内完成，完成后再次联系各方进行二次验收。

竣工验收时应提供的文档资料如下：

1）图纸会审记录、设计变更通知书和竣工图。

2）主要材料、设备的出厂合格证以及进场的检（试）验报告。

3）隐蔽工程验收合格报告。
4）制冷系统气密性检验合格报告。
5）空调排水系统合格报告。
6）设备试运转合格报告。
7）竣工验收合格转交报告。

实训项目一　家用中央空调管路的加工实训

一、实训目的

1）掌握切割铜管的操作方法。
2）掌握弯制铜管的操作方法。
3）掌握铜管切口的倒角方法。
4）掌握使用扩管器扩喇叭口的操作方法。
5）掌握使用胀管器胀杯形口的操作方法。
6）熟悉铜管加工制作规范

二、实训工具及材料（表2-11）

表2-11　管路加工实训工具及材料

序号	名　称	数量	备　注
1	割管器	1把	
2	弯管器	1把	
3	倒角器	1个	
4	扩管器	1套	
5	胀管器	1套	
6	铜管	各1m	不同直径

三、实训步骤

1. 铜管的切割

(1) 切割铜管的操作步骤
1）将所需加工的铜管夹装到割管器手柄至铜管边缘。
2）将整个割管器绕铜管顺时针方向旋转。
3）割管器每旋紧1~2圈，需调整手柄1/4圈。
4）重复2）、3）步骤，直至将铜管割断。
5）另取不同规格铜管进行切割练习，直至熟练。
(2) 切割铜管的注意事项
1）铜管一定要架在导轮中间。
2）所加工的铜管一定要平直、圆整，否则会形成螺旋切割。
3）由于所加工的铜管管壁较薄，调整手柄进刀时，不能用力过猛，否则会导致内凹收口和铜管变形，影响切割。

4）铜管切割加工过程中出现的内凹收口和毛刺需进行倒角处理。

2. 铜管的弯制

（1）弯制铜管的操作步骤

1）用割管器切割长60cm、直径为3in/8的铜管。

2）将铜管放置到弯管器3in/8导轮中，并调整好位置，用活动手柄的搭扣扣住所加工的管件。

3）慢慢旋紧活动手柄，使管件弯曲至所需角度。

4）松开搭扣和活动手柄，将管件退出，并观察是否符合要求。

5）另取不同规格的铜管进行弯管练习（不同角度），直至熟练。

（2）弯制铜管的操作注意事项

1）加工的管件应预先退火。

2）加工的管件的壁厚不宜过薄。

3）操作时用力要均匀，避免出现死弯或裂痕。

4）铜管规格与弯管器规格要相符合。

3. 切口的倒角

（1）切口倒角的操作步骤

1）用割管器切割长10cm、直径为3in/8的铜管。

2）将倒角器一端的刮刀尖伸进管口的端部，左右旋转数次。

3）反复操作，直至去除毛刺和收口。

（2）切口倒角的注意事项

1）管口尽量向下，避免金属屑进入管道。若金属屑进入管道内，需将其清除干净。

2）倒角器使用后应除去金属屑，并在切削刃处涂上防锈油。

4. 扩喇叭口

（1）扩喇叭口的操作步骤

1）用割管器切割长10cm、直径为6mm的铜管。

2）用倒角器去除铜管端部毛刺和收口。

3）将需要加工的铜管夹装到相应的夹具卡孔中，铜管端部露出夹板面$H/3$左右（H为夹具坡面高度），旋紧夹具螺母，直至将铜管夹牢。

4）将扩口顶锥卡于铜管内，顺时针慢慢旋转手柄，使顶锥下压，直至形成喇叭口。

5）退出顶锥，松开螺母，从夹具中取出铜管，观察扩口面应光滑圆整，无裂纹、毛刺和折边。

6）另取不同规格的铜管进行扩喇叭口练习，直至熟练。

（2）扩喇叭口的操作注意事项

1）注意铜管与夹板的米、寸制形式要对应。

2）有条件的最好在扩管器顶锥上加上适量冷冻油。

3）铜管材质要有良好的延展性（忌用劣质铜管），铜管应预先退火。

4）喇叭口应大小适宜，太大容易撕裂且螺母不易夹紧，太小容易脱落或密封不严。

5）铜管壁厚不宜超过1mm。

5. 胀杯形口

（1）胀杯形口的操作步骤

1）用割管器切割长 10cm、直径为 3in/8 的铜管。

2）用倒角器去除铜管端部毛刺和收口。

3）选定所需 3in/8 的胀头，将其旋到杠杆上。

4）将需要加工的铜管夹装到相应的夹具卡孔中，铜管端部露出夹板面略大于铜管直径长度，旋紧夹具螺母，直至将铜管夹牢，顺时针慢慢旋转手柄，使胀头下压，直至形成杯形口。

5）逆时针慢慢旋转手柄，使胀头从铜管中退出，松开夹具螺母。

6）取下铜管，观察杯形口是否符合要求（相同管径的铜管能否插入）。

7）另取不同规格的铜管进行胀杯形口练习，直至熟练。

（2）胀杯形口的操作注意事项

1）注意铜管与夹板的米、寸制形式要对应。

2）有条件的最好在胀管器顶锥上加上适量的冷冻油。

3）所选胀头与铜管直径规格要对应。

4）注意铜管端部露出夹板面以略大于铜管直径长度为宜。

6. 整理工作

1）将使用后工具收回工具盒内，并放回原处。

2）整理剩下的铜管，摆放整齐。

3）清洁现场，恢复整洁干净。

四、实训评价

实训操作情况评价表见表 2-12。

表 2-12　实训操作情况评价表

序号	项目	测评要求	配分	评分标准	得分
1	割管	正确使用割管器割管	20	(1)切口整齐光滑,否则扣 10 分 (2)割管器刀口崩裂扣 10 分	
2	倒角	正确使用倒角器倒角	10	(1)倒角整齐光滑,否则扣 5 分 (2)倒角不彻底扣 5 分	
3	扩喇叭口	喇叭口齐整、光滑	25	(1)喇叭口倾斜扣 10 分 (2)喇叭口破裂扣 15 分	
4	制杯形口	杯形口标准	25	(1)杯形口倾斜扣 10 分 (2)杯形口破裂扣 15 分	
5	弯管	正确使用弯管器	20	(1)弯管角度不正确扣 10 分 (2)管道变形扣 10 分	
安全文明操作		违反安全文明操作规程,视实际情况扣分			

开始时间		结束时间		实际时间		成绩	
综合评价意见							
评价人				日期			

实训项目二　家用中央空调的安装实训

一、实训目的

1）了解家用中央空调的安装规范。
2）掌握室外机的安装步骤及方法。
3）掌握室内机的安装步骤及方法。
4）掌握室内机、室外机管路安装的步骤及方法。
5）掌握室内机、室外机电气线路的连接步骤及方法。

二、实训设备、工具及材料（表2-13）

表2-13　家用中央空调安装实训设备、工具及材料

序号	名称	数量	备注
1	YL-835型户式中央空调实训系统	1套	
2	风管式、嵌入式、挂壁式室内机	3台	
3	螺钉旋具	2把	一字、十字
4	卷尺	1个	3m
5	水平尺(仪)	1把	可自行添加
6	活扳手	2把	250mm
7	吊杆及固定螺母	若干	垫片若干
8	弯管器	1个	
9	割管器	1个	
10	倒角器	1个	
11	老虎钳	1把	
12	胀扩管器	1套	含夹具
13	电源线连接跳线	若干	3种颜色
14	通信线连接跳线	若干	3种颜色
15	尖嘴钳	1把	
16	遥控器	1个	挂壁式、嵌入式
17	线控器	1个	风管式
18	纯铜管	若干	
19	保温管	若干	

三、实训步骤

1. 室外机的安装

1）锁紧铝合金型材框架的地脚万向轮，检查设备是否完好。
2）测量室外机底座4个螺孔的相对尺寸，确认与铝合金型材框架间距以及型材上所开

孔距是否一致。如有差异，需移动型材框架或在型材上重开孔。

3）将室外机放置于铝合金型材上，上、下孔对齐。

4）抬起室外机一侧，抬起高度以能放入减振垫为宜，在室外机这一侧 4 个螺孔位置底座下逐一放入减振垫。

5）插入地脚螺栓，放入弹簧垫片，拧紧螺母。拧紧螺母时，以对角线上的两个螺母为一组，交替拧紧，一组一组分别紧固，不宜先同时紧固同一侧的两个螺母或一个个紧固。

6）地脚螺母不宜拧得过紧，否则会导致减振橡胶垫收缩过度，失去弹性和减振功能。

7）整理工作。

2. 室内机的安装

（1）嵌入式室内机的吊装

1）检查设备是否完好，吊杆及紧固螺钉长度、数量是否正确。锁紧铝合金型材框架地脚的万向轮。

2）拆下嵌入式室内机面板。

3）测量 4 个吊杆螺孔的距离。

4）确定排水出口的位置。

5）选择合适的悬吊位置及悬吊高度。

6）根据室内机上吊杆螺孔的距离，在网孔板上牢固安装 4 根吊杆。

7）在他人配合下将室内机与 4 根吊杆固定好。

8）用卷尺分别测量 4 边距离网孔板高度，以调节整机的水平度，或在水平仪辅助下调整水平度。

9）用力锁紧吊杆螺钉，扣好面板，安装完毕。

（2）风管式室内机的吊装

1）检查设备是否完好，吊杆及紧固螺钉长度、数量是否正确。锁紧铝合金型材框架地脚的万向轮。

2）测量 4 个吊杆螺孔的距离。

3）确定排水出口的位置。

4）选择合适的悬吊位置及悬吊高度。

5）根据室内机上吊杆螺孔的距离，在网孔板上牢固安装 4 根吊杆。

6）在他人配合下将室内机与 4 根吊杆固定好。

7）用卷尺分别测量 4 边距离网孔板高度，以调节整机的水平度，或用水平仪辅助调整水平度。

8）用力锁紧吊杆螺钉，扣好面板，安装完毕。

（3）挂壁式室内机的安装

1）检查设备及挂板是否完好，锁紧铝合金型材框架地脚的万向轮。

2）确定制冷剂管路是由左侧、右侧还是后侧接入以及排水出口的位置。

3）选择合适的安装高度，并在黑色安装板上进行标注。

4）在挂板上选择 4 个孔位，用自攻螺钉或木工螺钉将挂板固定在黑色安装板上。安装时用卷尺测量挂板顶边左、右两侧距离顶部网孔板的尺寸，保证水平度要求，或使用水平仪辅助测量。

5）根据先前确定的制冷剂管路接入位置，将挂壁式室内机中的制冷剂管路与之对齐。

6）将挂壁式室内机挂在挂板上，把底部两侧的卡扣卡紧，安装完毕。

（4）整理工作

1）将工具整齐摆放原处。

2）清理包装箱及辅助材料。

3）清洁现场，恢复整洁干净。

3. 室内、室外机管路的安装

1）检查所准备铜管管内的清洁性、管外的完好性。如管路较脏，可将近管口处的一段割去，或使用氮气吹洗管路。如铜管变形、扭曲，将其割去。

2）合理设计制冷剂管路走向，以减短管路长度、减少弯头数为原则。

3）根据设计的管路走向，测量所需铜管长度，考虑到加工可能出现返工或损耗，要留一定余量。

4）正确选择管径，割取所需长度并整复平直。

5）根据设计方案，使用弯管器、胀扩管工具和割管器，对铜管进行加工制作，以实现室内机与室外机、室内机与室内机之间的正确连接。

6）根据规范正确选择冷媒管支撑点和吊架安装位置，将吊杆固定在顶部网孔板上。

7）将制作好的分歧管用吊杆吊装在顶部网孔板上，管箍的螺钉不需拧紧。用配管连接室内机、分歧管、室外机。

8）将喇叭口钠子（冷媒管上的接管螺母）后推，露出喇叭口。将喇叭口对准连接设备的接管螺钉（钠子头），前推钠子，用手拧紧。

9）再次用扳手拧紧钠子，紧固吊架螺钉、管箍螺钉。

10）重复6）~9）步骤，完成所有冷媒管的连接。

11）整理工作。

4. 室内机、室外机电气线路的连接

1）检查所需线缆的安全可靠性。

2）测量各端子之间的距离，选择合适长度的跳线，按如图2-46所示方式连接室外机与3台室内机。三根电源线、三根通信线尽量采用不同颜色线，以便连接和复查。

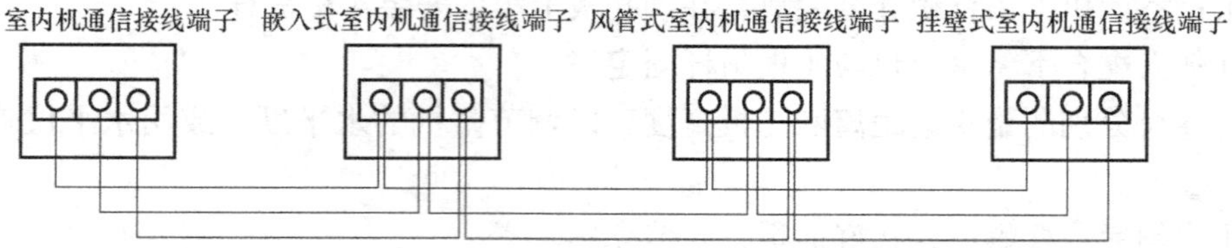

图2-46 室外机与室内机接线图

3）将接外部电源的防水插头插入装置中的防水插座上。

4）整理工作。

四、实训评价

实训操作情况评价表见表2-14。

表 2-14　实训操作情况评价表

序号	项目	测评要求	配分	评分标准	得分
1	室外机安装	室外机安装正确、规范	20	(1) 安装室外机时与周围物体的间距符合规范,否则扣 10 分 (2)紧固地脚螺母时,以对角线上的两个螺母为一组交替拧紧,否则扣 5 分 (3)现场整理规范,否则扣 5 分	
2	室内机安装	室内机安装正确、规范	40	(1) 吊装嵌入式室内机正确、规范,否则扣 15 分 (2) 吊装风管式室内机正确、规范,否则扣 10 分 (3)安装挂壁式室内机正确、规范,否则扣 10 分 (4)现场整理规范,否则扣 5 分	
3	室内机、室外机管道连接	管道加工规范,连接正确	20	(1)管道加工规范,否则扣 10 分 (2)管道安装正确,否则扣 10 分	
4	室内机、室外机电气线路连接	电气线路连接正确、规范	20	(1) 电气线路布线规范,否则扣 5 分 (2) 电气线路连接正确,否则扣10 分 (3)现场整理规范,否则扣 5 分	
安全文明操作		违反安全文明操作规程,视实际情况扣分			
开始时间		结束时间		实际时间	成绩
综合评价意见					
评价人			日期		

实训项目三　家用中央空调冷凝排水管的安装实训

一、实训目的

1）了解中央空调冷凝水管路的安装规范。
2）掌握中央空调冷凝水管路的安装方法。
3）掌握常用工具、仪器的使用方法。

二、实训设备、工具及材料

1）实训设备：格力直流变频多联机系统或 YL-835 型户式中央空调实训与考核装置。
2）实训工具：活扳手、PVC 管剪刀。
3）实训材料：PVC-U 排水管、专用胶水、保温管、吊架与卡箍。

三、实训步骤

1）设计冷凝水管路走向。根据室内机位置，确定出水口与排气口的安装位置。为避免运行停止时水倒流，设计时应注意排水管应向室外侧（排水侧）下倾，下倾斜度为1∶100以上。

2）测量管路尺寸，选择合适管径的排水管，使用PVC管切割刀割取所需长度。

3）按照冷凝水管安装工艺要求进行管路安装及接口的粘接。

4）灌水试验。为了检验管道是否漏水，将排水口堵住，向排水管路系统中注满水，看排水管是否有水渗漏。若发现渗漏。应重新利用PVC胶进行粘接。如此反复进行，直至无渗漏为止。

5）排水试验。为检验排水是否畅通及坡度是否符合要求，应进行排水试验。首先向接水盘中注入2000mL水，然后检查确认水流是否畅通。如果在管道末端没有水流流出，再注入2000mL水进行观察，直至排水符合要求。若为嵌入式室内机，应接通电源，首先向接水盘中注入2000mL水，使制冷运行，检查排水泵的运行声音，同时检查排水口是否正常排水。

6）保温处理。在管道表面均匀包扎保温套管进行冷凝排水管的保温，凡不是整管保温的，一定要将切割开的部分重新用胶粘接。

7）整理工作。

① 擦干冷凝水管、接头等处的水渍。

② 将材料、工具放回原位。

③ 清洁现场，恢复整洁干净。

四、实训评价

实训操作情况评价表见表2-15。

表2-15　实训操作情况评价表

序号	项目	测评要求	配分	评分标准	得分
1	冷凝排水管路方向设计	冷凝排水管路方向设计合理、规范	20	冷凝排水管路方向设计合理、规范，否则扣20分	
2	冷凝排水管路加工	冷凝排水管路加工正确、规范，符合质量要求	30	(1)长度尺寸符合要求，否则扣10分 (2)切割、胶接操作正确规范，符合质量要求，否则扣15分 (3)现场整理规范，否则扣5分	
3	冷凝排水管路的安装	冷凝排水管路的安装正确、规范、美观，符合质量要求	30	(1)安装正确、规范，否则扣20分 (2)安装形状美观，符合质量要求，否则扣5分 (3)现场整理规范，否则扣5分	

（续）

<table>
<tr><th>序号</th><th>项目</th><th colspan="2">测评要求</th><th>配分</th><th colspan="2">评分标准</th><th>得分</th></tr>
<tr><td>4</td><td>工具的使用</td><td colspan="2">工具使用正确</td><td>20</td><td colspan="2">(1)工具使用正确,否则扣15分
(2)现场整理规范,否则扣5分</td><td></td></tr>
<tr><td colspan="2">安全文明操作</td><td colspan="5">违反安全文明操作规程,视实际情况扣分</td><td></td></tr>
<tr><td colspan="2">开始时间</td><td></td><td>结束时间</td><td></td><td>实际时间</td><td>成绩</td><td></td></tr>
<tr><td colspan="2">综合评价意见</td><td colspan="6"></td></tr>
<tr><td colspan="2">评价人</td><td colspan="3"></td><td>日期</td><td colspan="2"></td></tr>
</table>

实训项目四　家用中央空调的调试实训

一、实训目的

1）掌握制冷系统与管路的吹污方法。

2）掌握制冷系统气密性检查的操作方法。

3）熟练掌握制冷系统抽真空的操作工艺。

4）家用中央空调系统整机试运行。

二、实训设备、工具及材料（表2-16）

表2-16　管路加工实训设备、工具及材料

序号	名称	数量	备注
1	氮气瓶及氮气	1瓶	
2	减压阀	1个	
3	双表修理阀	1个	
4	米/寸制加液管(红、黄、蓝各1根)	1套	
5	双表修理阀米/寸制转接头	3个	
6	耐压橡胶输气软管	2根	需装接头
7	1in/4连接式手阀	1个	
8	白色湿毛巾	1块	
9	堵栓	若干	
10	活扳手	1把	200mm
11	多用插座或固定电源插座	1个	
12	内六角扳手	2把	
13	250mm活扳手	2把	
14	长柄十字螺钉旋具	1把	
15	肥皂水(含海绵块或毛笔)	1盒	
16	真空泵(4L/s)	1台	真空度可达755mmHg(或12Pa)以下

三、实训步骤

1. 制冷系统与管路的吹污

1）将氮气钢瓶、氮气减压阀、耐压橡胶输气软管、双表修理阀依次连接好。

2）打开氮气瓶阀，调节压力调节螺杆，输出0.6MPa氮气。

3）分段进行吹污操作。

① 关闭双表修理阀高、低压侧手阀，将高压侧连接软管与高压系统进气口连接，用手堵住系统出气口，打开双表修理阀高压侧手阀，使氮气进入高压系统，观察高压压力表阀压力，待压力达到吹污压力（0.5~0.6MPa），或者感觉手堵不住管口时，突然放手露出管口，让系统内的污物、水分随氮气喷在湿毛巾上，每根管路至少如此反复操作三次，直至断定系统吹扫干净，方可结束操作，如图2-47所示。

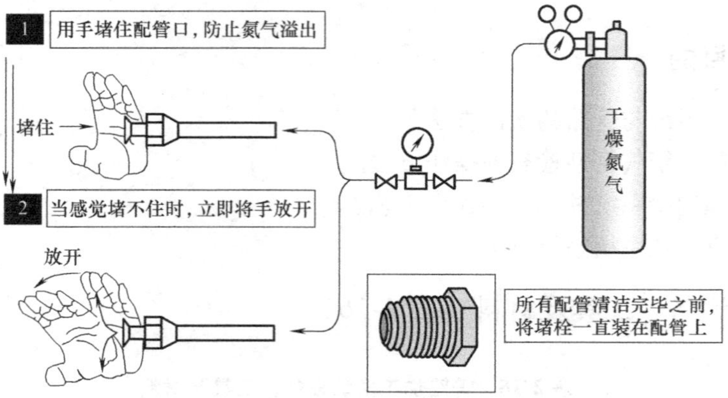

图2-47　吹污操作示意图

② 仿照上述步骤可分别对低压系统、连接管路、节流部件进行吹污操作。

4）吹污操作结束后，依次关闭氮气钢瓶阀门和氮气减压阀调节阀，放出橡胶输气软管内的氮气。

5）整理工作。

① 将双表修理阀、减压阀、接管等整齐摆放在原处。

② 拧下堵栓，将吹扫干净的管路连接起来。

③ 将氮气瓶放置在阴凉通风处。

④ 清洁现场，恢复整洁干净。

2. 制冷系统气密性的检查

1）将耐压橡胶软管一端与氮气瓶可靠连接，另一端与接有手阀的铜管连接，关闭手阀。

2）将双表修理阀上的红色耐压橡胶管、蓝色耐压橡胶管分别与VRF空调室内机的气管、液管相连并拧紧。

3）将双表修理阀上的黄色耐压橡胶管与手阀相连并拧紧；应保证连接处没有泄漏，如图2-48所示。

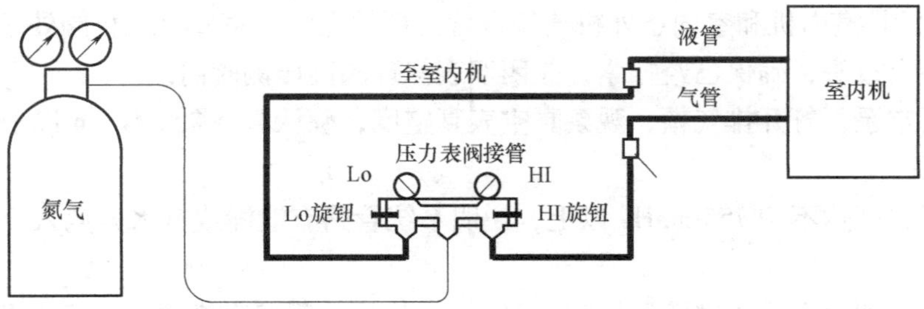

图 2-48　双侧加压检漏

4）用固定扳手拧开氮气阀芯，调节减压阀至 1.1～1.2MPa。

5）微开手阀，给室内机加压到 0.5MPa，停止加压，确认经过 5min 之后压力是否降低。

6）接下来加压到 1.0MPa，停止加压，确认经过 5min 之后压力是否降低。

7）之后继续加压，直至压力达到 1.2MPa，此时记下环境温度与压力值。

8）如果在 5）～7）步的过程中发现有压力变化，请用肥皂水在钎焊部位与扩口部分查找泄漏部位，如图 2-49 所示，并进行标记，统一修补。

9）如无压力下降，应关闭手阀，卸掉氮气接管，保持规定值 24h，确认压力是否降低（但要考虑环境温度发生 1℃变化时，压力会产生约 0.01MPa 的变化）。

10）整理工作。

① 将双表修理阀、减压阀、接管等整齐摆放在原处。

② 拧下堵栓，连接吹扫干净的管路。

③ 将氮气瓶放置在阴凉通风处。

④ 清洁现场，恢复整洁干净。

3. 制冷系统抽真空操作

1）低压单侧抽真空。

① 按图 2-50 所示，将双表修理阀的中间连接软管（一般为黄色软管）与室外机气体三通阀检修口相连，连接过程中注意接头是米制还是寸制，如不匹配可使用米寸制转换接头；将有真空压力表阀的一侧（低压侧）连接软管（一般为蓝色）与真空泵相连接，将另一根连接软管（高压侧）（一般为红色）与制冷剂钢瓶相连接，以备充注制冷剂。

图 2-49　肥皂水检漏

图 2-50　低压单侧抽真空

② 双表修理阀保持两通状态，室内机接管与检修阀相连，关闭室外机三通气阀。此时真空泵抽出的仅是室内机和室内、外机连接铜管内部的空气，室外机截止阀处于关闭状态。

③ 检查各个接头，确保已经拧紧，关闭双表修理阀高压侧阀门。

④ 起动真空泵，打开排气帽，观察真空表真空度，确认真空泵工作 1h 以上真空度能达到 755mmHg 以上。

⑤ 如果真空度达不到 755mmHg 以上，说明系统管路有泄漏或有水分混入，需要检查并排除。

⑥ 真空度达到要求后，继续运行 20～30min，然后关闭双表修理阀，停止真空泵，真空保压 1h 以上。

2）高、低压双侧抽真空。

① 将双表修理阀高、低压接管（红色、蓝色管）分别与室外机气阀、液阀的检修口连接起来；将双表修理阀中间接口（黄色管）与真空泵连接起来，如图 2-51 所示。

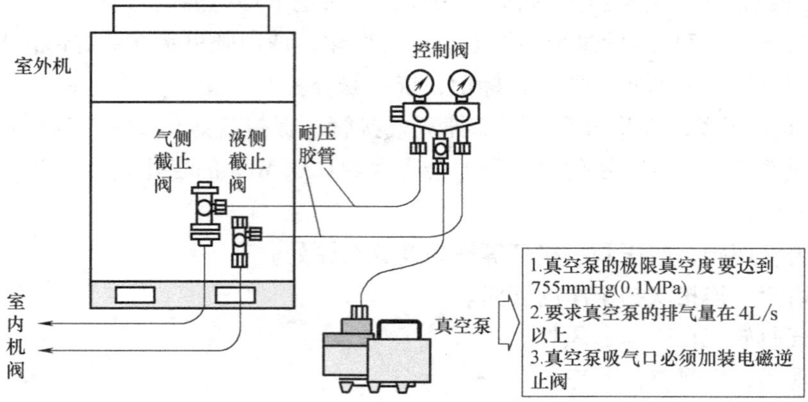

图 2-51　双侧抽真空

② 双表修理阀保持两通状态，室内机接管与检修阀相连，关闭室外机三通气阀。此时真空泵抽出的仅是室内机和空内机、室外机连接铜管内部的空气，室外机截止阀处于关闭状态。

③ 检查各个接头，确保已经拧紧。

④ 起动真空泵，打开排气帽，观察真空表真空度，确认真空泵工作 1h 以上真空度能达到 755mmHg 以上。

⑤ 如果真空度达不到 755mmHg 以上，说明系统管路有泄漏或有水分混入，需要检查并排除。

⑥ 真空度达到要求后，继续运行 20～30min，然后关闭双表修理阀，停止真空泵，真空保压 1h 以上。

⑦ 整理工作。

4. 家用中央空调系统整机试运行

1）合上外部电源空气开关，给装置送电。检查电源电压，允许变动 ±10%，如电压正常，合上装置中室外机面板上的室内、室外机电源空气开关。

2）室内机电源指示灯显示正常，使用遥控器控制嵌入式、挂壁式两个室内机，使用线控器控制风管式室内机。逐台起动室内机，全部起动后，操作遥控器和线控器上的按钮，熟悉遥控器、线控器的用法。

3）尝试运行各项功能，熟悉各项操作方法。训练结束后，逐台关闭室内机，待室外机停止运行后，拉下室内、室外机电源开关，拔出防水插头。

4）整理工作。

四、实训评价

实训操作情况评价表见表2-17。

表2-17　实训操作情况评价表

<table>
<tr><th>序号</th><th>项目</th><th colspan="3">测 评 要 求</th><th>配分</th><th colspan="3">评 分 标 准</th><th>得分</th></tr>
<tr><td>1</td><td>制冷系统与管路的吹污</td><td colspan="3">制冷系统与管路的吹污操作方法正确、规范</td><td>20</td><td colspan="3">(1)氮气钢瓶、氮气减压阀、耐压橡胶输气软管、双表修理阀依次连接正确,否则扣5分
(2)调节氮气压力正确,否则扣5分
(3)吹污操作方法正确,否则扣5分
(4)现场整理规范,否则扣5分</td><td></td></tr>
<tr><td>2</td><td>制冷系统气密性检查</td><td colspan="3">制冷系统气密性检查操作方法正确、规范</td><td>30</td><td colspan="3">(1)耐压橡胶软管、氮气瓶、手阀连接正确,否则扣10分
(2)双表修理阀与VRF空调室内机连接正确,否则扣10分
(3)检漏方法正确、规范,否则扣5分
(4)现场整理规范,否则扣5分</td><td></td></tr>
<tr><td>3</td><td>制冷系统抽真空的操作</td><td colspan="3">制冷系统抽真空的操作方法正确、规范</td><td>30</td><td colspan="3">(1)管道连接正确、规范,否则扣10分
(2)采用两种方法抽真空操作正确,否则扣15分
(3)现场整理规范,否则扣5分</td><td></td></tr>
<tr><td>4</td><td>系统整机试运行</td><td colspan="3">整机试运行操作正确、规范</td><td>20</td><td colspan="3">(1)检查电源操作正确,否则扣5分
(2)使用遥控器开机运行正确,否则扣5分
(3)使用线控器开机运行正确,否则扣5分
(4)现场整理规范,否则扣5分</td><td></td></tr>
<tr><td colspan="2">安全文明操作</td><td colspan="7">违反安全文明操作规程,视实际情况扣分</td><td></td></tr>
<tr><td colspan="2">开始时间</td><td></td><td>结束时间</td><td></td><td colspan="2">实际时间</td><td></td><td>成绩</td><td></td></tr>
<tr><td colspan="2">综合评价意见</td><td colspan="8"></td></tr>
<tr><td colspan="2">评价人</td><td colspan="3"></td><td colspan="2">日期</td><td colspan="3"></td></tr>
</table>

单元小结

1）中央空调安装工具的作用、使用方法及在使用过程中的安全注意事项。

2）管路的加工包括对管道的切割、弯管、胀管、扩管以及管路的保温工作，掌握铜管切割、胀管、弯管等操作的要领和注意事项。

3）掌握家用中央空调的安装注意事项和安装操作流程是家用中央空调安装维修人员的必备技能。需要通过不断实践，才能熟练掌握和提高安装操作技能。

4）家用中央空调的调试包括准备工作、制冷系统检查和电气系统检查、制冷和制热模式运行，以及运行参数记录分析。

思考与练习

一、填空题

1. 常用的焊接工具主要有________和________两种。

2. ________是制冷系统安装维修过程中专门切割制冷系统管路的工具。

3. 铜管的清洗方法有________、________。

4. 冷凝排水管坡度应在1∶100以上，干管坡度不得少于________，且不得出现________。

5. 压缩机排气管向上较长时，可在排气管立管上安装________。

二、问答题

1. 倒角器的作用是什么？

2. 试述管路固定和吊装的注意事项。

3. 简述中央空调的安装要点。

4. 简述中央空调室外机组搬运吊装过程中有哪些要求。

5. 简述中央空调电气系统的检查内容。

第三单元

商用中央空调的安装

内容构架

商用中央空调的安装
- 商用中央空调水冷式外机组的安装
- 商用中央空调风冷式室外机组的安装
- 商用中央空调风道的安装
- 商用中央空调室内末端设备的安装

学习引导

目的与要求

1. 掌握商用中央空调水冷式室外机组的安装方法。
2. 掌握商用中央空调风冷式室外机组的安装方法。
3. 掌握商用中央空调连接管道的安装方法。
4. 掌握商用中央空调室内末端设备的安装方法。

重点与难点

重点：商用中央空调连接管道及末端设备的安装方法。

难点：商用中央空调连接管道的安装方法。

课题一 商用中央空调水冷式室外机组的安装

相关知识

目前市场上的商用中央空调主要是由室外机组提供制冷（或制热）的工作条件，然后依托风道、冷冻水管道传送，通过室内末端设备（室内机）与空调房间中的空气进行热交换，最终实现制冷（或制热）效果。因此，商用中央空调的安装过程可划分为室外机的安装、风道的安装连接和室内末端设备（风机盘管）的安装连接三大部分。

由于中央系统设计要求的不同，商用中央空调室外机可分别采用风冷模块机组、螺杆式水冷机组、离心式水冷机组及吸收式机组。因为商用中央空调制冷量大，室外机组体积庞大，质量也大，安装室外机组必须符合必要的安装条件，采用规范的施工流程。离心式水冷机组的安装方法与螺杆式水冷机组基本相同，本课题以格力 LHD 系列螺杆式水冷机组为例，详细分析商用中央空调水冷式室外机组的安装方法和要点。

一、商用中央空调安装工具的选配及安装材料的选择

1. 安装工具的选配（表 3-1）

表 3-1　安装工具

序号	工具名称	单位	数量	序号	工具名称	单位	数量
1	三级配电箱	套	根据施工实际需要确定	12	氧气减压阀	块	根据施工实际需要确定
2	照明灯	盏		13	氮气减压阀	块	
3	灭火器	个		14	乙炔减压阀	块	
4	专业工作服	套		15	回火阀	个	
5	安全帽	顶		16	双头压力表阀	块	
6	安全带	套		17	打压表	块	
7	铜管和水管割刀	把		18	手电钻	个	
8	弯管器	套		19	扩口器	套	
9	氮气瓶	瓶		20	胀管器	套	
10	氧气瓶	瓶		21	冲击电锤	把	
11	乙炔瓶	瓶		22	工具箱	个	

2. 安装材料的选择

空调工程施工使用的材料、设备、器具应具有合格证和检测报告，有防火要求的产品应有防火检验证明，并符合国家和有关强制性标准的规定。

另外，用户要求使用环保材料的，所有材料必须符合国家环保要求并提供相关的证明。

（1）制冷管道　制冷管道材质要求用脱磷无缝拉制纯铜管；外观要求管道内、外表面应无针孔、裂纹、起皮、起泡、夹杂、铜粉、积炭层、绿锈、脏污和严重氧化膜，并不允许存在明显的划伤、凹坑和斑点等缺陷，同时必须要有合格证和质量检测报告；铜管内部清洁干燥后，管口必须要用管帽、塞子或胶带封堵严密。

（2）保温材料　保温材料要求采用橡塑发泡、难燃级别为 B1 级、耐热度不低于 120℃ 的保温材料，同时机组保温棉厚度不得小于 40mm。

（3）通信线和控制线　通信线和控制线应严格按要求选用机组原配线。

（4）电源线　电源线必须使用铜导线，需符合国家相关导线标准，并满足机组载流量需求。

（5）吊装工具　尽量采用行车吊装，条件不允许时也可采用其他吊装工具，但是必须保证吊装的安全性；必须保证吊绳不挤伤压缩机和电控柜；所使用吊装工具必须是经过检验合格的、安全可靠的工具。

二、商用中央空调安装环境的选择

1）制冷机组应避免接近火源和易燃物。若与锅炉等发热体安装在一起，应充分注意热辐射的影响。

2）选用室温在45℃以下、通风、通畅的场所，不允许在室外或露天安装、存放，不允许安装在有腐蚀性气体的环境中。

3）应选取灰尘少的场所（灰尘是电故障的原因）。

4）现场应采光良好，以便于维护、检查。

5）为满足维护、检修和清扫蒸发器、冷凝器换热管的需要，机组任意一端必须有足够的抽管空间，且在长度方向应与机组蒸发器、冷凝器长度相当。

6）为便于机器的起吊和检修，应留出机组安装、操作、维修所需的空间。

7）机组周围及整个机房应能实现完全排水。

三、商用中央空调机组的吊装与空间预留

格力 LHD 系列螺杆机组安装处应能确保机器免受曝晒和雨淋；应尽量免受火、易燃物、腐蚀性气体或废气的影响；应预留通风空间；应采取适当的措施，尽可能减小噪声和振动。格力 LHD 系列螺杆机组安装、维修空间尺寸要求如图 3-1 所示，不同的机组机型与空间尺寸的对应关系见表 3-2。

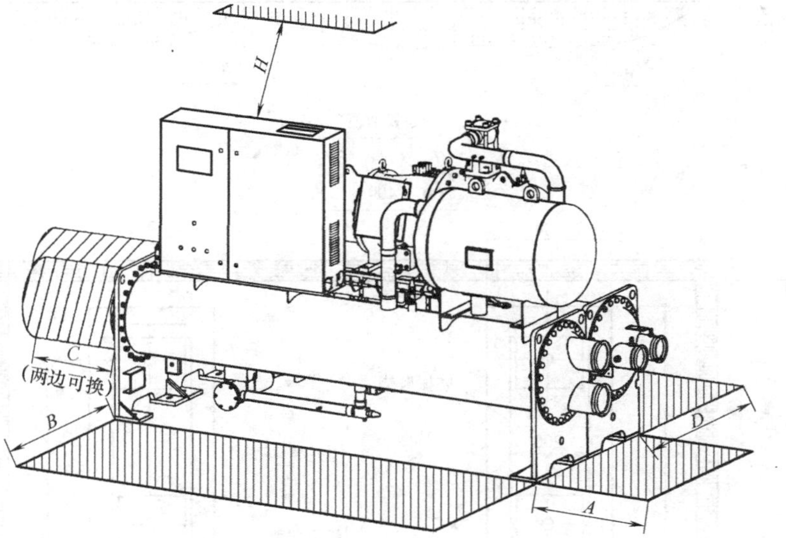

图 3-1　格力 LHD 系列螺杆机组安装、维修空间尺寸

A—机组蒸发器冷凝器进、出水管端空间距离　*B*—机组正面空间距离

C—机组蒸发器冷凝器封闭端空间距离　*D*—机组背面空间距离

四、商用中央空调室外机组的安装基础

机组的安装基础必须是水泥或钢制结构，应能承受机器的运行重量，且上平面是水平

表 3-2　格力 LHD 系列螺杆机组不同机型与安装、维修空间尺寸的对应关系　（单位：mm）

机组名称 LSBLG-H/D	A	B	C	D	H
210～550	600	600	2400	1000	500
610～960	600	600	2800	1000	500
1000～1100	600	600	2800	1000	500
1230～1450	600	600	3000	1000	500
1600～1950	600	600	3500	1000	500

的。如图 3-2 所示为格力 LHD 系列螺杆机组安装基础示意图。为了防止机组基脚部位的腐蚀，要求机组四周排水通畅，机器底座钢板对应的基础平面应光滑平整，具体要求如下：

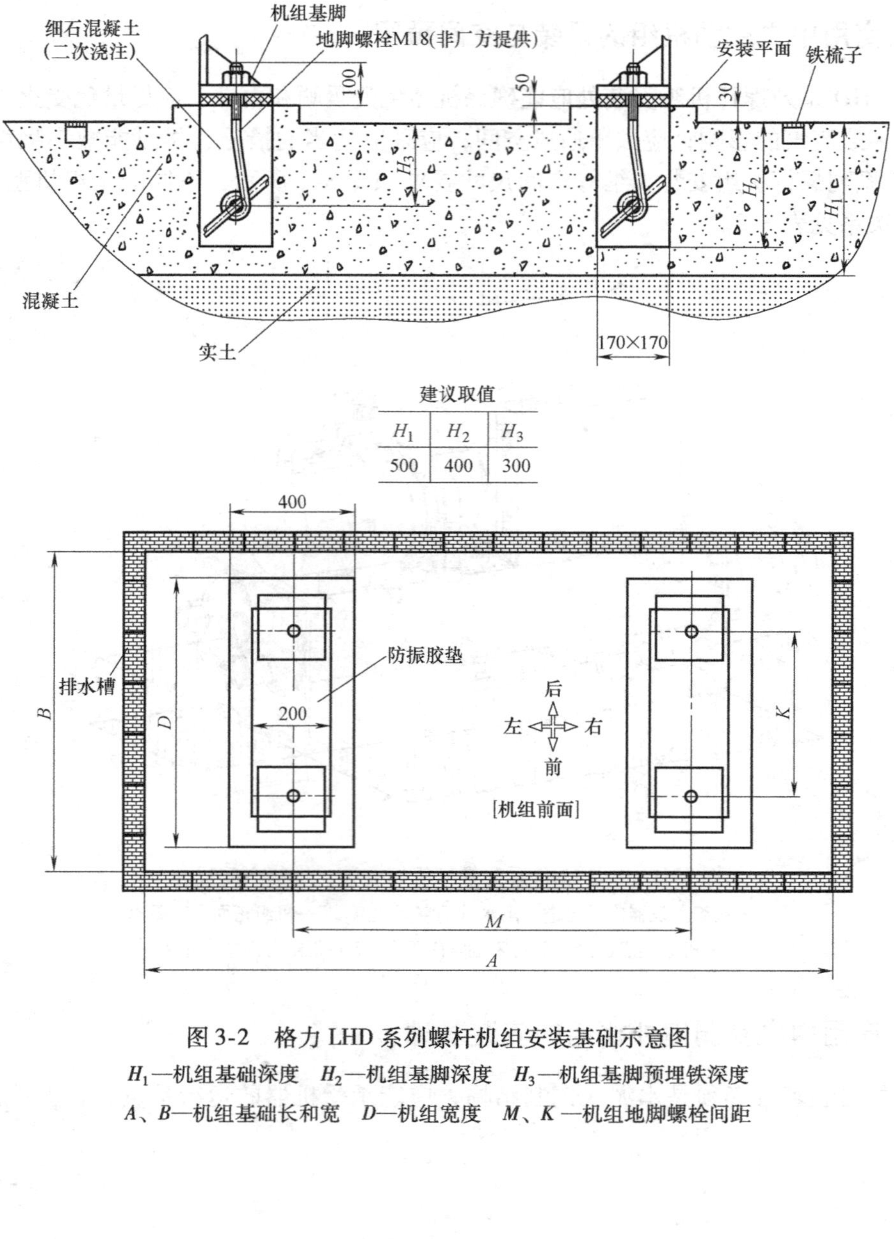

图 3-2　格力 LHD 系列螺杆机组安装基础示意图

H_1—机组基础深度　H_2—机组基脚深度　H_3—机组基脚预埋铁深度

A、B—机组基础长和宽　D—机组宽度　M、K —机组地脚螺栓间距

1）各基础面之间的最大高低差（水平度）应在3mm以内。

2）为便于维修检查，基础高度应高于地面100mm。

3）在制冷机组的四周应设置排水沟。

4）底座钢板与制冷机组本体脚板之间不得有间隙，应用调整垫塞入底座钢板与混凝土基础之间，将底座钢板调至水平（它们之间的高度差应在0.5mm/m以内）。

5）吊起制冷机，将减振橡胶垫放置在底座钢板上，再将制冷机放到减振橡胶垫上。

6）待机组与地脚螺栓一起安装就位后灌浆，安装完成后地脚螺栓一般露出安装平面约100mm。

五、商用中央空调搬入施工

1. 到达机组的检查

当机组还在车上时，检查到达机器的外观、附属件有无损伤；如有损坏请及时通知运输公司，分析机组损坏的原因和责任方，然后按照机组装箱单查点交货数量；看有无缺件现象（包括备品备件），如有缺件应立即通知经销商。

机组型号、参数和生产日期均在铭牌上体现，应认真核对其与合同及有关技术文件是否相符。

2. 起吊

机组吊装示意图如图3-3所示，机组吊装必须严格按照下列要求进行。

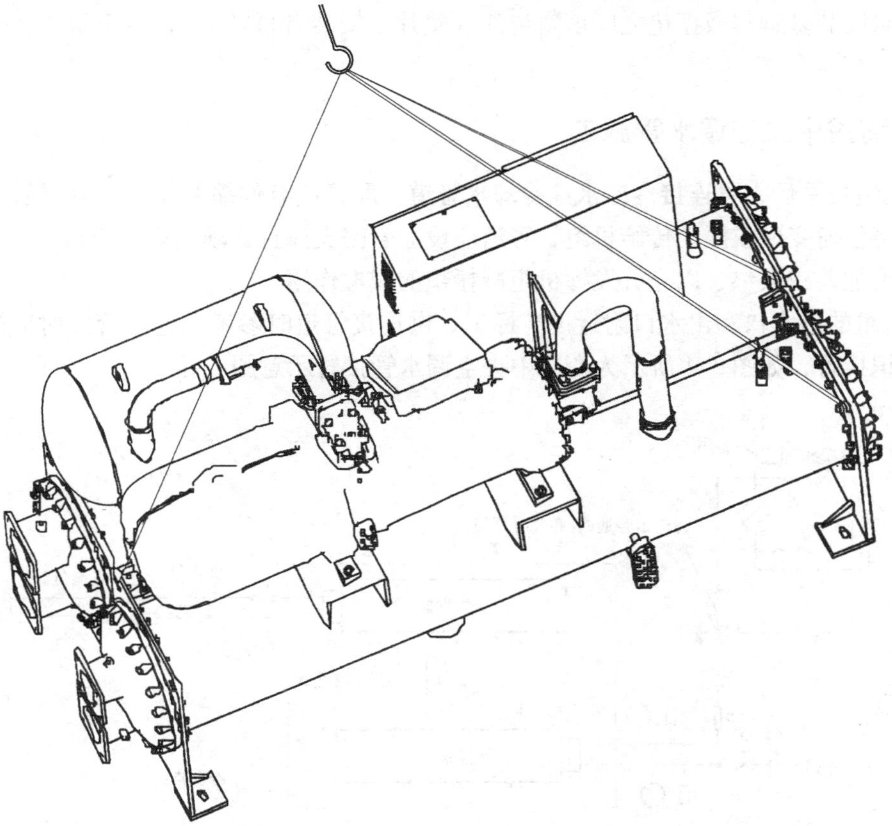

图3-3　机组吊装示意图

1）机组的吊装位置按机组上吊装标贴示意位置。在确认基础、减振垫、地脚螺栓安装完毕后，用强度足够的吊索（应足以承受机组起吊过程中的重量和冲击）通过吊车将机组准确地吊放在安装位置的减振垫上。

2）吊运时，应避免损坏机组和所有连接件，采用机组上吊装标贴示意位置进行吊装，否则可能引起管路变形或制冷剂泄漏。

3）不得用绳索缠绕压缩机、壳管换热器等机组零件；不得用机组中的螺栓孔吊运，不得倾倒机组吊运。

六、商用中央空调安装施工

1）首先确认基础是否符合总图上基础尺寸的要求，机器的基脚、地基平面应光滑、水平。

2）将底座钢板放入规定的位置。

3）将制冷机组放到底座钢板上。

4）底座钢板与制冷机组本体脚板之间不得有间隙，应用调整垫塞入底座钢板与混凝土基础之间。将各底座钢板调至水平（它们之间的高度差应在0.5mm/m以内）。

5）吊起制冷机组，将减振橡胶垫放置在底座钢板上，再将制冷机组放到减振橡胶垫上。

6）安装完成后，保证制冷机组的水平度误差不超过1/1000。如果超过此值，则微调机组，在机组安装基脚与减振垫之间填塞垫片（垫片由安装者自备），再放下机组，检查其水平度误差，直至合格。

七、商用中央空调水管施工

1）机组找平后，可连接冷冻水、冷却水管道。配管应有伸缩补偿量并有足够的独立支撑，避免将任何变形或振动传给机组，管道应设立管路支撑且必须确保管道对中，必要时管路支撑也可加装减振垫，以充分发挥机组减振垫的减振作用。

2）机组的进水口和出水口附近设有标识，供连接管道时参考。连接管路时应严格按照机组的标识接管，如图3-4所示为商用中央空调水管接管示意图。

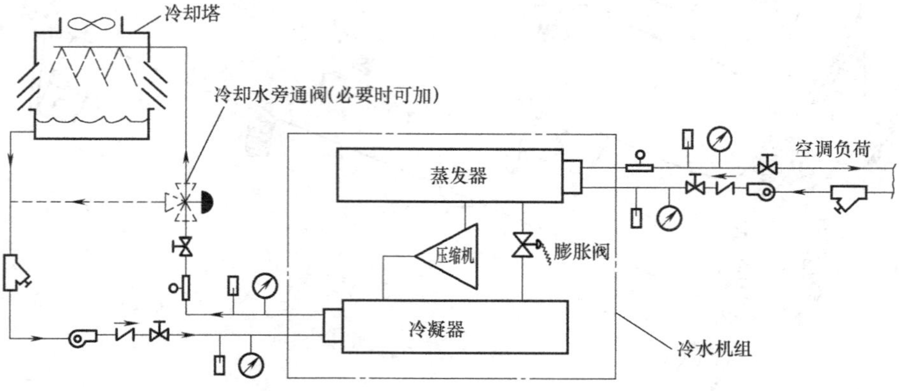

图3-4　商用中央空调水管接管示意图

按照总图进行冷冻水、冷却水的接管施工（法兰或卡箍连接），并在进水端设置过滤网。这时应注意不要将接管及其他负荷作用到蒸发器和冷凝器上（可采用管撑等措施）。至于接管是水平方向还是垂直方向由机组引出接至水泵，由用户根据现场条件自行决定。必须在机组的进、出水管上装设压力表阀，以测定进出口压差，判断水量是否符合额定水量。冷冻水、冷却水的水量调节阀一定要安装在制冷机组的出水管上，以免造成水流紊乱，冲刷、腐蚀进口处的传热管。

当水质较差时，在壳管换热器中会产生较多的水垢和沙子等沉积物，使水流量变小，严重影响换热效率，甚至出现蒸发器冻结现象。同时，冷冻水和冷却水水质不良不仅会在传热管内结垢，影响热交换效率，降低机组性能，而且会腐蚀高效换热管，从而使机组极易发生泄漏等重大故障。因此，机组用水在流入水系统前要经过过滤，并用软化水设备进行软化。如果水质较差，应按照 GB 50050—2007《工业循环冷却水处理设计规范》的要求进行水质处理。冷冻水系统为闭式系统时应采用软水。在机组运转期间，应定期对冷却水进行抽样分析，水质应符合设备规定要求。如果达不到要求，应进行水质处理。目前水质处理的常用装置是除沙装置和硬水软化装置。经过水处理后，水质仍达不到规定要求时，应考虑在热源侧水管与螺杆式水冷机组之间加设中间换热器。在实际运行中，即使采用了以上措施，在壳管换热器中仍可能会产生水垢和沙子等沉积物，使水流量变小，严重影响换热效率，甚至使蒸发器出现冻结现象。因此，需要定期对机组进行检查和维护。

八、安装典型问题及其影响

商用中央空调水冷式室外机组安装不当，将造成系列不良影响，甚至损坏设备。表 3-3 为商用中央空调水冷式室外机组典型安装问题及其影响。

表 3-3　商用中央空调水冷式室外机组典型安装问题及其影响

序号	典型安装问题	存在的影响
1	制冷剂系统进入灰尘、杂质	管路堵塞几率加大;空调工作效果下降;增加压缩机磨损,严重时会导致系统无法正常运行,甚至烧毁压缩机
2	管道安装无充氮或充氮量不足	管路堵塞几率加大;空调工作效果下降;增加压缩机磨损,严重时会导致系统无法正常运行,甚至烧毁压缩机
3	机组管路系统真空度不足	空调制冷效果下降;系统出现频繁保护而无法正常运行,严重时会损坏压缩机等重要部件
4	制冷系统混入水分	压缩机容易出现镀铜现象,效率下降,产生异响;系统容易产生冰堵而导致无法正常运行
5	机组各管道规格不符合配置要求	配置规格偏小会造成系统管路阻力增大,影响空调制冷效果;配置规格过大不但会造成不必要的浪费,而且配置严重过大时同样会造成系统制冷效率下降
6	换热管道堵塞	空调制冷效果下降;严重时会导致压缩机长时间过热运转,有可能出现换热管冻裂
7	制冷剂填充量错误	系统无法正确控制流量分配;机组运行不稳定,压缩机容易出现吸气带液
8	管道泄漏	系统循环制冷剂不足,空调制冷效果下降;长期运转容易出现压缩机过热现象,甚至损坏
9	机组安装不当	造成维修困难;机组重心偏斜,严重时影响机组安全性;换热效果下降,严重时会造成无法正常运行;噪声影响周边环境
10	电源配线错误	破坏机组元器件,存在安全隐患
11	控制通信配线错误或虚接	系统无法正常通信
12	控制通信线保护不当	通信线短路或断路,机组出现通信故障而无法起动

为确保安装质量，施工安装前应该了解机组对安装是否有特殊要求。相关的安装商应该具有相应的工程施工资质，否则必须经过厂家专业技术人员培训并达标后方可进行施工。

施工中从事特种作业的焊工、电工、制冷工等必须具备操作上岗证及相应的职业技能资格证书。

课题二　商用中央空调风冷式室外机组的安装

相关知识

商用中央空调室外机组除螺杆式水冷机组、离心机组及吸收式机组外，在一些水资源相对缺乏或安装条件受到限制的场合，风冷式机组已得到广泛的应用。目前市场上主要流行的商用中央空调风冷机组包括螺杆式风冷冷（热）水机组、模块式风冷冷（热）水机组和热回收模块式风冷冷（热）水机组。如螺杆式风冷冷（热）水机组，格力 B 系列、D 系列模块式风冷冷（热）水机组（R22），格力 D 系列模块式风冷冷（热）水机组（R410），格力 MR 系列热回收模块式风冷冷（热）水机组（R22）和格力 MR 系列热回收模块式风冷冷（热）水机组（R410）等产品就是典型商用中央空调风冷机组。本课题以格力 D 系列模块式风冷冷（热）水机组（R410）和格力 MR 系列热回收模块式风冷冷（热）水机组（R410）为例，详细分析商用中央空调风冷式室外机组的安装操作方法和注意事项。

一、模块式风冷冷（热）水机组的安装

1. 工具选配及安装材料的选择

安装工具的选配和安装材料的选择可参考商用中央空调水冷式机组的安装要求执行，同时冷凝排水管保温棉厚度不得小于 10mm，通信线和控制线应严格按要求选用机组原配双绞线或屏蔽双绞线。

2. 机组安装环境的选择

1）机组可以安装在地面上或合适的房顶上，但均需保证足够的通风量。应避免将机组安装在运行时噪声及排出空气能影响到他人的位置。

2）进行地面安装时，机组的钢底座应置于平整的混凝土基础上，混凝土基脚应延伸于冻土层以下。注意切勿将机组基础与建筑物基础相连，以免传递噪声和振动。

3）机组安装于房顶时，屋顶必须具有足够的强度以支承机组和检修人员的重量。机组可支承在类似地面安装用的混凝土基础或槽钢架上。承重槽钢与机组减振器安装孔须处于同一中心线上，并且具有足够的宽度，以便于安装减振器。

4）机组底座上备有安装孔，用于机组与基础之间的紧固连接。

5）机组的安装位置应尽量避免处于阳光直射之下，远离锅炉烟道、远离会腐蚀冷凝器以及机组铜管部件的空气环境。在空气污染和酸雨较严重及空气中含盐较多的地区，为防止因锈蚀而降低机组的使用寿命，在不妨碍空气流通的情况下，应设置遮阳篷。

6）如果机组位于非许可人员能够接近的地点，则应采取隔离安全措施，如设置防护栏等。这样可以防止人为破坏和意外损坏，防止控制箱被打开，暴露电气部件。

7）对于有特殊安装要求的场合，应向建筑承包商、建筑设计师或其他专业人士咨询。

3. 机组装卸与检查

机组出厂时已经为正常运行进行了制冷剂充注，装运时必须整机装运，小心谨慎，避免因鲁莽操作而损坏机组。一般情况下，机组不采用木包装箱进行装运，除非在订单中已有指定。吊装机组时必须确保吊钩与机组配合紧固，注意避免吊索损伤机组，同时注意以下事项。

1）在将机组从包装箱中取出之前，应将其运至距离安装场地尽可能近的地方。机组到达安装地点后，应进行检查验收。

2）根据装箱单内容检查机组随机文件及附件是否齐全。

3）根据随机文件核对设备型号及规格。

4）检查机组有无损坏，零部件是否齐全。

5）检查机组制冷剂有无泄漏，检查机组是否有运输损伤。

6）在准备连接水管之前不要取下壳管换热器法兰接头的保护盖，检查水管是否清洁。

7）按照正确的方法进行接管。

8）检查机组的安装和运行是否满足机组运行范围的要求。

验收时发现损坏或有疑问，及时向厂家或销售商说明，以便进行妥善处理。

如图 3-5 所示为格力 D 系列模块式风冷室外机组吊装示意图。

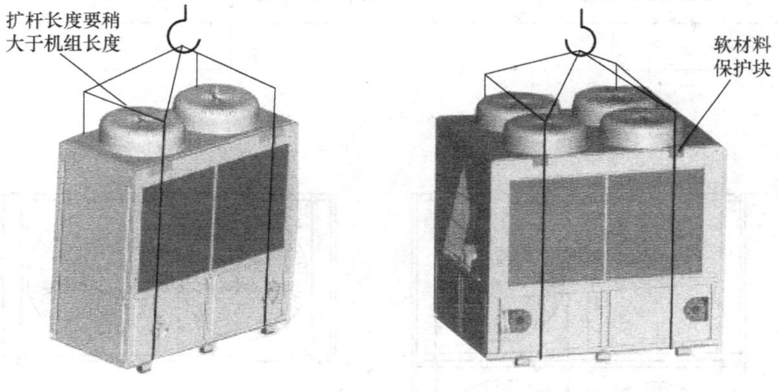

图 3-5　格力 D 系列模块式风冷室外机组吊装示意图

4. 机组安装间距

如图 3-6 所示为格力 D 系列模块式风冷机组安装间距尺寸图。

1）为保证有足够的气流进入冷凝器，及防止排出的热风回流，机组的布置间距应满足机组外形尺寸内容所要求的最小间距。否则，通过冷凝器的空气会受到限制，或者发生排风回流，引起机组的冷量损失、功耗增加，甚至引起故障。安装时还应考虑机组周围的高大建筑物引起的下沉气流对机组排风所造成的影响。

2）各单元模块下应垫橡胶减振垫置于室外地面或屋顶较平坦的屋面上，再用螺栓固定于地面或房顶或将机组并排放置于两根具有足够强度的平行槽钢或工字钢上，操作面应平齐，并用地脚螺栓固定，相邻单元模块间隔保持 1m 以上，保持机组有足够的空间，以利于进风和设备维护。

3）留出足够的机组维修和通风空间。机组周围应通风良好，并保证与障碍物之间的最小距离不小于 2m，有条件时在机组上部距离机器最高点 3m 的位置搭设防晒棚。

4）如果机组安装在空气流动剧烈的地方，比如暴露的房顶，则可考虑使用矮墙或百叶窗等措施，以防止紊流干扰机组进风。

5）如设置矮墙，其高度不得超过机组；如采用百叶窗，则总静压损失应小于机外静压。

6）在机组需要在冬季运行，而安装场地有可能积雪的情况下，机组须高于积雪面，保证空气顺利流经冷凝器。

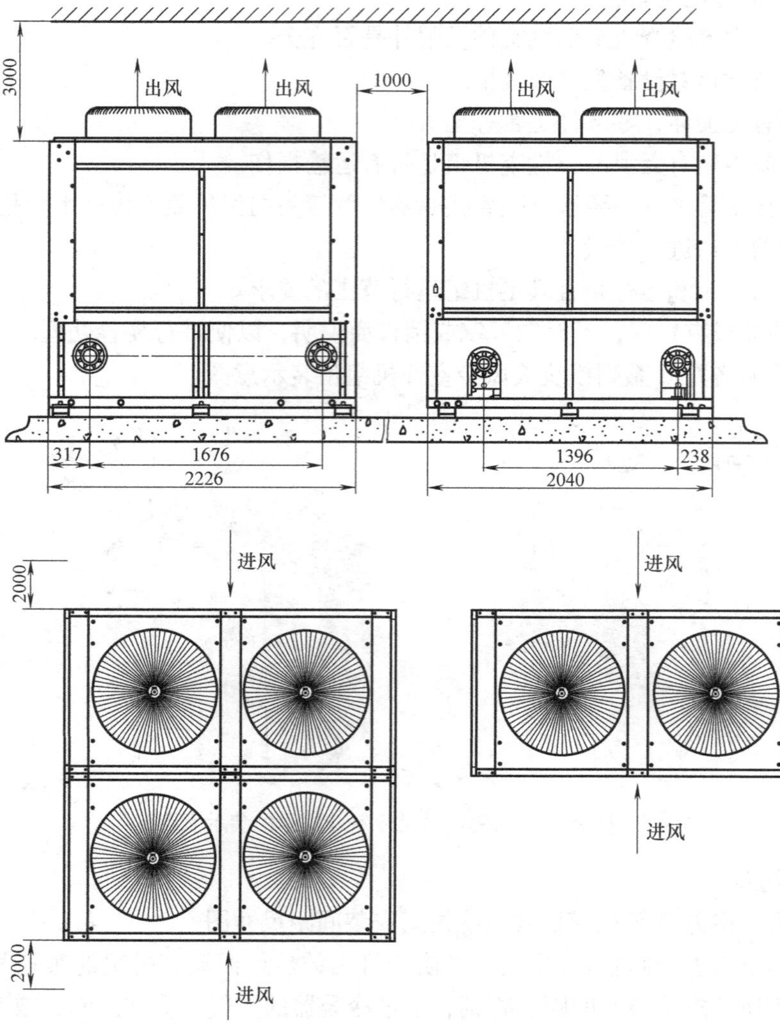

图 3-6　格力 D 系列模块式风冷机组安装间距尺寸图

5. 机组安装注意事项

1）安装工程的设计、安装，必须由有资格的专业人士根据相关法律、规章，结合产品服务手册进行。

2）如果机组系统不处于建筑物上避雷系统的保护中，应按照国家现行标准《建筑物防雷设计规范》（GB 50057—2010）的要求增设避雷措施。

3）安装多台机组时，应采取并联方式，如图 3-7 所示，在每台机组进水管处安装球阀，以调节进水量。

4）机组附近需要设置排水沟等，确保排水流畅。

5）水管选择后必须进行水压计算，若水系统管路阻力大于所选水泵扬程，则必须重新选择较大的水泵。

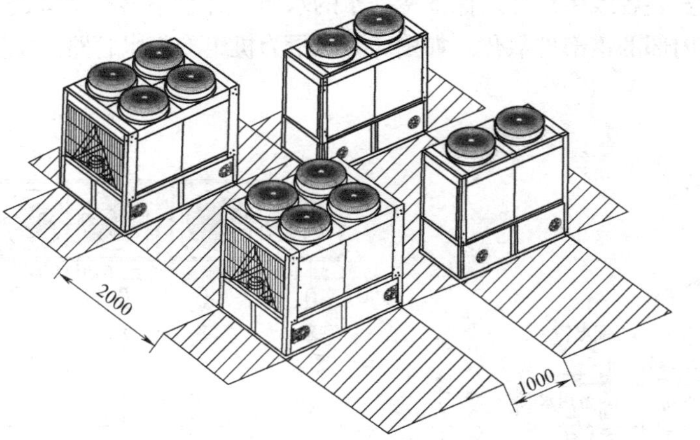

图 3-7 多台机组安装尺寸图

6. 冷冻水管道的连接

1）当机组安装到位后，便可以开始连接冷冻水管道。水管的连接应遵守相关的安装规程，以保证获得最高的工作效率，管道内应无任何异物，所有冷冻水管都必须符合当地的管道工程规程和条例。

2）任何时候都不可超出壳管换热器的最大流量和压力降。

3）安装前应彻底冲洗所有冷冻水管道，使之无异物，然后才能投入运行。注意不要将任何异物冲入或冲至壳管换热器。

4）在蒸发器的出水管上，必须安装一个水流开关，以对机组实现断流保护。

5）配管和管接头必须有独立的支撑，而不应支承在机组上。

6）壳管换热器的接管和管接头应容易拆除，以便于操作和清洁，同时便于检查蒸发器接口管。

7）必须安装壳管换热器旁通管及旁通阀，以尽量减小管道冲击阻力，同时便于维修期间切断壳管换热器水路而不干扰其他壳管换热器。

8）壳管换热器接口与现场管道之间应采用柔性接头，以减小对建筑物振动的传播。

9）为方便检修，应该在进、出水管路上安装温度计或压力表阀。机组不配备压力和温度仪表，需用户自行采购。

10）水系统的所有低点位置均应设置排水接口，使蒸发器和系统内的水能彻底排除；所有高点位置均应设置排气阀，以便排除管道内的空气。排气阀及排水口处不作保温，以方便维修。

11）系统内所有可能冻结的水管均应加以保温，包括壳管换热器的接水管和法兰。

12）室外的冷冻水管道应包裹一根辅助加热带并进行保温，以防止在低温环境下管道结冰冻裂。加热带的电源应配有独立的熔断器。

13）当环境温度低于0℃，机组停止使用时，应排空机组壳管换热器内部的水，以防止冻坏机组。或采取其他措施，确保机组内的水温不低于0℃。

14）对于联机运行的机组，应将混水温度传感器安装于机组的公共出水管道上。

特别强调的是，包括过滤器和壳管换热器在内的水路管网，会因渣滓污垢而使壳管换热器及水管严重损坏。安装者或用户必须保证冷冻水的水质，并且不得有空气进入水系统，因为空气会使壳管换热器内部的钢部件氧化。如图3-8所示为机组冷冻水管路系统安装示意图。

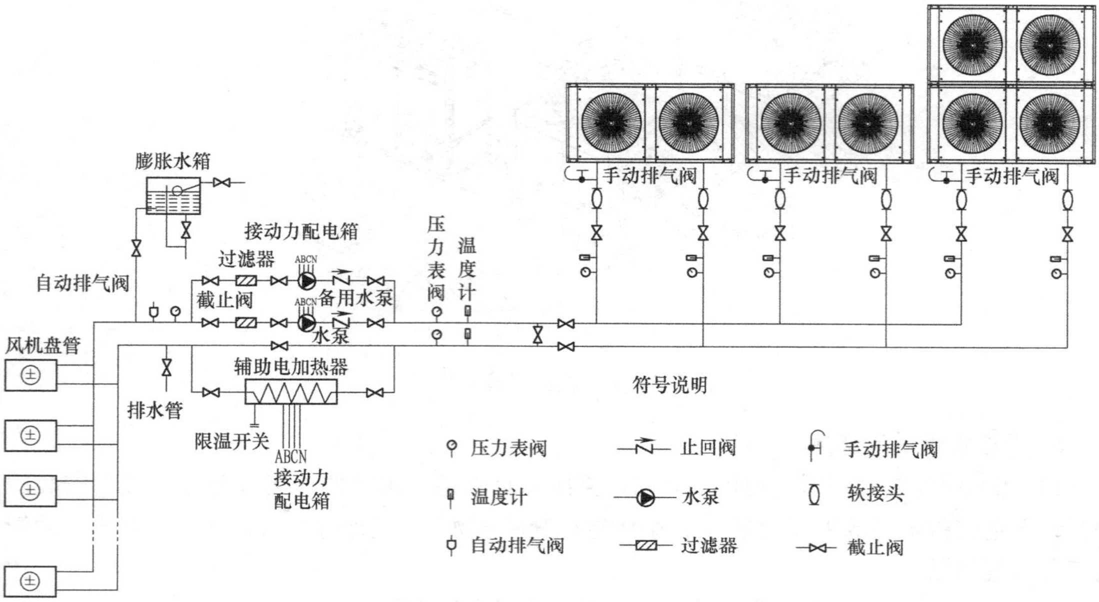

图3-8　机组冷冻水管路系统安装示意图

7. 安装典型问题及其影响

商用中央空调模块式风冷室外机组安装不当，将造成空调系统运行不良，甚至损坏设备。表3-4为商用中央空调模块式风冷室外机组典型安装问题及其影响。

表3-4　商用中央空调模块式风冷室外机组典型安装问题及其影响

序号	典型安装问题	存在的影响
1	机组安装空间狭小	造成维修困难；机组排风不畅，换热效果下降；严重时会造成无法正常运行
2	水系统管路连接不当	机组无法正常开启
3	水路清洁不当	杂质进入水系统内，造成壳管换热器结垢，严重时会造成壳管裂漏
4	电源配线错误	破坏机组元器件，存在安全隐患
5	控制通信配线错误或虚接	系统无法正常通信或控制错乱
6	控制通信线保护不当	通信线出现断路，机组出现通信故障而无法起动
7	冷冻水管的保温存在问题	漏保温、保温材料开裂、保温材料不合格和保温材料厚度不够等使换热效果下降
8	空调设备安装时隔振措施不合格	设备和管道的隔振措施做得不到位，机组运行一段时间后，易使设备和管道的振动和噪声增大，严重时甚至影响机组的正常运行
9	水管穿墙处未加套管	与穿墙处摩擦导致漏水
10	空调机房中设备和管道未合理布置	在有些中央空调项目中，机房设备和管道的布置比较混乱，机房布局不美观，显得杂乱无章

二、热回收模块式风冷冷（热）水机组的安装

格力 MR 系列热回收模块式风冷冷（热）水机组具有制冷、制热、制热水、制冷加制热水、制热加制热水五种功能，目前广泛应用于酒店、宾馆、医院、学校、娱乐中心等建筑场所。格力 MR 系列热回收模块式风冷冷（热）水机组的安装与格力 D 系列模块式风冷冷（热）水机组的安装大体相同，工具选配、安装材料选择、机组安装环境的选择、机组装卸与检查和机组安装注意事项也完全一致，安装间距稍有差别，可参考格力 D 系列模块式风冷冷（热）水机组的安装知识，其主要的不同体现在管道连接方面。

1. 管道的连接

系统管路连接除冷冻水管道连接以外，还包括生活热水管道的连接，具体安装过程需要注意以下几点。

1）注意壳管换热器的进、出水管标志，避免接管错误。

2）机组中冷冻水和生活热水进、出水管接头应安装柔性的接头，以减少振动。

3）在冷冻水和生活热水的进、出口处应安装温度计、压力表阀以及闸阀。

4）在水循环系统的最高点或具体突起处安装手动或自动放气阀。

5）管路系统试压完毕后，应在进、出水管上敷设保温层，以减少热损失，同时可以有效避免淋露现象。

6）水系统中不可避免有一定杂质，而这些杂质会造成壳管换热器结垢，因此在水泵之前应安装过滤器。

7）在水路清洗时，须先将机组进行旁通，以免冲洗后的污水进入机组系统内。

8）在冬天环境温度很低的情况下，夜间停机时会使壳管蒸发器和管道内的水结冰而损坏设备和管道。为防止结冰，在机组停机时禁止切断电源，否则将无法运行机组的防冻结保护功能。最安全的方法是将水完全从管道内放掉，也可以在水系统内添加乙醇和丙醇混合物来防冻。

9）绝不可使用盐类混合物，以免腐蚀机组，损坏设备。

10）为避免生活热水水质污染，生活热水管路系统中使用的管路和阀门不能采用易生锈的铁质或钢质元件。

如图 3-9 所示为机组冷冻水及热水管路系统安装示意图。

2. 水位开关的安装

机组自带一个水位开关，用于热水水箱高、低水位控制。当水位开关浮子与上端（OFF 端）接触时，信号回路断开，表示水位已经处于高水位（用于高水位控制）或中水位区（用于低水位控制）；当水位开关浮子与下端（ON 端）接触时，信号回路接通，表示水位处于中水位（用于高水位控制）或低水位（用于低水位控制）。如图 3-10 所示为水位开关安装示意图。

安装水位开关需要注意以下事项。

1）安装水位开关时，应严格参照安装示意图进行。水位开关是双浮球式的，带 DN25 外螺纹接头，所用水箱定做时必须预前留有 DN25 内螺纹接口，直接将水位开关插入水箱拧紧在内螺纹接口上即可，简单方便。严禁水平安装或是大角度倾斜安装水位开关，否则会引

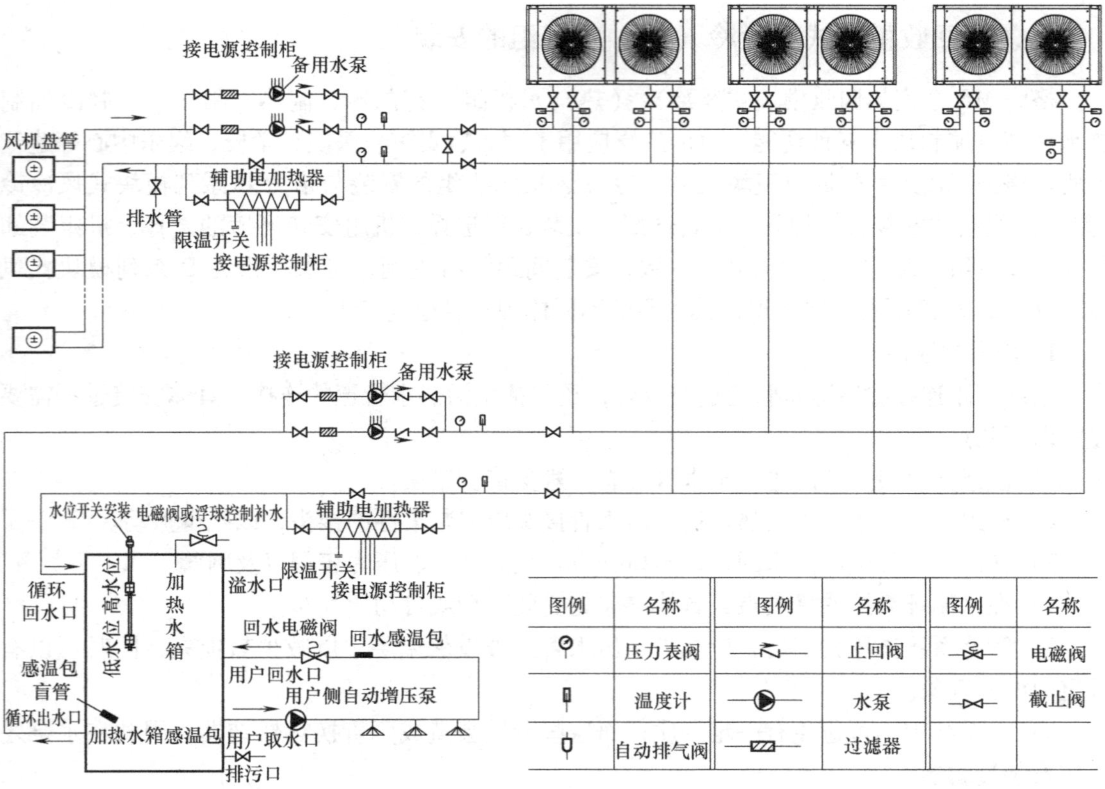

图 3-9　机组冷冻水及热水管路系统安装示意图

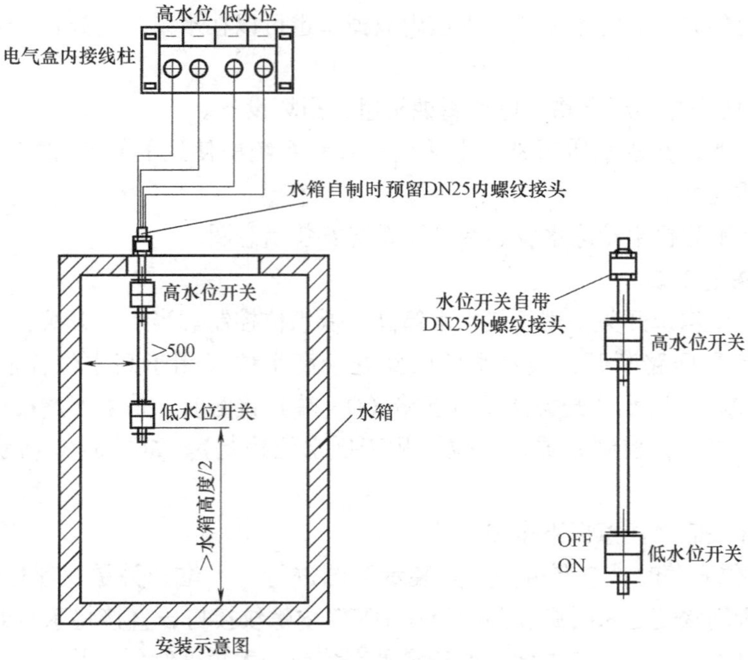

图 3-10　水位开关安装示意图

起水位开关不动作或是误动作，影响机组的正常运行。

2）水位开关浮子与其旁边其他物体应保持不小于500mm的间距，以免影响浮子的正常动作，从而导致运行时机组误动作，造成机组或水箱的损坏。

3）水位开关的引出线接到电气盒内相应的接线柱上，并确保其引出线和密封胶处没有浸泡在水中。长期浸泡容易导致引线以及密封胶松脱，造成水位开关内进水而导致水位开关失效。

3. 水箱的安装

水箱的安装主要是指水箱与管路之间的配合以及与水位开关之间的配合，如图3-11所示为水箱安装示意图。安装水箱时务必注意以下几点。

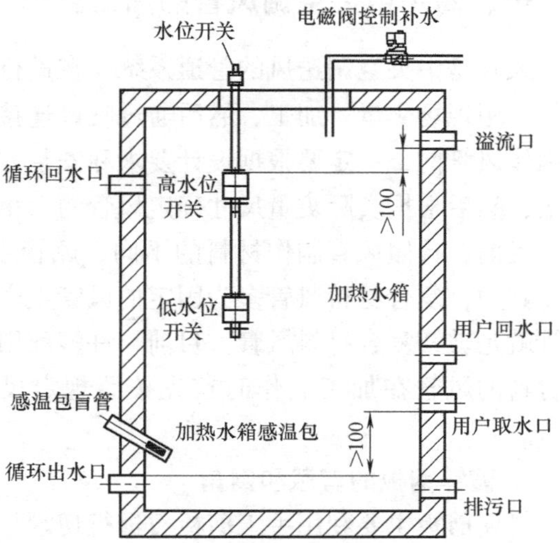

图3-11　水箱安装示意图

1）取水口应高于循环出水口至少100mm，但不超过300mm，以免机组运行过程中可能缺水，并且保证水箱中无死水区。

2）溢流口应高于水位开关浮子高水位100mm以上，以免造成水箱漏水现象。

3）热水进水口及用户回水口不能正对水位开关，以免进水水流冲击到水位浮球，造成开关误动作。

4）加热水箱感温包需要放置在靠近用户取水口高度。

5）循环出水口位置比排污口稍高，并且要接近水箱底部，使整个水箱温度更加均匀。

6）循环进水口、用户取水口、用户回水口的大小应与工程接管尺寸一致。

7）确保加热水箱感温包盲管伸入水箱内部，盲管内部干净。

8）加热水箱感温包探头插入盲管底部，并向盲管内注入足量硅胶，拧紧螺母。

9）加热水箱感温包安装好后，检测温度是否符合当前实际温度，确保感温包正常，如差异较大应及时检查安装是否正确，感温包是否损坏。

4. 安装典型问题及其影响

商用中央空调热回收模块式风冷室外机组安装不当，将造成空调系统设备损坏，不能工作或工作不正常等。表3-5为商用中央空调热回收模块式风冷室外机组典型安装问题及其影响。

表3-5　商用中央空调热回收模块式风冷室外机组典型安装问题及其影响

序号	典型安装问题	存在的影响
1	机组安装不当	造成维修困难；机组排风不畅，换热效果下降；严重时会造成无法正常运行；换热冷热风和噪声影响周边环境
2	水系统管路连接不当	机组无法正常开启
3	水路清洁不当	杂质进入机组系统内，造成壳管换热器结垢，严重时会造成壳管堵塞、泄漏
4	电源配线错误	破坏机组元器件；存在安全隐患
5	控制通信配线错误或虚接	系统无法正常通信或控制错乱
6	控制通信线保护不当	通信线出现短路或断路，机组出现通信故障而无法起动

课题三 商用中央空调风道的安装

相关知识

商用中央空调主要的送风通道就是风道，风道的连接和安装是商用中央空调安装工程的一项重要工作。安装风道时，应根据安装环境进行实地测量和规划，按照要求制作出一段一段的风管，然后将每段风管与相应的风道设备连接组合在一起并固定好。即完成了风道的安装和连接。

一、商用中央空调风管的加工制作

风管是中央空调送风的管道系统。在进行中央空调安装的过程中，通常情况下风管的制作都采用现场丈量、加工，然后通过咬口连接、铆接和焊接等方式加工成形并连接。因此，在制作风管前，一定要根据设计要求和安装方式，并结合现场测量结果做出详细的风管制作方案，然后根据实际丈量尺寸确定风管的大小、形状、长度等数据，并核定风管材料。

目前，按照风管制作材料的不同，风管主要可以分为金属材料风管和复合材料风管两种。其中，复合材料风管多为固定的风管生产厂家统一制作，由施工人员现场安装，如瑞仁风管就是玻镁复合材料风管。目前，许多商用中央空调中都采用镀锌钢板作为风管材料。这种材料的风管在加工制作时首先按照规定尺寸下料，再进行剪板和倒角，在市场上广为流行。

1. 镀锌钢板的剪裁和倒角

早期剪板主要利用手工剪板刀进行切割，如市场上的白铁加工商就是利用手工操作来剪裁、切割、加工镀锌钢板或铝板来制作金属制品的。现在，对于镀锌钢板的切割多采用剪板机，即将需要裁切的尺寸直接输入计算机，剪板机便会自动根据输入的尺寸完成精确的切割。如图 3-12 所示为镀锌钢板剪切和倒角的实际操作现场。

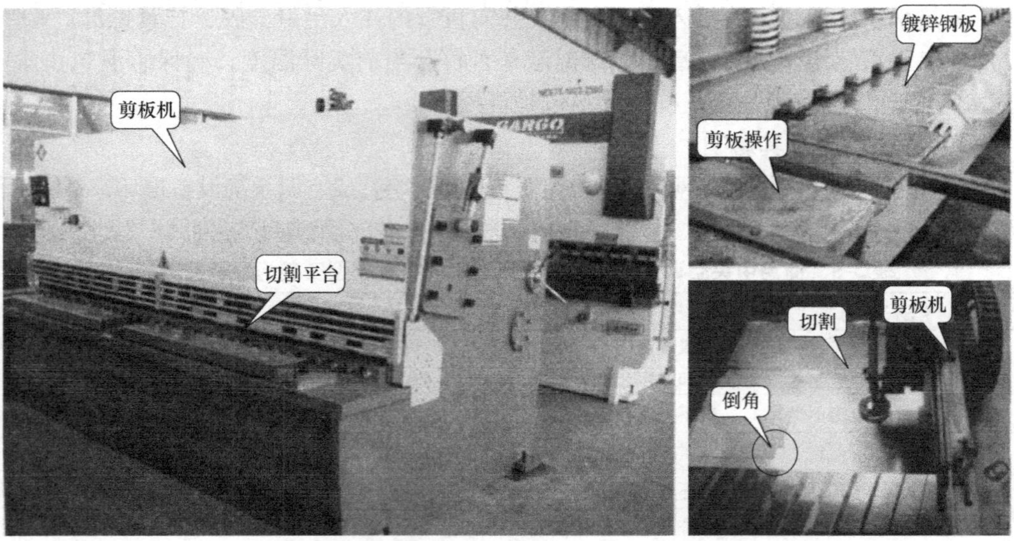

图 3-12 镀锌钢板剪切和倒角的实际操作现场

在进行镀锌钢板剪板和倒角操作时，必须特别注意保证人身安全，严禁将手伸到切割平台的压板空隙中。在剪板操作时，手应尽可能远离刀口，距离不得小于5cm。如果使用脚踏式剪板机，在调整板料时，脚不要放在踏板上。图3-13所示为脚踏式剪板机的实物外形。

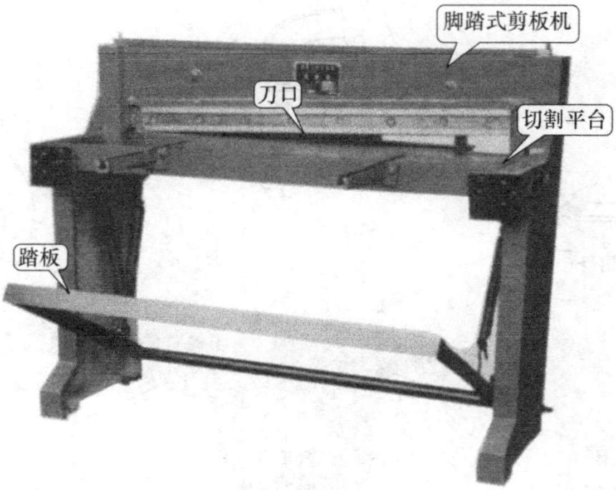

图3-13　脚踏式剪板机的实物外形

2. 镀锌钢板的咬口

通过剪板和倒角工序后，接下来就要对切割成形的镀锌钢板进行咬口操作。咬口也称咬边（或辘骨），主要用于板材边缘的加工，使板材便于连接。镀锌钢板常见的咬口连接方式主要有按扣式咬口连接、联合角（东洋骨）咬口连接、转角（驳骨）咬口连接，单咬口（勾骨）连接、立咬口（单/双骨）连接、抽条（剪烫骨）咬口连接等方式。如图3-14所示为镀锌钢板常见的咬口连接方式。

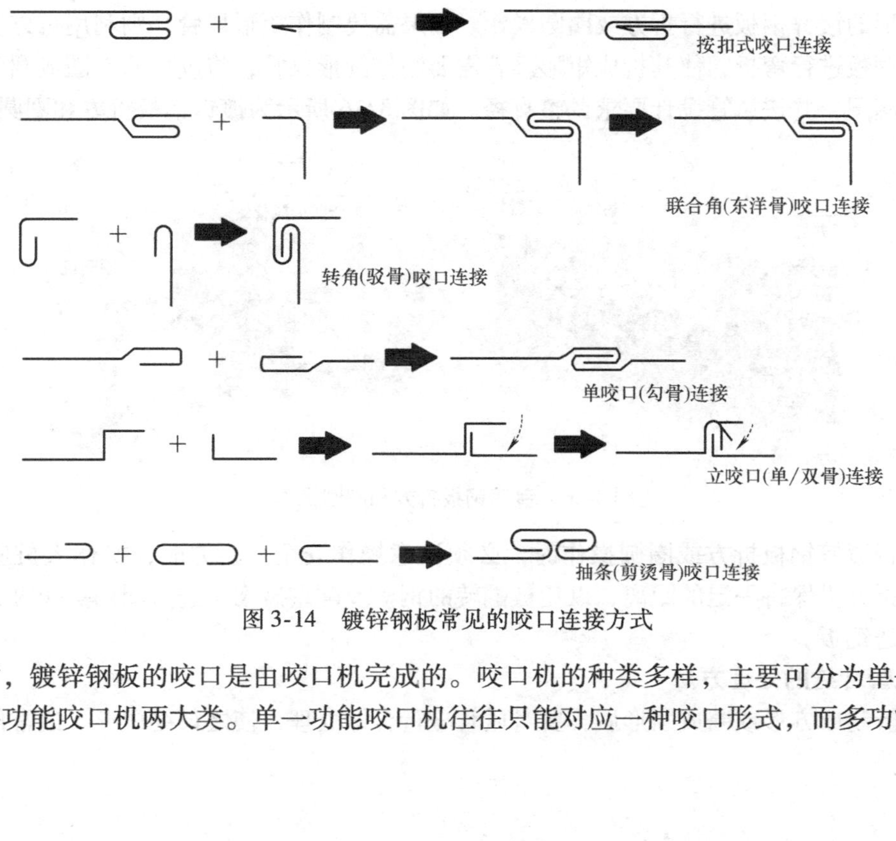

图3-14　镀锌钢板常见的咬口连接方式

通常，镀锌钢板的咬口是由咬口机完成的。咬口机的种类多样，主要可分为单一功能咬口机和多功能咬口机两大类。单一功能咬口机往往只能对应一种咬口形式，而多功能咬口机则可以完成多种咬口形式的咬口操作。如图 3-15 所示为多功能咬口机的实物外形。

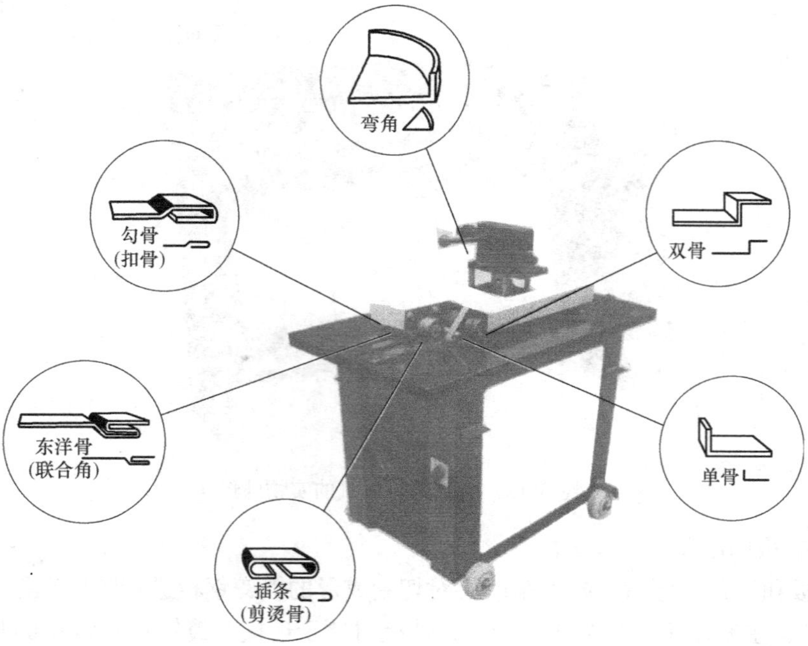

图 3-15　多功能咬口机的实物外形

3. 镀锌钢板折方和圈圆

常见的风管形状主要有矩形和圆形。镀锌钢板完成咬口操作后，便可以根据设计规划，对咬口成形的镀锌钢板进行折方或圈圆操作。如果需要制作矩形风管，则利用折方机对加工好的镀锌钢板进行弯折，使其折成矩形。若需要制作圆形风管，将咬口两端圈成圆弧状放在圈圆机上圈圆，并按风管设计要求调整直径。如图 3-16 所示为镀锌钢板折方和圈圆操作。

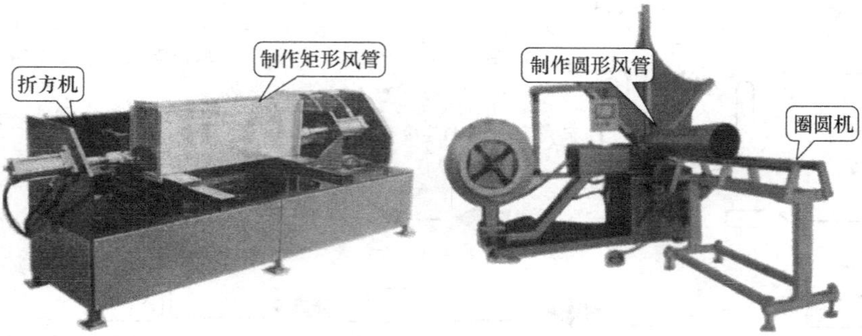

图 3-16　镀锌钢板折方和圈圆操作

在进行镀锌钢板折方或圈圆操作时，必须注意操作安全。折方时，操作人员应相互配合，并与折方机保持一定的距离，以免被翻转的钢板或配重碰伤；进行圈圆操作时，严禁用手直接推送钢板。

4. 风管合缝的处理方法

风管折制成方形或圈成圆形后，要对风管进行合缝处理，使之最终成形。通常使用专用的合缝机完成合缝操作。风管的合缝处理如图 3-17 所示。

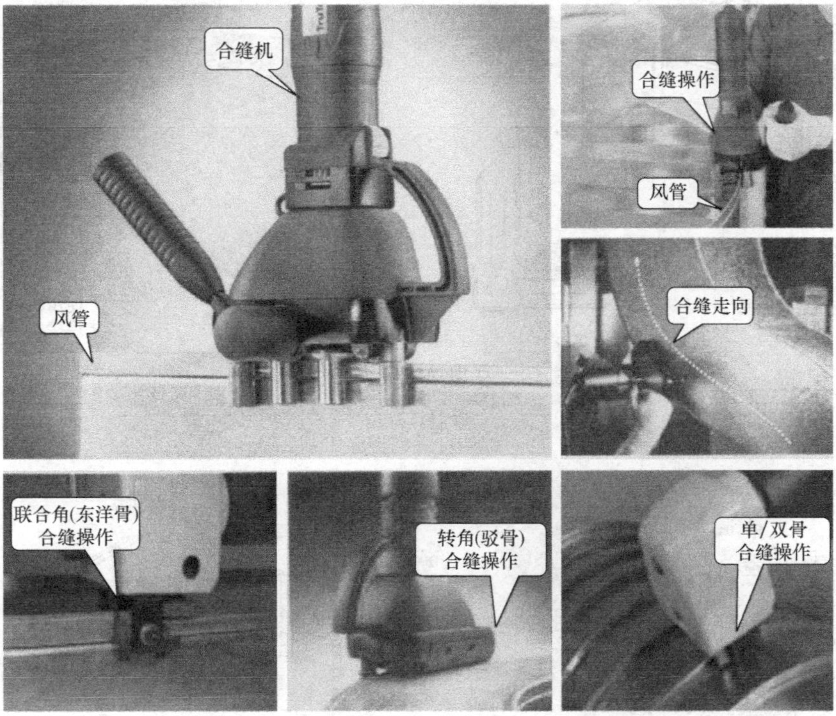

图 3-17　风管的合缝处理

二、商用中央空调风管的连接

加工制作风管时，依据板材规格和实际需要，一般控制长度为 1.8～4m。因此，在进行中央空调现场安装时，还需要将多段风管逐段进行连接，以符合实际需要。如图 3-18 所示为商用中央空调风管的连接效果图。

图 3-18　商用中央空调风管的连接效果图

风管的连接方法很多，常用的有法兰角连接、铆接和粘接等。对于金属材料的风管，通常采用法兰角连接及铆接的方法进行连接，如图 3-19 所示为金属风管的法兰角连接，图 3-20所示为金属风管的铆接连接。

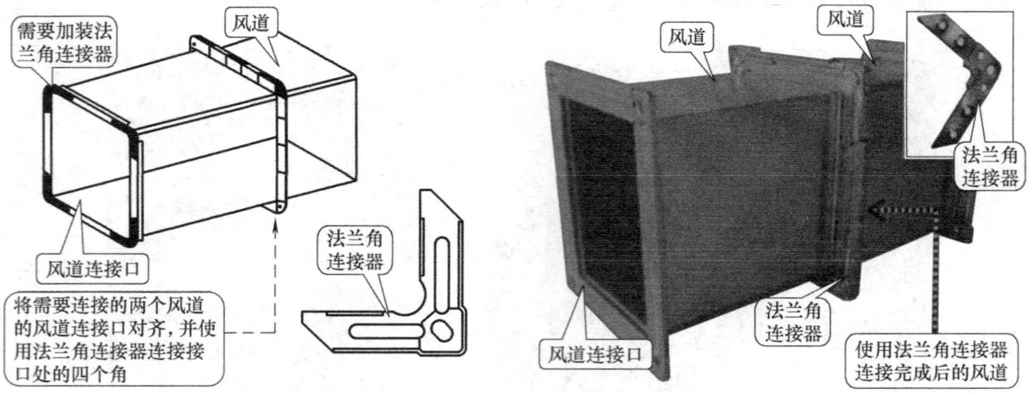

图 3-19 金属风管的法兰角连接

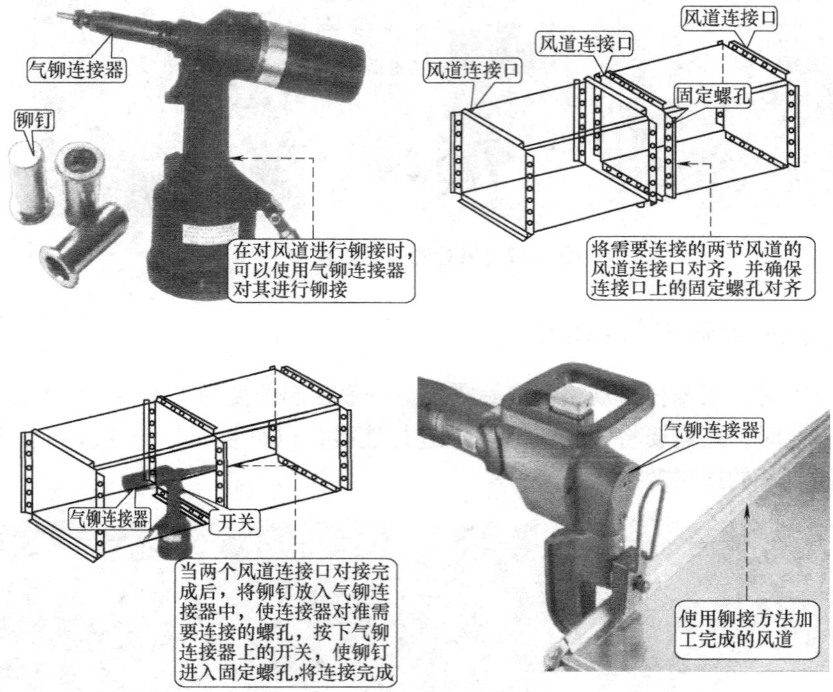

图 3-20 金属风管的铆接连接

对于玻镁复合风道，可以采用错位无法兰插接式连接，将风道的连接插口对齐，将专用的粘合剂涂抹在风道连接口上，将其对接插入即可，如图 3-21 所示。

三、商用中央空调风道设备与风道的连接

风道的安装除了风道与风道之间的连接，还包括风量调节阀与风道的连接、静压箱与风道的连接。如图 3-22 所示为风量调节阀与静压箱，由图中可以看出，风量调节阀与静压箱上都带有法兰角连接器，同风道之间的连接方式基本相同。

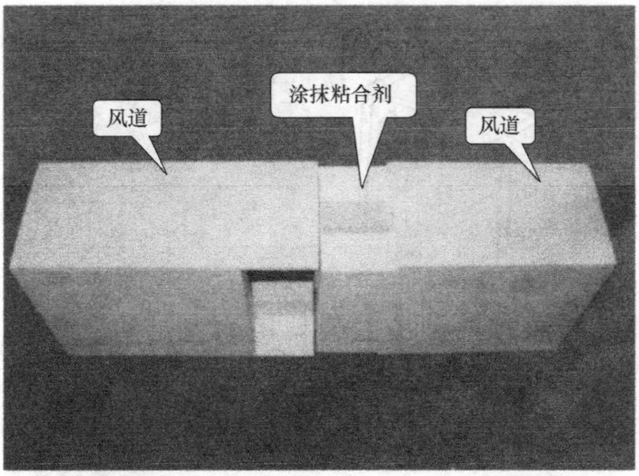

图 3-21　玻镁复合风道错位无法兰插接式连接

图 3-22　风量调节阀与静压箱

1. 静压箱与风道之间使用法兰角连接器进行连接

静压箱与风道之间使用角法兰连接器进行连接，如图 3-23 所示。

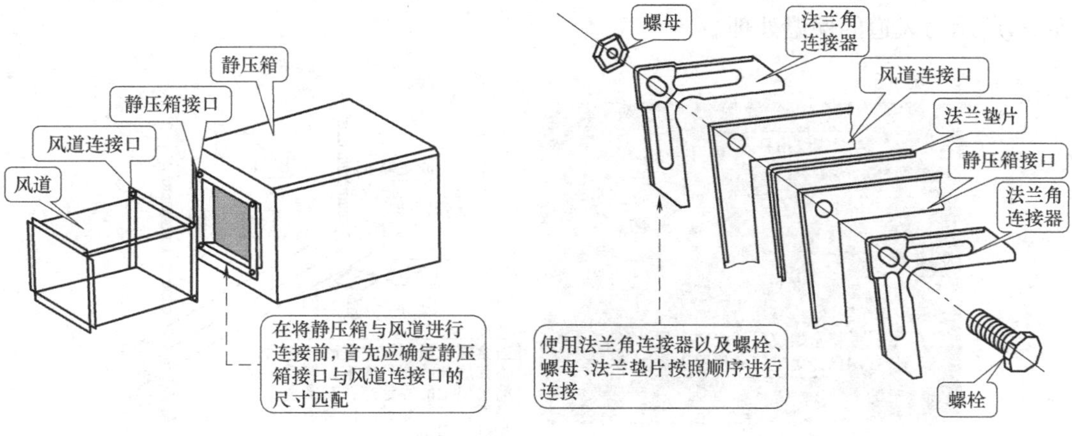

图 3-23　静压箱与风道之间使用角法兰连接器进行连接

2. 风量调节阀与风道之间通过插接法兰条与钩码连接的方法

风量调节阀与风道之间通过插接法兰条与钩码连接的方法如图 3-24 所示。

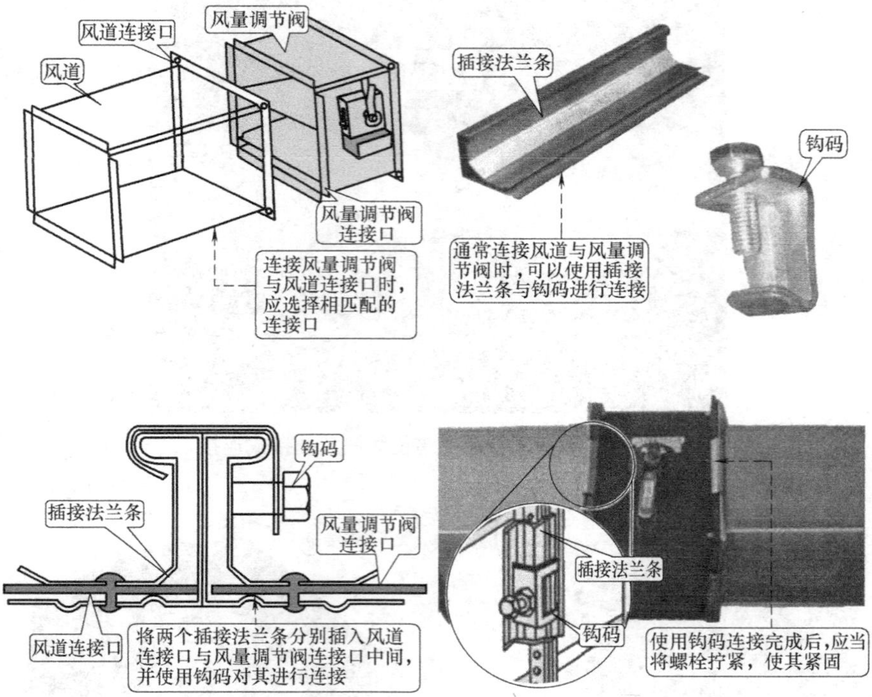

图 3-24　风量调节阀与风道之间通过插接法兰条与钩码连接

四、商用中央空调风道的安装

风道的安装多采用吊装的方法，吊装时应先根据风道的宽度选择合适的钢筋吊架，然后在确定的安装位置上使用电钻钻孔，并将全螺纹吊杆安装在钻好的孔中。风道的吊装方法如图 3-25 所示。

为提高制热（制冷）效果，通常会为风道采用一定的保温措施，即对其加装保温棉。图 3-26 所示为风道的保温处理。

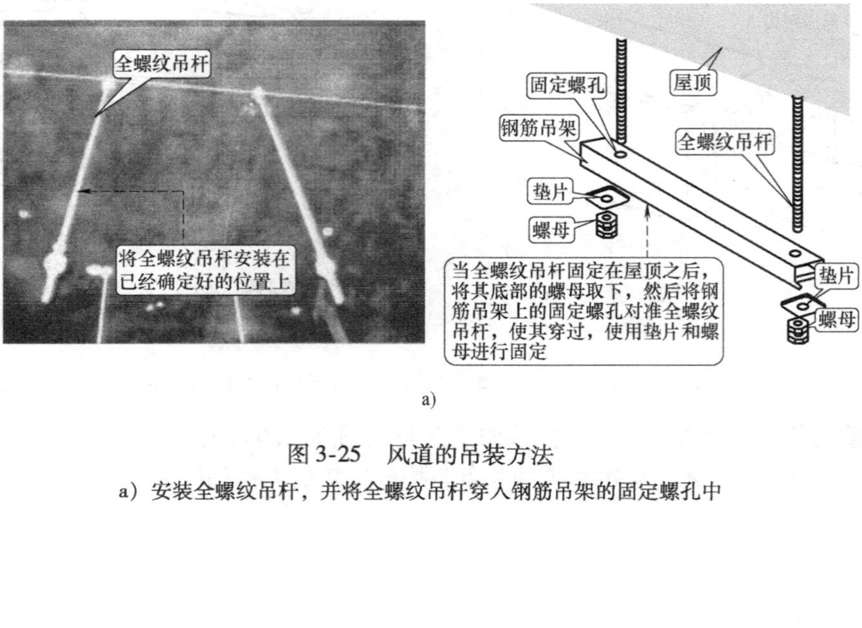

a)

图 3-25　风道的吊装方法

a）安装全螺纹吊杆，并将全螺纹吊杆穿入钢筋吊架的固定螺孔中

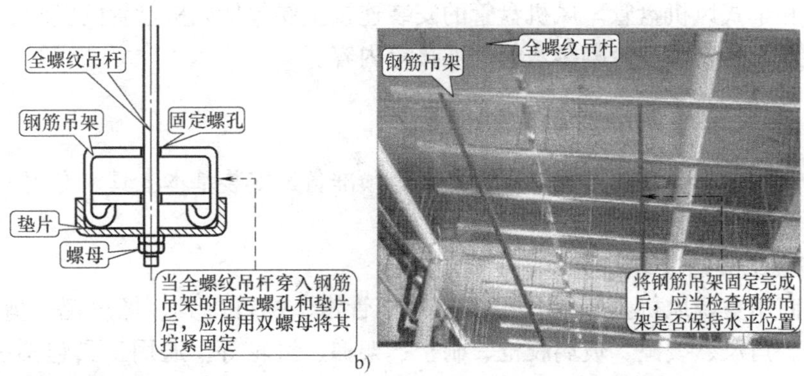

b)

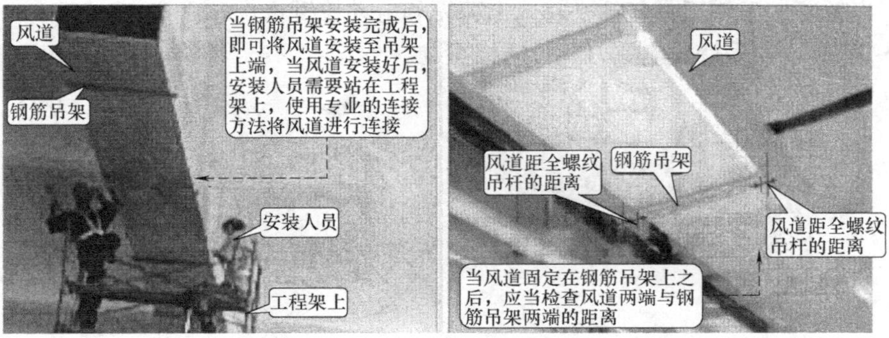

c)

图 3-25　风道的吊装方法（续）

b）将全螺纹吊杆穿入钢筋吊架后，再将其穿入垫片，使用双螺母紧固，查看安装后的吊架是否合格

c）将风道安装在钢筋吊架上，进行连接，检查安装后的风道是否合格

图 3-26　风道的保温处理

课题四　商用中央空调室内末端设备的安装

相关知识

商用中央空调的室内末端设备主要以风机盘管为主，目前市场上广为流行的有吊顶柜式

风机盘管和干式风机盘管。风机盘管的安装连接主要包括风机盘管的安装、风机盘管与风道的连接、风管的安装和冷凝排水管的连接等内容。

一、安装工具的准备及材料的选择

安装商用中央空调的室内末端设备，必须准备好安装基本工具、专用工具和必备的安装材料。

1. 安装工具的准备

安装商用空调风机盘管的常用工具包括管钳、螺钉旋具、橡皮锤、剪刀、扳手、水平尺、卷尺、角尺、线锤、玻璃胶枪、刷子、架梯、滑轮等；通用工具包括手电钻、切割机、磨光机、电锤等；专用工具包括手持式电剪刀和电动拉铆枪。

图 3-27 所示为手持式电剪刀和拉铆枪实物。

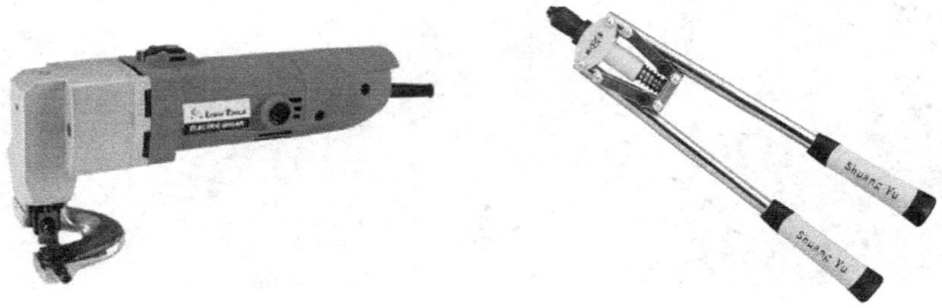

图 3-27　手持式电剪刀和拉铆枪实物

手持式电剪刀以上、下刀片的剪切来裁剪金属板材，特别适用于修剪工件边角和切边平整。拉铆枪用于单面铆接（拉铆）各种结构上的抽芯铆钉，特别适用于对密封结构件进行单面铆接。

2. 材料配件的准备

（1）管材　机组冷凝排水管为标准配件，一般可采用给水 U-PVC 管和专用胶粘接。其他可选用材质有 PP-R 管、PP-C 管和热镀锌钢管，均为外螺纹式管接头。

（2）板材　板材是制作风管部件的主要材料，通常使用的有镀锌钢板、普通低碳钢板、不锈钢板和铝板等。由于镀锌钢板表面为银白色，俗称白铁皮，其表面耐腐蚀，一般不需要刷油漆，通常用于不受酸雾作用的潮湿环境中的风管系统。普通低碳钢板俗称黑铁皮，它具有良好的塑性和可加工性，加工简单方便，可进行焊接加工，但是容易生锈，常需要刷油漆进行防腐。不锈钢板具有耐高温、耐腐蚀的特点，常常用于化工环境需要耐腐蚀的风管系统中。铝板表面由一层致密的氧化铝薄膜所覆盖，有良好的塑性，耐酸性强，易被碱和盐类所腐蚀，常常用于耐酸环境的通风管道。铝板质软，碰撞时不容易产生火花，多用于有防爆要求的通风管道。

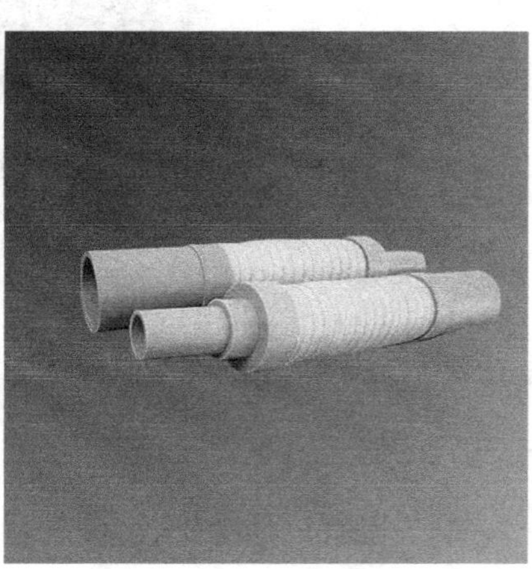

图 3-28　排水软管

（3）排水软管　排水软管（图 3-28）要求选用

透明材料，能看清楚管内的流水状况。排水软管长度以150mm左右为宜，软管与机组和排水管之间的连接用管箍固定，方便日后检修，不宜用胶水粘接。排水软管还有防振作用。

（4）保温材料　保温材料主要起隔冷或隔热作用，常常采用松散纤维、多孔性材料作为保温材料。目前风机盘管常用的保温材料是聚苯乙烯（自熄型），即PE保温板和发泡橡胶保温材料等。

聚乙烯泡沫塑料（PEF）保温材料（图3-29）采用国内最先进的发泡工艺技术，具有优良的隔热保温性能，且柔软、质轻、防火、耐蚀性好，多用于建筑、冷库、空调等设备及低温管道的隔热保温，施工简单而方便。

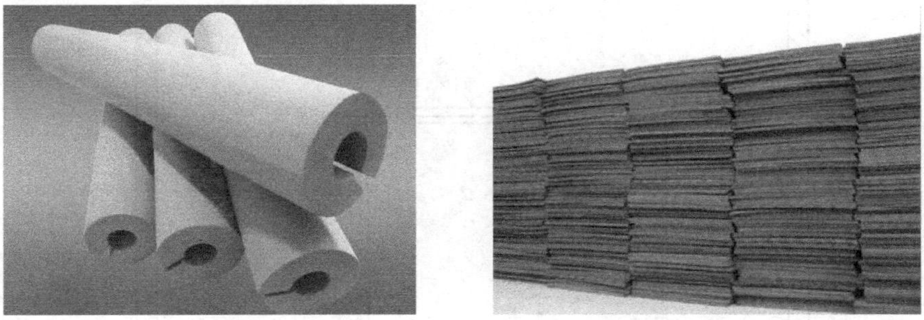

图3-29　聚乙烯泡沫塑料保温材料

橡塑保温棉是以优质丁腈橡胶聚氯乙烯为主材料配制，加入多种优质辅助材料经特殊工艺发泡而成的软质保温材料。该产品为高发泡闭孔结构的弹性体，具有质地柔软、密度小、热导小、耐天候老化性好、使用温度范围宽、减振、吸声、阻燃、防水等特性，生产和使用无污染，属绿色环保产品。图3-30所示为橡塑保温材料。

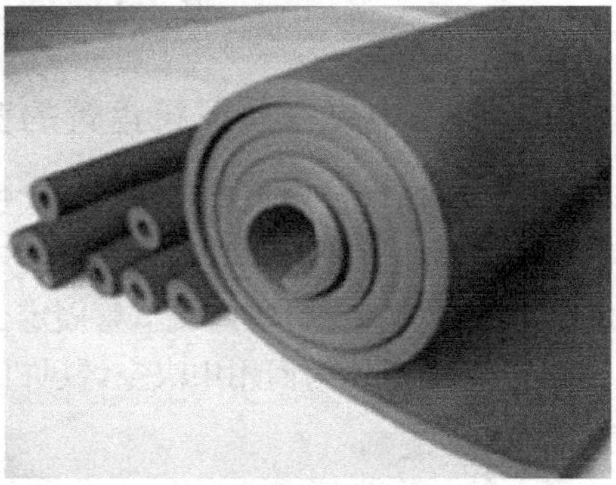

图3-30　橡塑保温材料

橡胶发泡管作为冷凝排水管的保温材料，保温厚度不小于15mm，如安装在潮湿环境中，应加大保温材料的厚度。

（5）其他材料　其他需准备的材料包括吊杆、支架、电源线、防腐油漆和沥青等。

二、商用中央空调室内末端设备的安装注意事项

安装风机盘管机组时应根据用户要求的冷（热）量、噪声及各种空调参数，并按照制冷空调行业相关标准的规定，做好风道设计和隔声、消声设计，满足用户的需求。

为确保风机盘管机组的正确选用和使用时的维修、保养方便，进行工程设计和施工时必须遵守以下要求。

1）风机盘管机组必须水平安装，机组左右及前后两侧的高度差≤5mm或斜度≤1∶500。

2）风机盘管机组周围预留足够的维修、保养和安装回风管的空间。

3）确保风机盘管机组周围有足够空间供拆卸维修门和过滤网，以便更换带轮、电动机、盘管等，便于维护。

4）确保风机盘管机组周围有足够空间，供连接进、出水管用。

5）不可安装在有易燃、易爆气体或有腐蚀性气体、严重油烟和盐雾的地方。

6）检查起重系统的性能，确保可以承受本机重量。

7）检查本机吊装楼面、吊杆是否能承受本机正常运行时的重量，并在吊杆上加装弹簧减振器或橡胶减振垫，防止振动传递给楼面。

8）机组风口与风管连接处需加装柔性密封条，确保不漏风。

如图 3-31 所示为吊顶风机盘管机组的安装空间尺寸图。

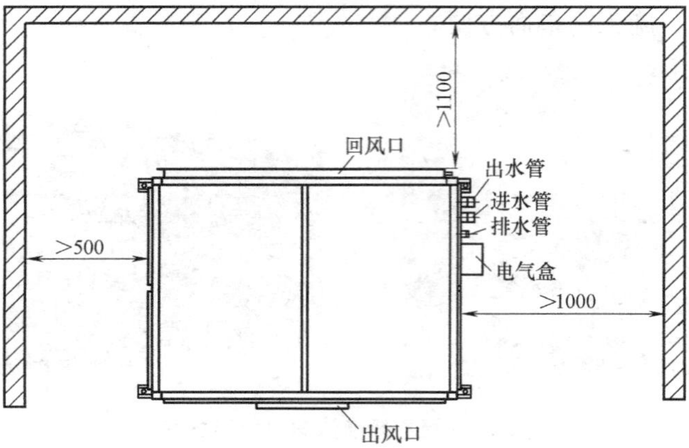

图 3-31　吊顶风机盘管机组安装空间尺寸图

三、商用中央空调风机盘管的安装

风机盘管通常也是采用吊装的方式进行安装，与安装风道吊架的方法基本相同。当确定风机盘管的安装位置后，应当在确定的安装位置钻孔，并将吊装螺杆进行固定，然后将吊架固定于吊装螺杆上，再将风机盘管固定于吊架上即可。

如图 3-32 所示为商用中央空调风机盘管的安装。

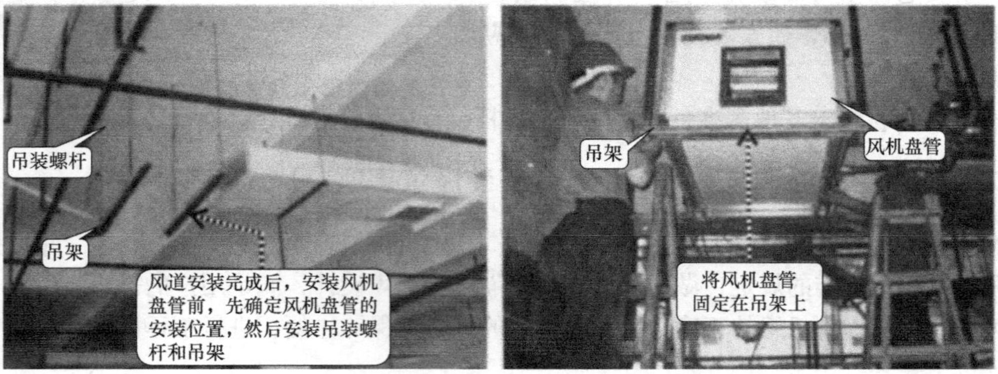

图 3-32　商用中央空调风机盘管的安装

四、商用中央空调风机盘管与风道的连接

如图 3-33 所示，风机盘管与风道的连接主要分为风机盘管出风口与风道的连接和风机

盘管回风口与风道的连接这两道工序。

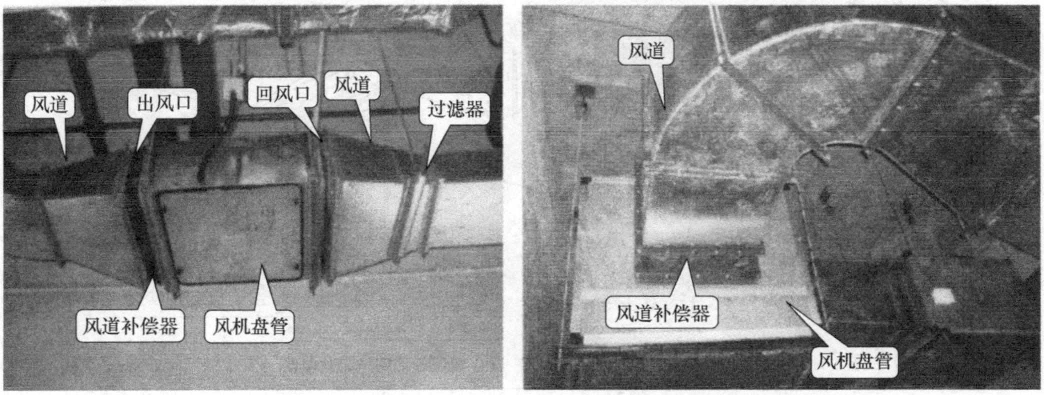

图 3-33 风机盘管与风道的连接

在连接风机盘管与风道时，常采用专门的风道连接部件，如风道补偿器和帆布软管。如图 3-34 所示为风道补偿器与帆布软管。

图 3-34 风道补偿器与帆布软管

1. 风机盘管出风口与风道的连接方法

当风机盘管与风道吊装完成后，风机盘管的出风口与风道之间可以使用风道补偿器进行连接。将风道补偿器的一端与风机盘管出风口连接，另一端与风道连接。风机盘管出风口与风道的连接方法如图 3-35 所示。

2. 风机盘管回风口与过滤器的连接方法

风机盘管回风口需要通过过滤器与风道进行连接，如图 3-36 所示。过滤器的安装方式与风机盘管的安装方式通常相同（采用吊装方式），过滤器主要用于对商用中央空调回风混合风道送回的风进行过滤处理。

风机盘管回风口与过滤器的连接方法如图 3-37 所示。

五、商用中央空调冷凝排水管道的连接

冷凝排水管道的连接如图 3-38 所示，参照格力 E 系列吊顶柜式风机盘管要求，必须注意以下几点。

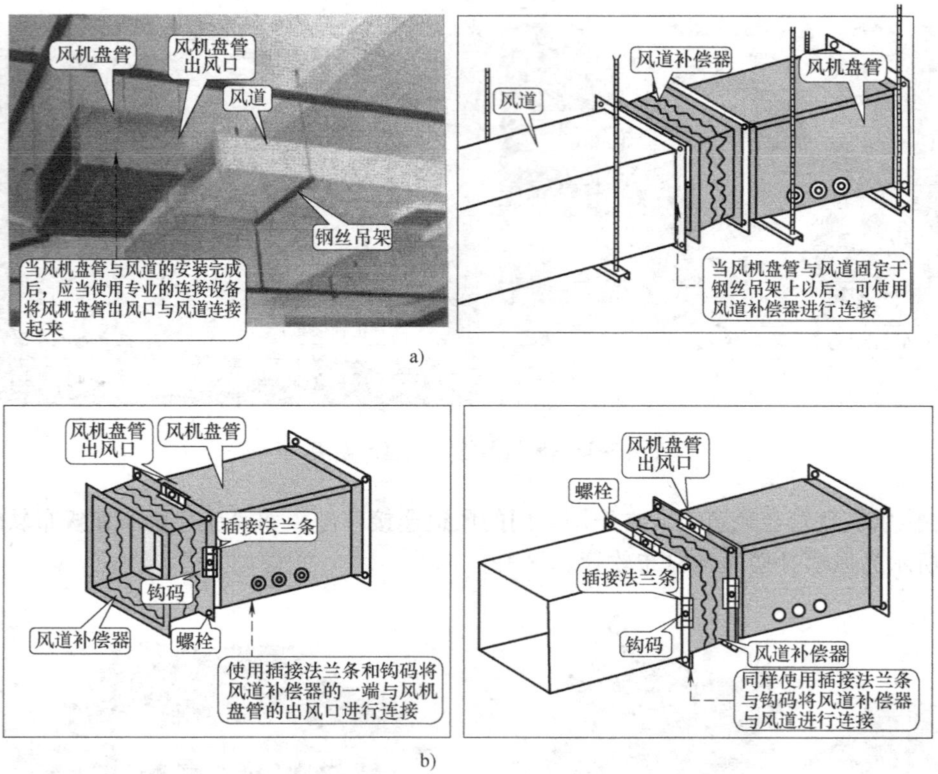

图 3-35　风机盘管出风口通过风道补偿器与风道连接

a）风机盘管与风道吊装完成后，选择合适的风道补偿器　b）先将风机盘管出风口与风道补偿器进行连接，然后再将风道补偿器的另一端与风道连接

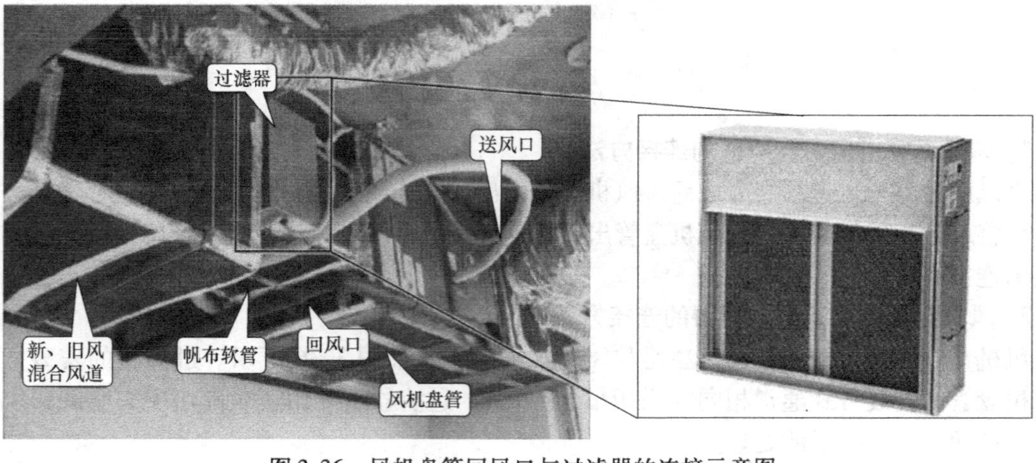

图 3-36　风机盘管回风口与过滤器的连接示意图

1）水管的设计、安装应按国家相关标准进行。

2）机组冷凝排水管和进、出水管均为标准配件，均为外螺纹式管接头。

3）连接机组的进出、水管应采用防振软接，并在进水管安装 60 目以上的水过滤器。

4）进、出水管在机组外须装有阀门，用来调节流量和检修时切断冷热水源。

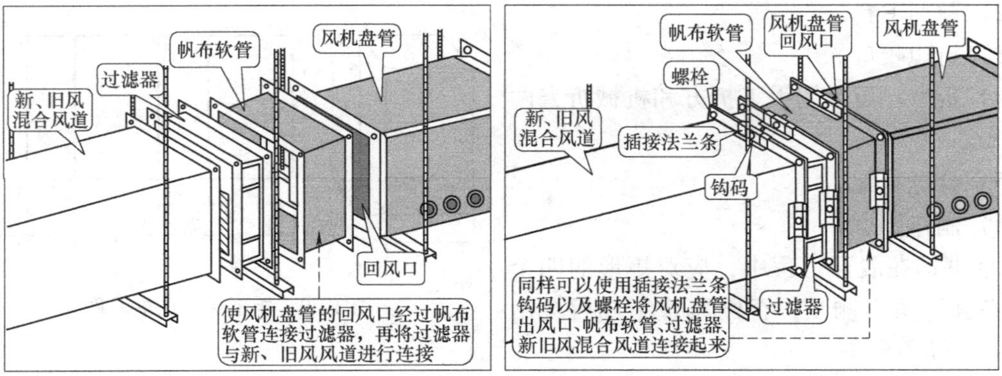

图 3-37　风机盘管回风口与过滤器的连接方法

5）安装时，应避免盘管接头连接太紧，以免损伤盘管集水管和盘管接头。

6）凡是有两路或两路以上进、出水管的机组，接管时请并联连接。

7）与机组连接的水管重量不得由机组承担。

8）冷凝排水管、进出水管必须保温。

9）冷凝排水管必须设存水弯。

10）冷凝排水管应保持一定倾斜，有利于冷凝水的排放。

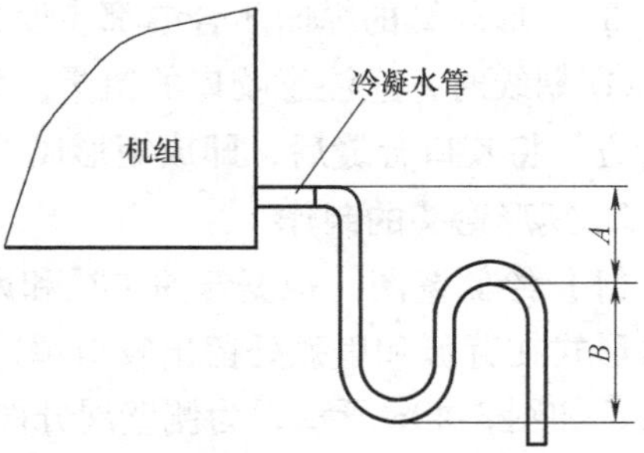

图 3-38　冷凝排水管道的连接示意图

11）$A=B\geqslant P$ 的数值/10 +20，单位为 mm；P 为设备内该段的工作压力。

实训项目一　商用中央空调金属风管的制作实训

一、实训目的

1）掌握金属矩形风管的制作方法。

2）掌握金属矩形弯头的制作方法。

3）掌握金属矩形三通的制作方法。

4）掌握金属矩形法兰的制作方法。

二、实训设备及材料

1）镀锌薄钢板。

2）风管加工工具。

三、实训步骤

1. 矩形风管的制作

1）矩形风管的展开划线。图 3-39 所示为矩形风管展开图，余量为设置在一个边角上的咬口。

2）剪切下料。

3）折边咬口。

4）折方：可采用手工折方和机械折方两种方式。

5）合缝装配。

6）制作要点。

① 书馆在展开过程中，应对矩形的四个边严格进行角方测量，否则风管制成后会出现扭曲、翘角现象。

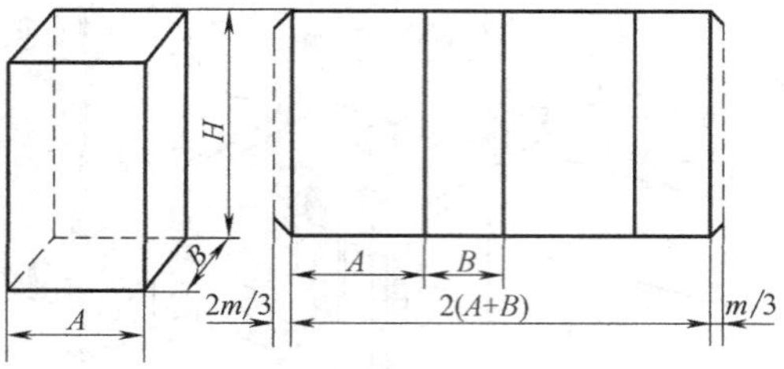

图 3-39　矩形风管的展开图

② 矩形风管一般以板长 1800～2000mm 作为管段长度。如采用卷板，其管段根据实际使用情况可适当加长。

③ 矩形风管的纵向闭合缝都应设置在四个边角上，以加强风管的机械强度。

④ 划线时，应注意咬口的留量。划好线后，可用手工或机械进行剪切，然后进行咬口或折方，将咬口合缝后，即成矩形风管。

2. 矩形弯头的制作

（1）绘侧壁图　根据弯曲半径和风管断面的长宽 A、宽 B，绘制出弯头立面图，再依据咬口形式在背弧和里弧处留出咬口单边留量；在两接口端留出套法兰留量 50mm 和法兰翻边留量，如图 3-40a 所示，为侧壁展开图。

（2）绘制背板和里板图　用计算或丈量侧壁背弧和里弧所得的长度，以及背板的宽度画出背板和里板的展开矩形，并在其两侧留出咬口双边留量（注意咬口的形式，单角咬口、联合角咬口与按扣式咬口留量是不同的），在其两头同样要留出法兰及其翻边留量，如图 3-40b、c 所示。

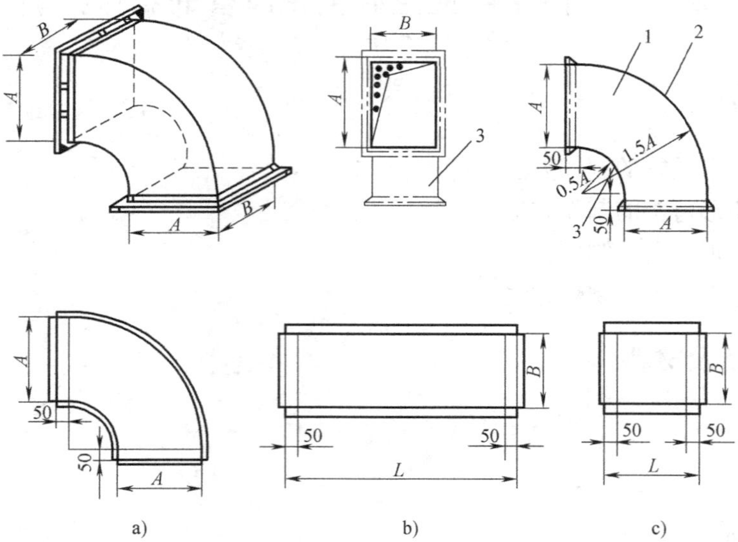

图 3-40　矩形弯头展开及咬口设置

a）侧壁展开图　b）背板展开图　c）里板展开图

1—侧板　2—背板　3—里板

(3) 下料　进行裁剪时注意图3-40中去角的那部分一定要剪掉，否则翻边困难。

(4) 加工咬口　将背板、里板和侧壁板用机械或手工加工好咬口折边，将背板和里板弯曲成所需的弧形。

(5) 组装和修整　将加工好的咬口单双边的侧板与背、里板进行组装。组装时先在圆弧上选择3~5点，将单边敲进双边中，待整个周边无问题时打实并修整咬口，直到合乎要求为止。

3. 矩形法兰的制作

1) 下料。

2) 划线。

3) 钻孔：在台钻或立钻上钻出螺栓孔和铆钉孔。

4) 组焊。

四、实训评价

实训操作情况评价表见表3-6。

表3-6　实训操作情况评价表

序号	项目	测评要求	配分	评分标准	得分
1	金属矩形风管的制作	金属矩形风管的制作正确、规范、美观	40	(1) 操作步骤正确、规范，否则扣10分 (2) 风管尺寸符合图样要求，否则扣15分 (3) 风管形状美观，否则扣10分 (4) 现场整理规范，否则扣5分	
2	金属矩形弯头的制作	金属矩形弯头的制作正确、规范、美观	40	(1) 操作步骤正确、规范，否则扣10分 (2) 弯头尺寸符合图样要求，否则扣15分 (3) 弯头形状美观，否则扣10分 (4) 现场整理规范，否则扣5分	
3	金属矩形法兰的制作	金属矩形法兰的制作正确、规范、美观	20	(1) 操作步骤正确、规范，否则扣5分 (2) 法兰尺寸符合图样要求，否则扣10分 (3) 法兰形状美观，否则扣5分	
安全文明操作		违反安全文明操作规程，视实际情况扣分			
开始时间		结束时间		实际时间	成绩
综合评价意见					
评价人				日期	

实训项目二　商用中央空调风管的安装实训

一、实训目的

1) 了解风管的安装工艺要求。

2）掌握法兰与风管、配件的安装方法。
3）掌握风管支、吊架的安装方法。
4）掌握风管的安装方法。

二、实训设备及材料

1）实训设备：钻孔设备、铆接设备等。
2）实训材料：角钢、金属风管、扁钢、圆钢、垫片等。

三、实训步骤

1. 法兰与风管、配件的安装。
1）角钢法兰与矩形风管的装配。
2）角钢法兰与配件的装配
① 角钢法兰与矩形弯头的装配。
② 角钢法兰与矩形三通的装配。
2. 风管支、吊架的安装
1）定位。
2）放线。
3）支、吊架的固定。
4）安装支、吊架应注意的问题。

① 支、吊架不能设置在风口、风阀、测定孔等部位，否则会影响系统的使用效果。支、吊架离风口或插接管的距离不宜小于200mm。

② 为防止冷桥的产生，在绝热风管与支、吊架间应设置垫木，使风管与支、吊架不能直接接触，以免造成能量的损失。

③ 支、吊架预埋件打设的膨胀螺栓的位置要正确，并且牢固可靠。

④ 为防止圆形风管安装后发生变形，应在支、吊架接触处设置托座，托座可用厚度$\delta=4$mm 的钢板制作。

⑤ 安装吊架时应根据风管中心线找出吊杆位置。单吊杆在风管中心，一般情况下采用双吊杆，按角钢的螺孔间距及风管中心线对称安装，但吊架不许直接吊在风管的法兰上。

⑥ 对不锈钢板及铝板风管的支、吊架应按设计要求做好防腐绝缘处理，防止电化学和晶间腐蚀。

⑦ 安装立管卡环应先在卡环半圆弧的中心画线，按风管位置和埋墙深度将上半个卡环固定好之后，用线锤找正，在保证垂直度误差的情况下，将下半个卡环固定好。

⑧ 支、吊架间距应符合设计要求。

3. 风管的安装（略）

四、实训评价

实训操作情况评价表见表3-7。

表 3-7　实训操作情况评价表

序号	项目	测评要求	配分	评分标准	得分
1	法兰与风管、配件的安装	法兰与风管、配件的安装正确、规范、美观，符合质量要求	30	(1) 操作步骤正确、规范，否则扣 10 分 (2) 安装形状美观，符合质量要求，否则扣 15 分 (3) 现场整理规范，否则扣 5 分	
2	风管支、吊架的安装	风管支、吊架的安装正确、规范，符合质量要求	30	(1) 操作步骤正确，规范，否则扣 10 分 (2) 安装形状美观，符合质量要求，否则扣 15 分 (3) 现场整理规范，否则扣 5 分	
3	风管的安装	风管的安装正确、规范、美观，符合质量要求	40	(1) 操作步骤正确、规范，否则扣 20 分 (2) 安装形状美观，符合质量要求，否则扣 15 分 (3) 现场整理规范，否则扣 5 分	
安全文明操作		违反安全文明操作规程，视实际情况扣分			
开始时间			结束时间		实际时间		成绩	
综合评价意见					
评价人			日期		

单元小结

1）本单元以格力 LHD 系列螺杆式水冷冷（热）水机组为例，阐述了商用中央空调水冷机组的安装方法和注意事项，离心式水冷机组与螺杆式水冷机组的安装流程基本相同。

2）以格力 D 系列模块式风冷冷（热）水机组（R410）和格力 MR 系列热回收模块式风冷冷（热）水机组（R410）为例，详细分析了商用中央空调风冷式室外机组的安装操作方法和注意事项。

3）商用中央空调风道的安装，包括风管的制作、连接，以及风道设备与风道的连接，风管的安装。

4）商用中央空调末端设备的安装重点介绍主要风机盘管的安装和风机盘管与风道的连接。

思考与练习

一、填空题

1. 膨胀水箱的安装位置必须高于水管系统最高点______m。

2. 风机盘管空调系统属于__________系统。
3. 安装商用中央空调室外机组时，水平度不得超过_______。
4. 按照制作材料的不同，风管主要可以分为_______风管和_______风管两种。
5. 安装商用中央空调室外机组时，宜采用_______作为减振装置。

二、问答题

1. 简述商用中央空调安装环境的要求。
2. 安装水箱时需要注意哪几点。
3. 简述商用中央空调室内末端设备的安装注意事项。
4. 简述风管的连接方式。
5. 简述冷冻水管的安装注意事项。

第四单元

家用中央空调的检修

内容构架

- 家用中央空调的检修
  - 中央空调主要检修设备
  - 家用中央空调故障的检修流程
  - 家用中央空调管路系统故障的检修
  - 家用中央空调电路系统故障的检修

学习引导

目的与要求

1. 掌握中央空调检修设备的使用方法。
2. 掌握家用中央空调的检修思路。
3. 掌握家用中央空调管路系统的检修方法。
4. 掌握家用中央空调电路系统的检修方法。

重点与难点

重点：家用中央空调管路和电路系统的检修方法。

难点：家用中央空调电路系统检修方法。

课题一　中央空调主要检修设备

相关知识

要进行中央空调的检修，必须使用必要的检修设备和维修工具。对于中央空调维修人员来说，熟练掌握这些检测设备和工具的使用方法，是维修人员的基本技能。不同制冷剂的中央空调系统，如 R22、R410a、R134a 等机组，由于其制冷剂工作性能的差异，维修时还会用到不同的专用设备。这里主要介绍维修中央空调常用的检测设备和维修工具。

一、中央空调检修仪表

1. 万用表

万用表是检测中央空调电气系统的主要仪表。万用表主要用来检测电路中电气元器件的性能、判断电路断路或短路故障。维修中常用的万用表主要有指针式万用表和数字式万用表两种，其实物如图 4-1 所示。

2. 钳形表

钳形表也是中央空调电气系统检修的常用仪表，其特点就是可以在不断开电路的情况下，方便地检测电路中的交流电流，如中央空调整机的起动电流和运行电流，以及压缩机的起动电流和运行电流等。钳形表实物如图 4-2 所示。

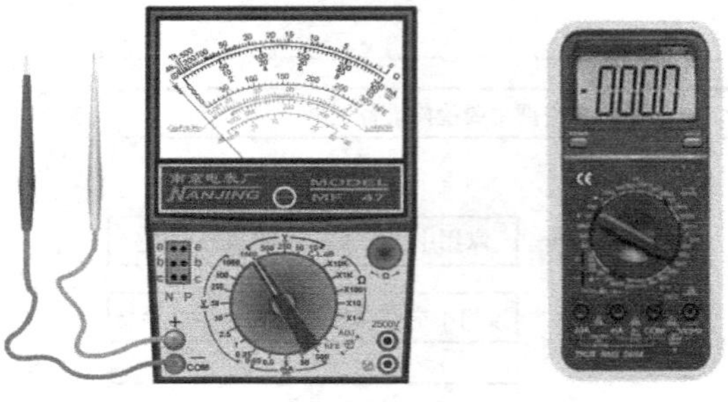

a)　　b)

图 4-1　万用表实物

a）指针式万用表　b）数字式万用表

图 4-2　钳形表实物

3. 绝缘电阻表

绝缘电阻表主要用于中央空调检修过程中对绝缘性能要求较高的部件或设备的检测，用以判断被测部件或设备中是否存在短路或漏电情况等。维修中常用的绝缘电阻表主要有指针式绝缘电阻表和数字式绝缘电阻表两种，其实物如图 4-3 所示。

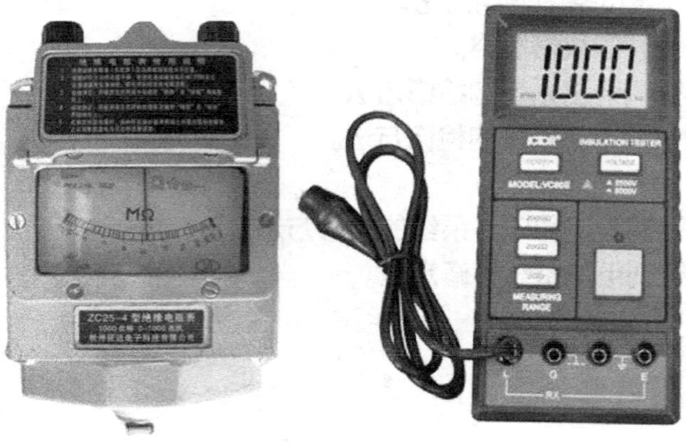

a)　　b)

图 4-3　绝缘电阻表实物

a）指针式绝缘电阻表　b）数字式绝缘电阻表

4. 温度计

维修中央空调用温度计主要包括电子温度计和红外线温度计。电子温度计主要用来检测中央空调进风口或出风口的温度，可根据测得温度来判断中央空调的制冷或制热功能是否正常；红外线温度计主要用来检测压缩机、主机组设备的表面温度。图 4-4 所示为典型电子温度计和红外线温度计的实物。

5. 噪声检测仪

进行中央空调检修时，通常也会通过声音来初步判断中央空调的故障范围。噪声检测仪主要用来检测压缩机或风机等设备在运转时的声音，如图 4-5 所示为其实物。

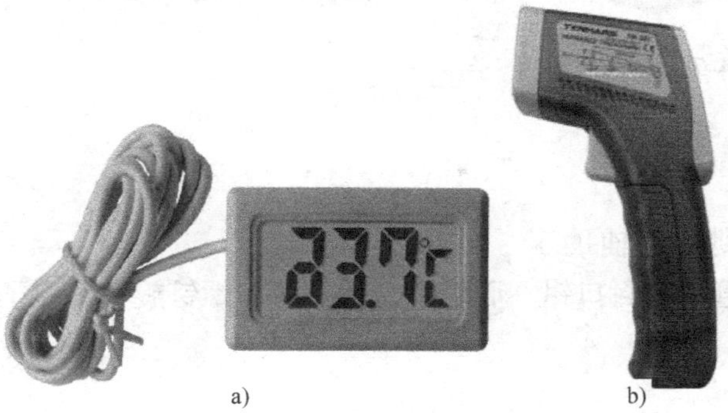

图 4-4　温度计实物
a）电子温度计　b）红外线温度计

图 4-5　噪声检测仪实物

二、中央空调专用检修工具

进行中央空调维修时，除了使用以上检修仪表外，还需要一部分专用工具，用于中央空调系统的清洁、试压、检漏以及充注制冷剂等操作。

1. 焊接设备

焊接设备在中央空调安装过程中也会使用，前面已详细介绍，这里不再说明。

2. 氮气瓶

氮气瓶是盛放氮气的高压钢瓶，在对中央空调进行检修时，经常需要用氮气对管路进行清洁、试压、检漏等操作。如图 4-6a 所示，由于氮气瓶中的压力较大，在使用氮气时，在氮气瓶阀门口通常会连接减压器，并根据需要调节氮气瓶的排气压力。

3. 减压器

减压器是一种对经过的气体进行降压的设备，主要安装在高压氧气或高压氮气瓶的出气断口处，用于将钢瓶内的气体降压后输出，确保输出压力和流量稳定的气体。如图 4-6b 所示为其实物

4. 制冷剂钢瓶

制冷剂钢瓶用于存储制冷剂。充注制冷剂时，制冷剂的流量大小可通过制冷剂钢瓶上的控制阀门进行调节。在不充注制冷剂时，一定要关闭阀门，以免制冷剂泄漏，污染环境。图 4-7 所示为制冷剂钢瓶实物。

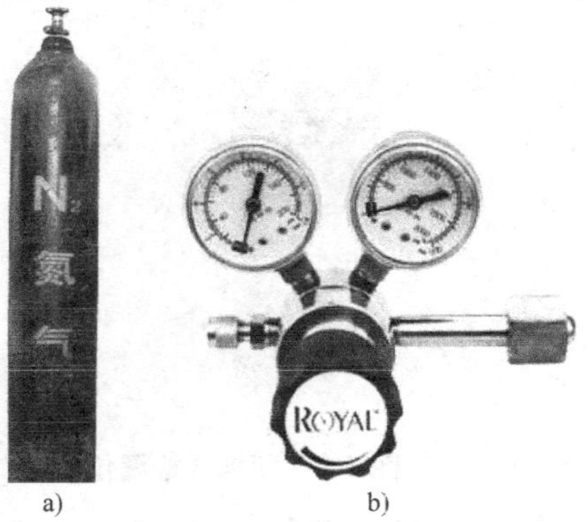

图 4-6　氮气瓶和减压器
a）氮气瓶　b）减压器

图 4-7 制冷剂钢瓶

三、中央空调辅助检修工具

检修中央空调的过程中，还会用到一些辅助工具，如气体检漏仪、热熔器、切管刀、管钳、封口钳、肥皂水、强力胶、螺钉旋具、钳子和扳手等。

1. 气体检漏仪

气体检漏仪主要用于制冷系统冷媒泄漏情况的检测，它是用含有卤素（氟、氯、溴、碘）气体作为示漏气体的检漏仪器。该类仪器分两类：其一为传感器（即探头）与被检件相连接的检漏仪，称为固定式（也称内探头式）检漏仪；其二为传感器（即吸枪）在被检件外部搜索的检漏仪，称为便携式（也称外探头式）检漏仪。在中央空调检修过程中，主要使用便携式检漏仪，其实物如图 4-8 所示。

2. 热熔器

热熔器是一种用于热塑性塑料管材的加热熔化然后进行连接的专业熔接工具，在中央空调部分塑料管道和配件等的连接过程中，起到了至关重要的作用。如图 4-9 所示为热熔器实物。

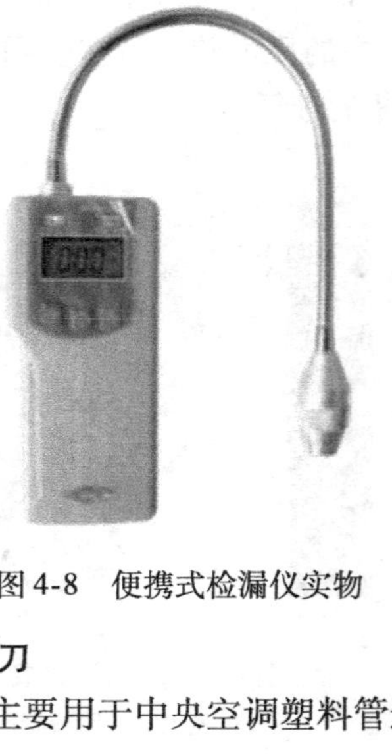

图 4-8 便携式检漏仪实物

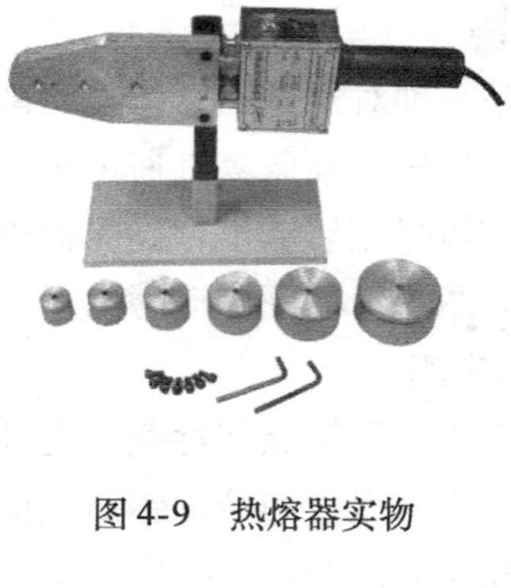

图 4-9 热熔器实物

3. 切管刀

切管刀主要用于中央空调塑料管道的切割，其实物如图 4-10 所示。

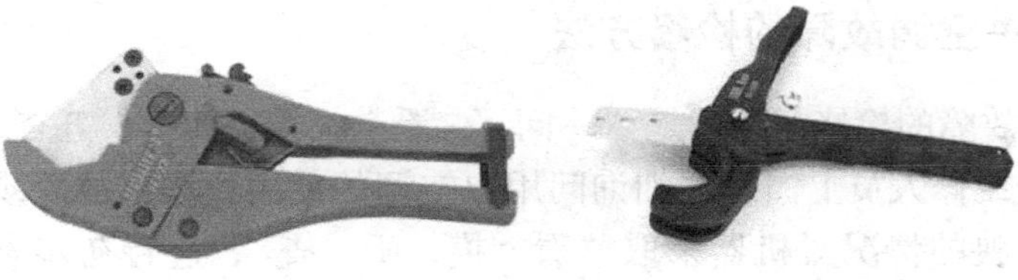

图 4-10　切管刀实物

4. 管钳

管钳是连接中央空调铁质管道管件时使用的工具，如图 4-11 所示为其实物。

5. 封口钳

封口钳主要用于中央空调全封闭制冷系统铜管道钎焊封口操作，图 4-12 所示为其实物。

实际操作中，首先要根据管壁的厚度调整钳柄尾部的螺栓，使钳口的间隙小于铜管壁厚的两倍，间隙过大时封闭不严，过小时易将铜管夹断；调整适宜后将铜管夹于钳口的中间，合掌用力紧握封口钳的两个手柄，钳口便把铜管夹扁而铜管的内孔也随即被侧壁挤死，起到封闭的作用。气焊封口后拨动开启手柄，在开启弹簧的作用下，钳口自动打开。

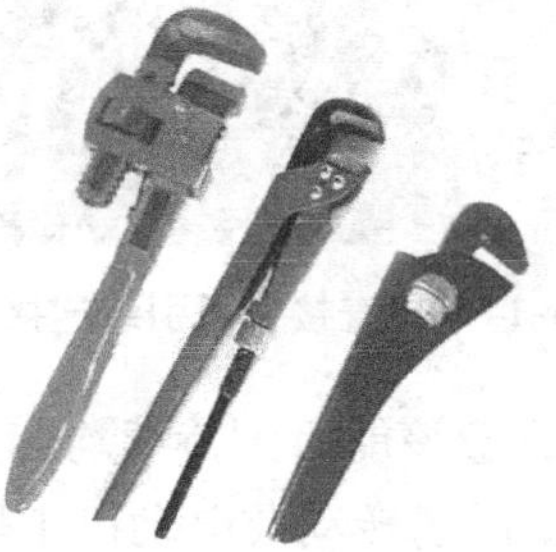

图 4-11　管钳实物

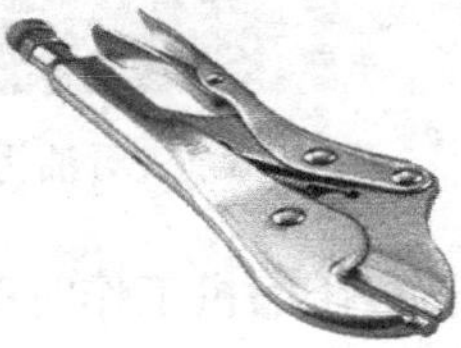

图 4-12　封口钳

6. 其他检测工具

其他检测工具包括肥皂水和强力胶等。

检修中央空调时，若怀疑管路有泄漏故障，为了快速找到故障点，可进行检查，将装有冷水的碗内倒入一点洗洁精或洗衣粉，使用毛刷调制肥皂水。调制完成后，使用毛刷将其涂抹在需要进行检漏的管路部位，如有气泡出现，即是故障点。

强力胶主要用于中央空调外壳的粘合。

课题二　家用中央空调故障的检修流程

相关知识

随着家用中央空调的广泛应用，在其使用过程中，各种故障也多有发生，使家用中央空调的维修显得非常重要。不同类型的家用中央空调，其结构虽有不同，但其工作原理相同，其故障特点及故障检修流程也基本相同。在检修时，要掌握家用中央空调故障的检修方法，熟悉家用中央空调出现的故障特点，然后建立正确的检修流程，确定故障的大体范围，找准故障的部位，然后对其进行维修，排除故障。

一、家用中央空调故障的检修方法

家用中央空调故障的检修方法就是“一问、二看、三摸、四听、五查、六分析”。

“一问”：就是维修人员上门后详细询问用户空调的使用过程、故障现象和以前的维修情况，结合用户反映的情况对机器采取“看、摸、听、查”，进行初步判断分析，然后快速、准确地判断出问题的根本原因。

“二看”：通过观察判别空调器的故障。如可观察管路焊接部分是否有“油迹”，检查接线板上的引线插头是否有松动、接错现象，观察电路板上的元器件有无破损、烧焦现象。如图4-13所示，用白纸擦拭容易泄漏的地方，如果有油污，说明有泄漏。图4-14所示为检查接线板引线连接是否松动。

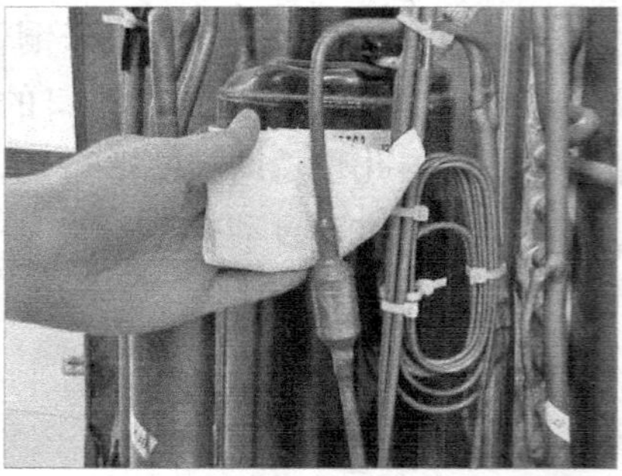

图4-13　查看油污

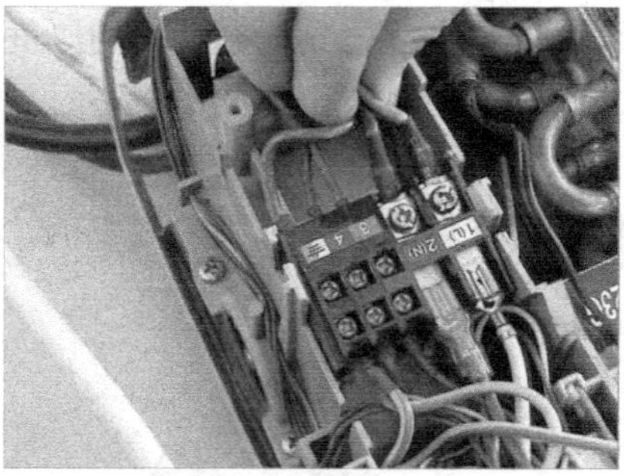

图4-14　检查接线板引线连接

“三听”：听压缩机工作时的声音。空调器正常工作时，应该能听到持续均匀的“嗡嗡”声，且声音较小；听轴流风机工作时的声音，正常工作时，风扇转动及电动机工作会发出持续轻微的声响；听四通阀工作时的声音，在制热状态下，在关机的瞬间会听到制冷剂的回流声，转换到制热状态时，会听到“哒”的一声。

“四摸”：在家用中央空调运行20～30min后，通过温度（触摸）判别空调器的故障。如用手触摸压缩机吸气管，正常工作时，感到冰凉，但是不会结霜凝露；用手触摸压缩机排气管，正常工作时，感到烫手；用手触摸蒸发器，正常工作时，感觉冰凉等。

“五查”：一般可用压力表阀、温度计、钳形表、万用表等测量系统压力、温度、电源电压、绝缘电阻、运转电流是否符合要求，用卤素检漏灯或电子检漏仪检查制冷剂有无泄漏。

“六分析”：经“一问”“二看”“三摸”“四听”“五查”后，进一步分析故障所在处和故障的严重程度。

目前，家用中央空调系统都设置了故障检测功能，一旦发生故障，家用中央空调内机显示屏、线控器显示屏、外机故障指示灯都会显示相应的故障码指示。不同品牌、不同类型的家用中央空调，故障码所表示的故障不同，维修时一定要参考该型号家用中央空调技术手册。

二、家用中央空调常见故障的特点

家用中央空调常见故障主要体现为开机无法正常起动或起动异常、压缩机工作异常、室外机组不工作、制冷或制热异常、遥控控制失灵以及显示异常等，其各故障的具体表现现象也不相同，维修时，需要根据具体故障现象进行分析。

1. 家用中央空调开机无法起动或起动异常的故障特点

家用中央空调开机无法起动或起动异常的故障特点主要表现为开机跳闸，室外机不起动，开机显示故障码提示高压保护、低压保护、压缩机电流保护、变频模块保护等。引起该类故障的原因可能在电路系统，也可能在管路系统，对于可显示故障码的故障，应对照机型查阅故障码手册，进而对症检修。

2. 家用中央空调压缩机工作异常的故障特点

家用中央空调压缩机工作异常的故障特点主要表现为压缩机不运转、压缩机起停频繁等。该类故障通常是由于制冷系统或控制电路工作异常所引起的。

3. 家用中央空调室外机组不工作的故障特点

家用中央空调室外机组不工作时，一般会在室外主机及辅机上显示故障码进行提示。通常家用中央空调室外机组不工作主要指室外机通信故障、室外机相序错误故障、室外机地址错误等，应对照机型查阅故障码手册，进而对症检修。

4. 家用中央空调制冷或制热异常的故障特点

家用中央空调制冷或制热异常的故障特点主要表现为中央空调不制冷或不制热、制冷或制热效果差等。该类故障通常是由于管路中的制冷剂不足、制冷管路堵塞、室内环境温度传感器损坏、控制电路出现异常等所引起的。

三、家用中央空调故障的检修流程

1. 家用中央空调无法起动或起动异常的故障检修流程

（1）开机跳闸的故障检修流程　开机跳闸故障是指中央空调系统通电后良好，但开机起动时出现熔丝熔断、空气开关跳脱的现象。出现此种现象，大多是中央空调电路系统中存在短路或漏电的情况。此种故障往往是由空调系统控制线路、压缩机、压缩机起动电容器等异常所导致，其具体检修流程如图4-15所示。

（2）室内机可起动、室外机不起动的故障检修流程　家用中央空调系统开机后，室内机运转，但室外机中压缩机不起动。该现象主要是由于室内、外机通信不良或室外机压缩机起动部件及压缩机本身不良所引起的，主要是对室内、外机连接线、压缩机起动部件以及压缩机本身进行检修，其具体的故障检修流程如图 4-16 所示。

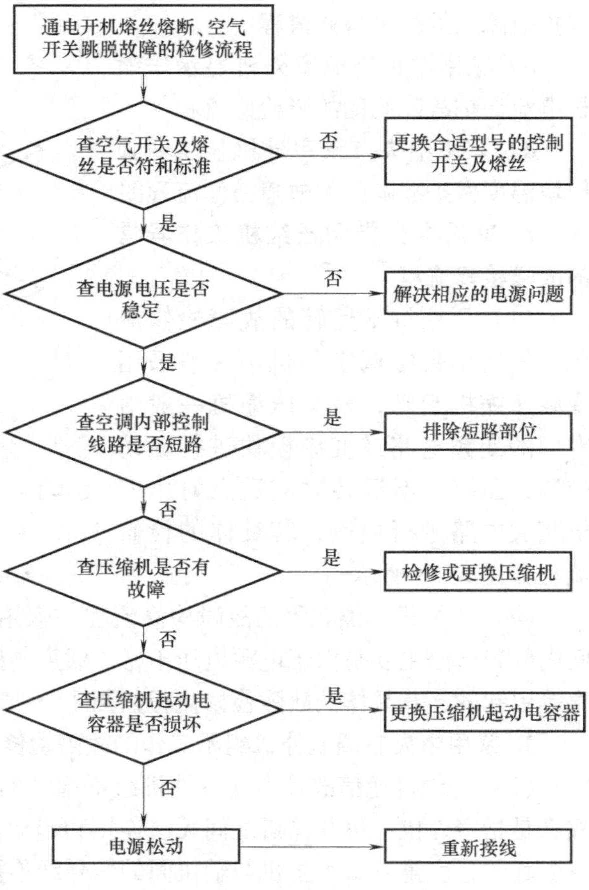

图 4-15　开机跳闸的故障检修流程图

(3) 开机显示故障码的故障检修流程　家用中央空调一般都带有故障码设定，当出现中央空调室内、外机组自身可识别的故障后，其显示屏或指示灯会显示相应的故障指示，常见的如高压保护、低压保护、压缩机电流保护、变频模块保护故障等。不同的故障码所指示的故障含义不同，且故障码同时显示在室内机和室外机上与只显示在室内机或室外机组上所表示意义也不相同。可重点根据显示的故障码进行查找，判断出故障部位，进而对其进行检修。

图4-17所示分别为几种常见故障码指示故障的检修流程。

a）家用中央空调室外机显示高压保护故障码的故障检修流程图

b）家用中央空调室外机显示低压保护故障码的故障检修流程

c）家用中央空调室外机显示压缩机电流保护故障码的故障检修流程

d）家用中央空调室外机显示变频模块温度保护故障码的故障检修流程图

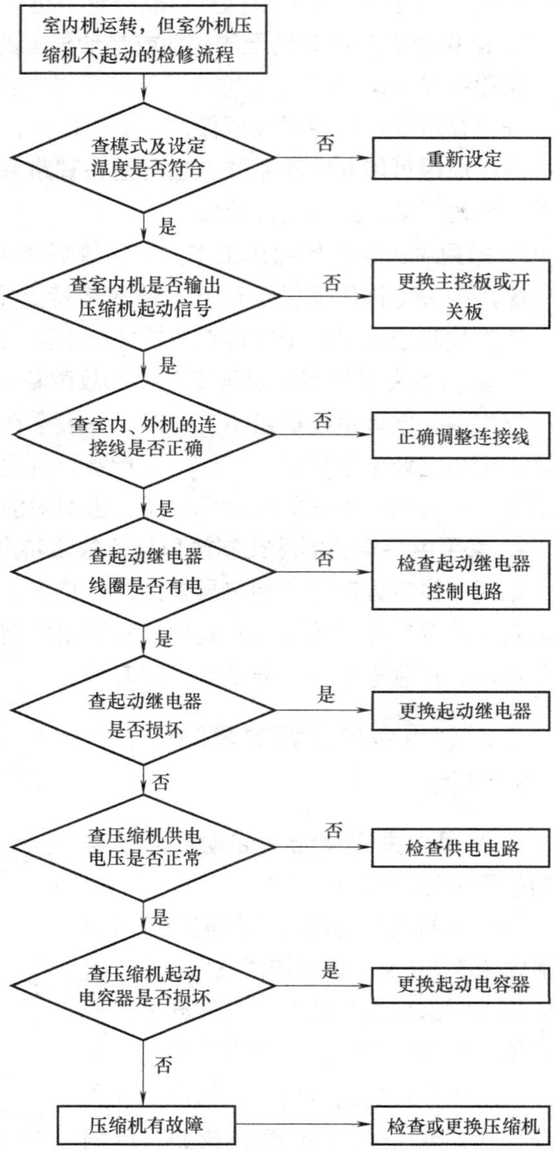

图4-16　室内机可起动、室外机不起动的故障检修流程图

2. 家用中央空调压缩机工作异常的故障检修流程

(1) 压缩机不运转的故障检修流程　家用中央空调室外机中一般采用变频压缩机起动，该类压缩机一般由专门的变频电路或变频模块进行驱动控制，压缩机不运转时应重点对压缩机相关电路进行检查，其具体的检修流程如图4-18所示。

(2) 压缩机起停频繁的故障检修流程　家用中央空调系统通电起动后，压缩机在短时间内频繁起停主要是由于电源电压不稳、温度传感器不良、室内、外风机故障或系统存在堵塞等引起的，其具体的故障检修流程如图4-19所示。

3. 家用中央空调室外机组不工作的故障检修流程

(1) 室外机通信故障引起室外机组不起动的故障检修流程　家用中央空调室外机通信故障是指室外机主机与辅机之间无法连接和起动。该类故障多是由通信设置不当或主控板损坏引起的，应重点检查主机与辅机间的信号线连接是否正常、地址码设置以及主控板部分是否正常，具体检修流程如图4-20所示。

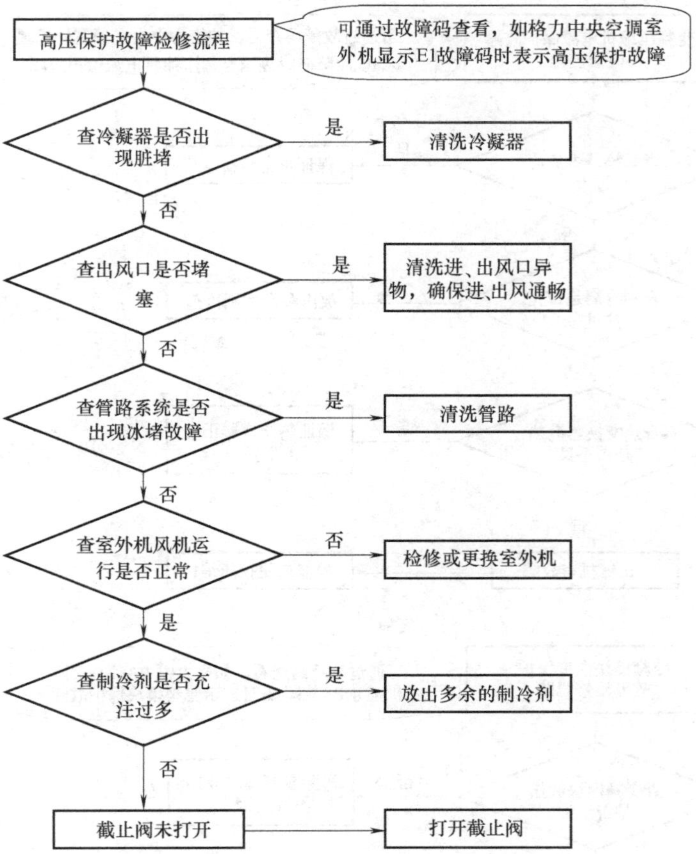

a)

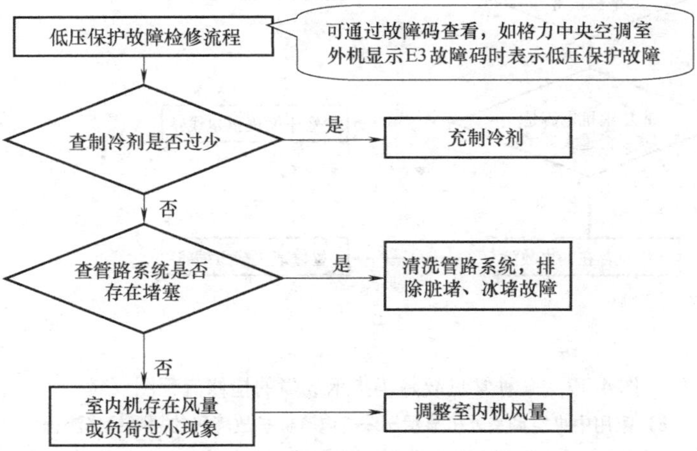

b)

图 4-17　几种常见故障码指示故障的检修流程图

a）家用中央空调室外机显示高压保护故障码的故障检修流程

b）家用中央空调室外机显示低压保护故障码的故障检修流程

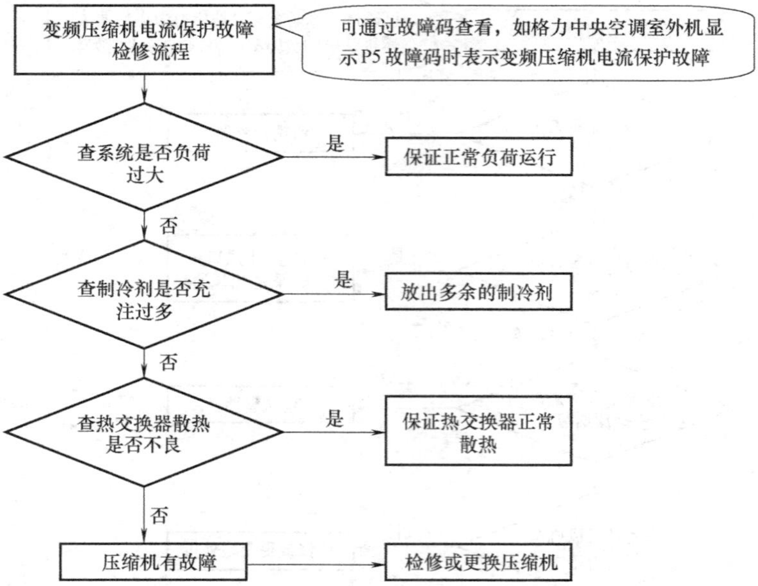

c)

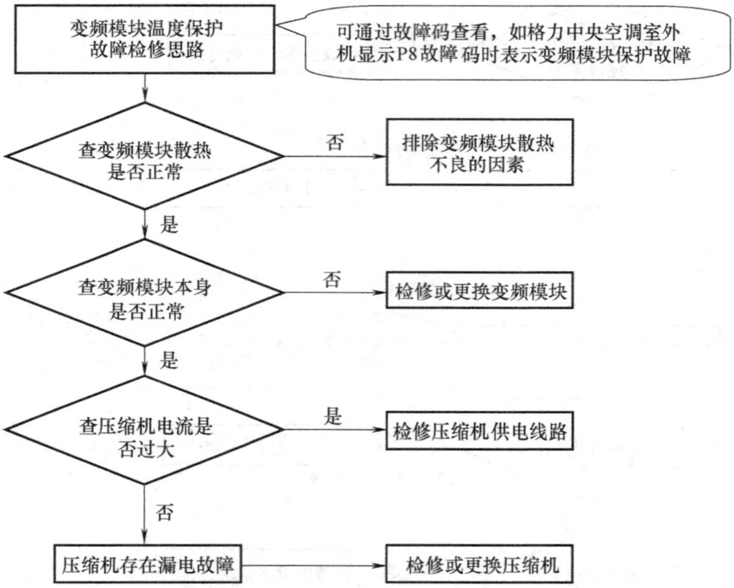

d)

图4-17 几种常见故障码指示故障的检修流程图（续）

c）家用中央空调室外机显示压缩机电流保护故障码的故障检修流程

d）家用中央空调室外机显示变频模块温度保护故障码的故障检修流程

（2）室外机相序错误故障引起室外机不起动的检修流程　室外机相序错误故障引起室外机不起动的检修流程如图4-21所示。

（3）室外机地址错误引起室外机不起动的检修流程　室外机地址错误引起室外机不起动的检修流程如图4-22所示。

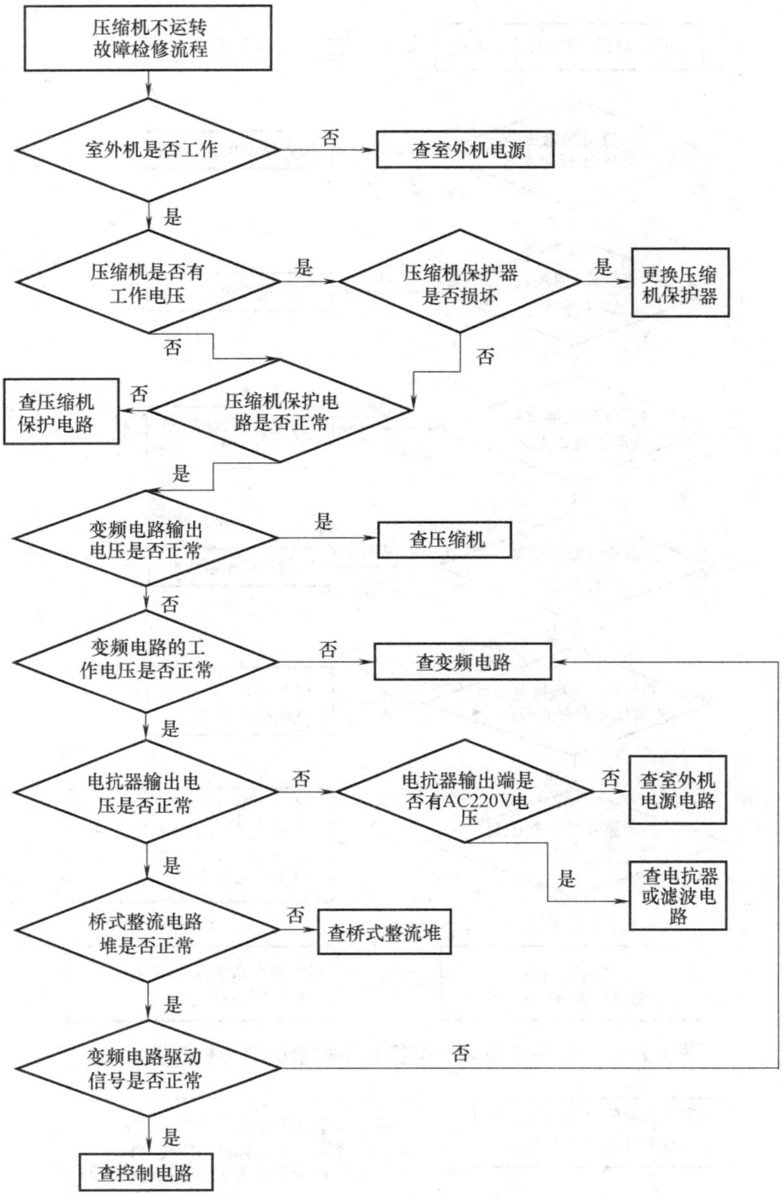

图 4-18　家用中央空调压缩机不运转的故障检修流程图

4. 家用中央空调制冷或制热异常的故障检修流程

（1）不制冷或不制热的故障检修流程　家用中央空调系统通电后，开机正常，当设定温度后，压缩机开始运转，运行一段时间后，室内温度无变化。经检查后，空调器出风口的温度与室内环境温度相同，由此可以判断空调器既不制冷也不制热。

家用中央空调利用室内机接收室内环境温度传感器送入的温度信号，判断室内温度是否达到制冷要求，并向室外机传输控制信号，由室外机的控制电路控制四通阀换向，同时驱动变频电路工作，进而使压缩机运转，制冷剂循环流动，达到制冷或制热的目的。因此，若家用中央空调出现不制冷或不制热故障时，应重点检查四通阀和室内温度传感器，其具体的故障检修流程如图 4-23 所示。

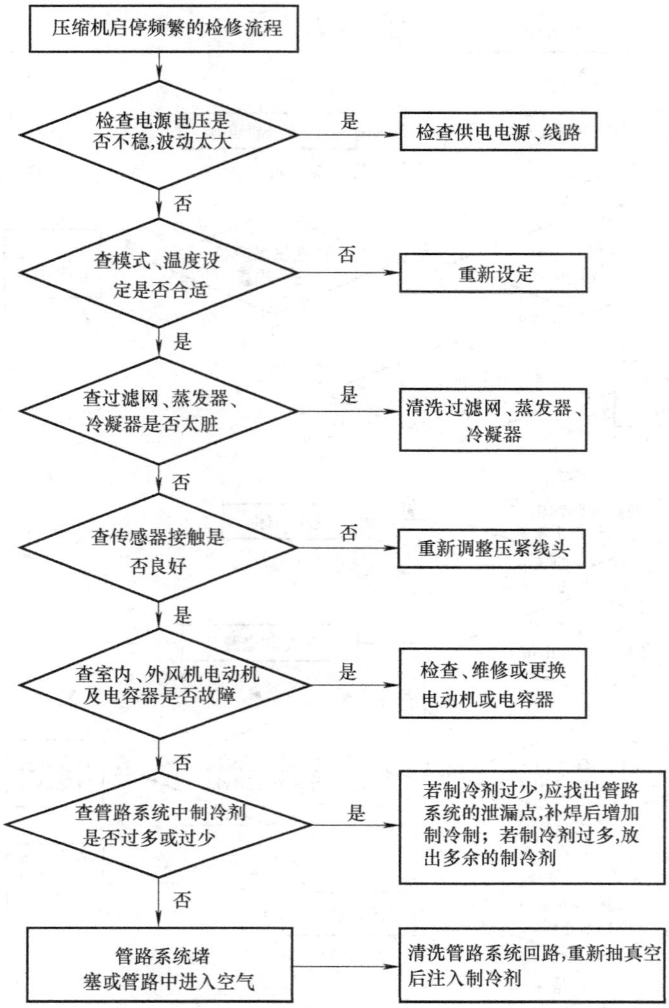

图 4-19　家用中央空调压缩机起停频繁的故障检修流程图

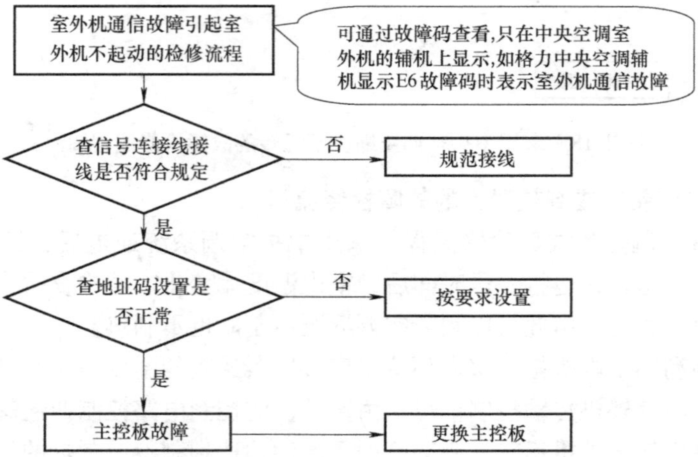

图 4-20　家用中央空调室外机通信故障的检修流程图

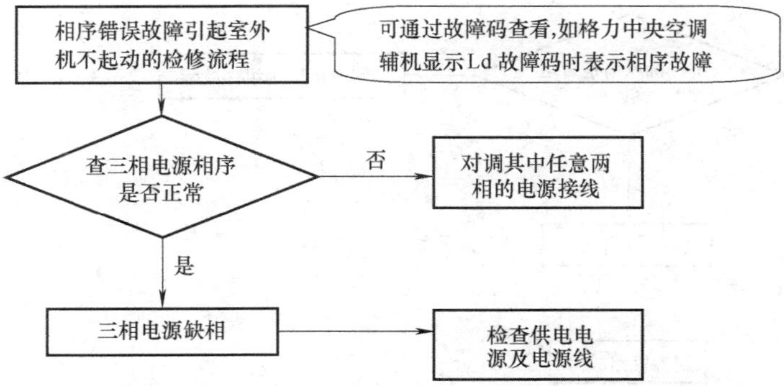

图4-21　家用中央空调室外机相序错误故障的故障检修流程图

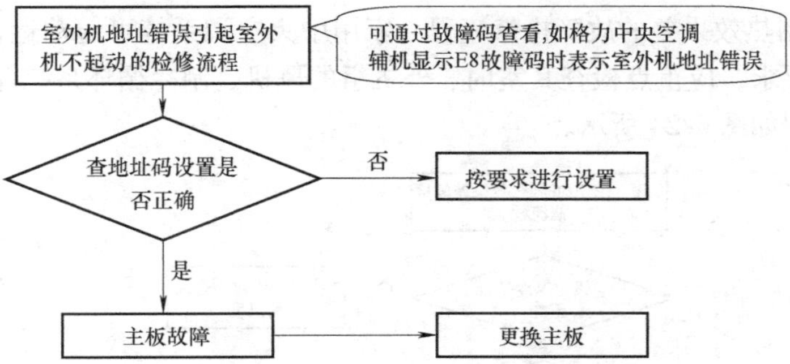

图4-22　室外机地址错误引起室外机不起动的检修流程图

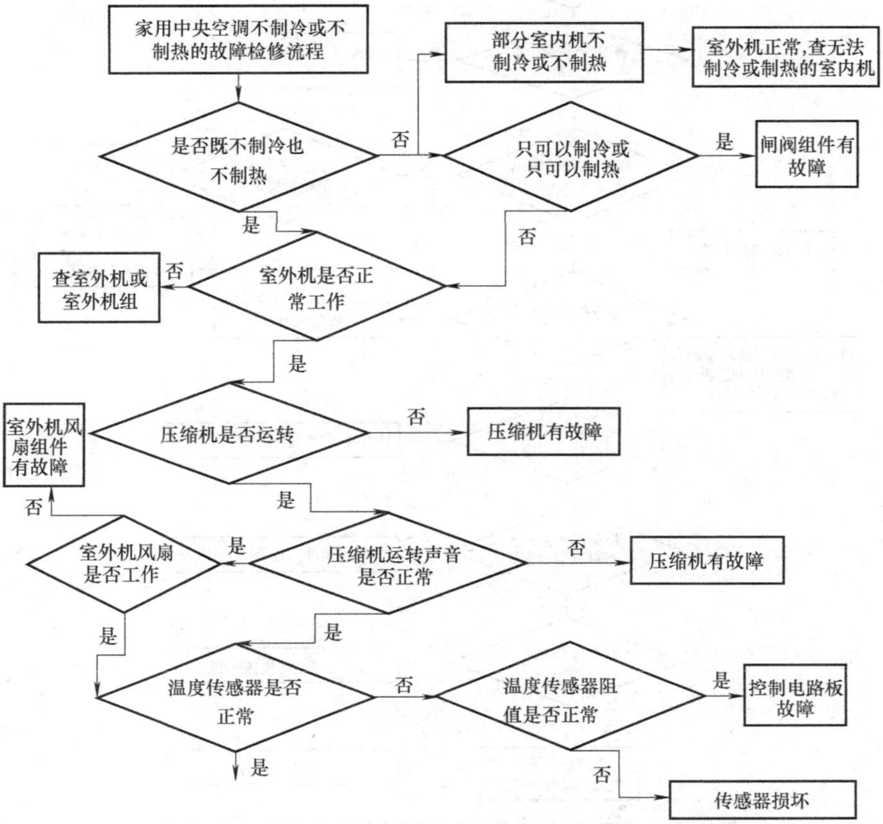

图4-23　家用中央空调不制冷或不制热的故障检修流程图

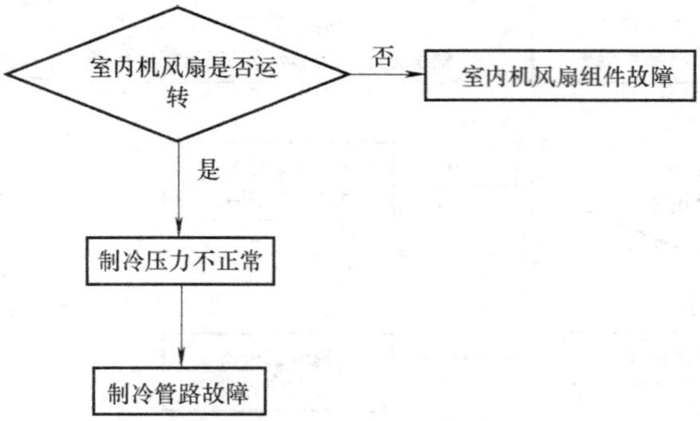

图 4-23　家用中央空调不制冷或不制热的故障检修流程图（续）

（2）制冷或制热效果差的故障检修流程　家用中央空调系统可起动运行，但制冷/制热温度达不到设定要求，应重点检查其室内、外机组的风机、制冷循环系统等是否正常，其具体的故障检修流程如图 4-24 所示。

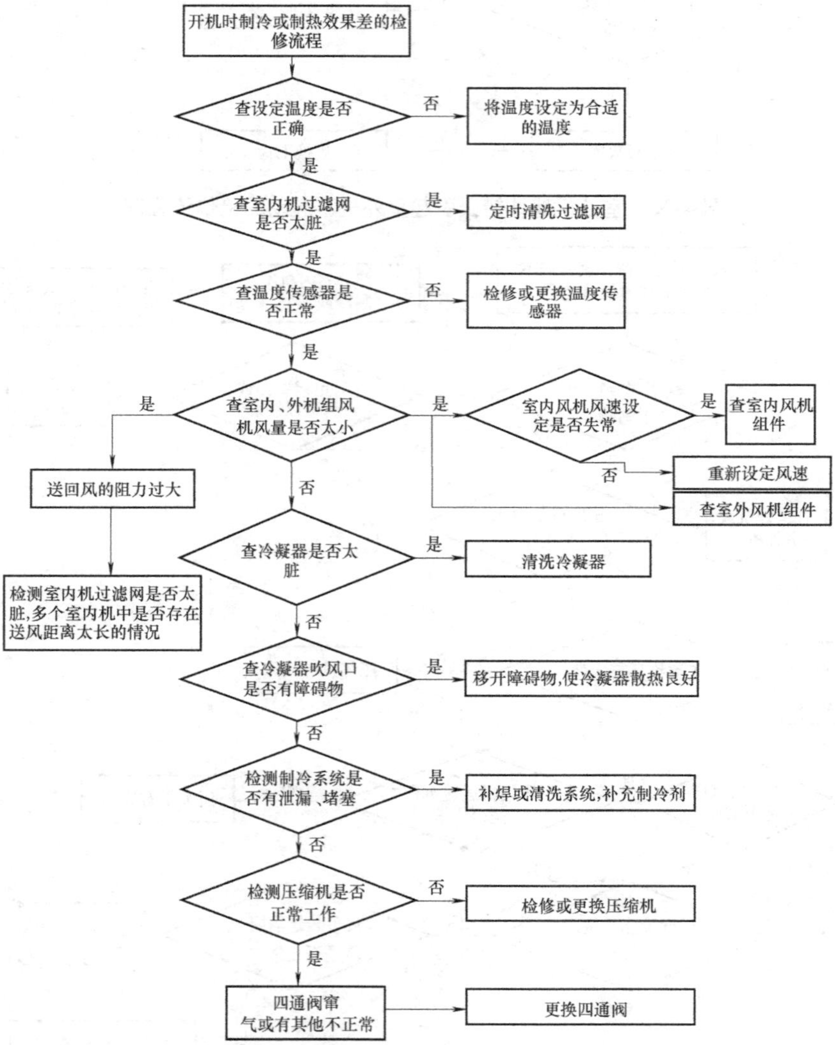

图 4-24　家用中央空调制冷或制热效果差的检修流程图

5. 家用中央空调其他常见故障的检修流程

在日常维修过程中，家用中央空调还常常出现工作中噪声过大、蒸发器结霜、室内机有冷凝水滴下、室外机增减台数后工作异常等故障。上述几种常见故障的基本检修流程如图 4-25 所示。

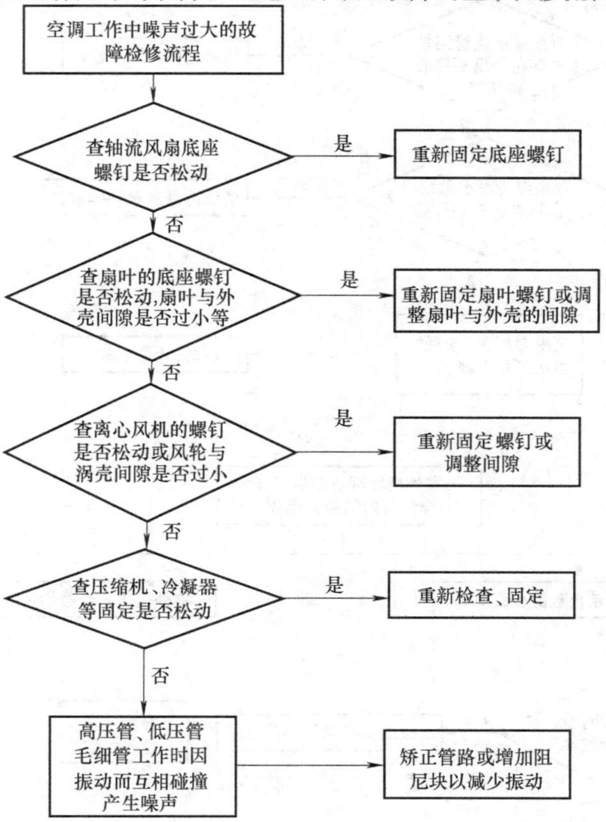

a)

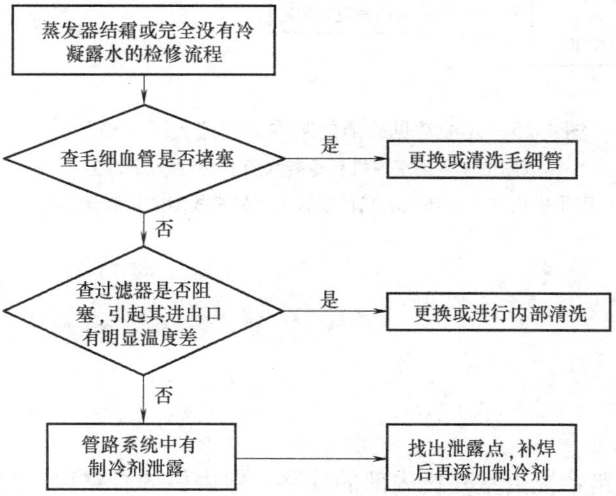

b)

图 4-25　几种常见故障的基本检修流程图

a）家用是央空调工作中噪声过大的故障检修流程图

b）家用中央空调蒸发器结霜或完全没有冷凝露水的检修流程图

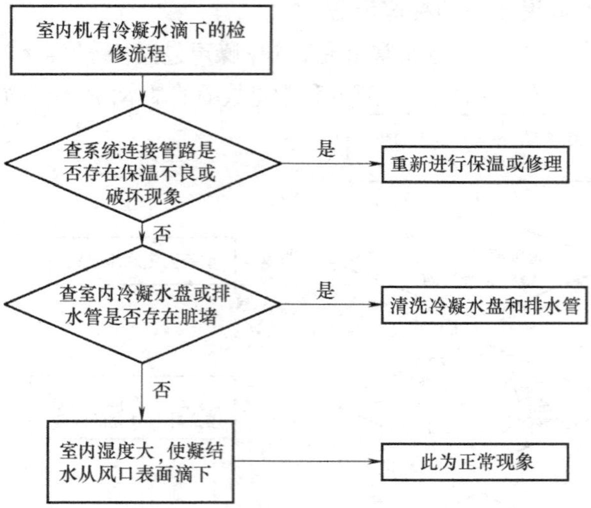

c)

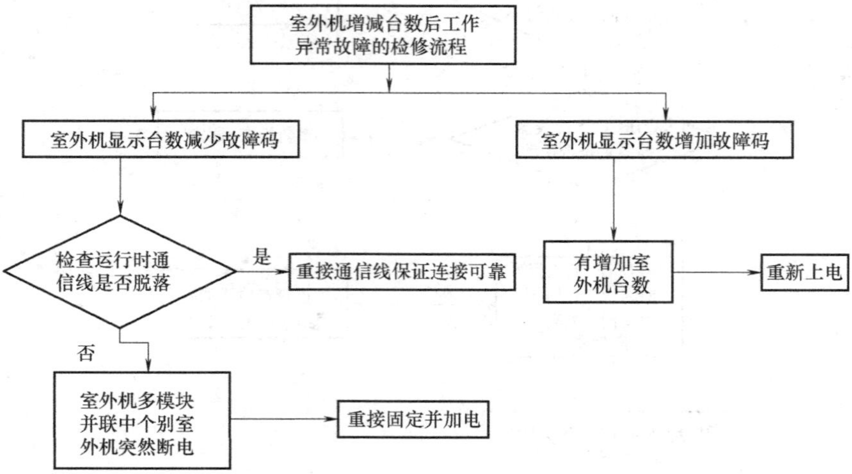

d)

图 4-25　几种常见故障的基本检修流程图（续）

c）家用中央空调室内机有冷凝水滴下的检修流程图

d）家用中央空调室外机增减台数后工作异常故障的检修流程图

课题三　家用中央空调管路系统故障的检修

相关知识

家用中央空调的管路系统由室外机内部的管路、室内机的管路以及之间的连接管路等部分组成。对管路系统的检修是维修中央空调必须掌握的操作技能。

本课题选取极具代表性的家用中央空调为样机，采用实物照片或示意图等形式，直观清晰地展示其管路系统的结构、特点，再结合管路系统中各部件的功能，详细剖析管路系统中各部件的工作原理，归纳总结管路系统的检修流程，通过对管路系统各部件或各故障的检修操作演示，系统介绍家用中央空调管路系统的故障检修方法和维修技巧。

一、家用中央空调管路系统的结构组成

家用中央空调的管路系统主要由室外机管路系统和室内机管路系统两部分构成，包括管路及管路上所连接的各种部件，它是中央空调工作时制冷剂循环流动的“通道”，如图 4-26 所示。

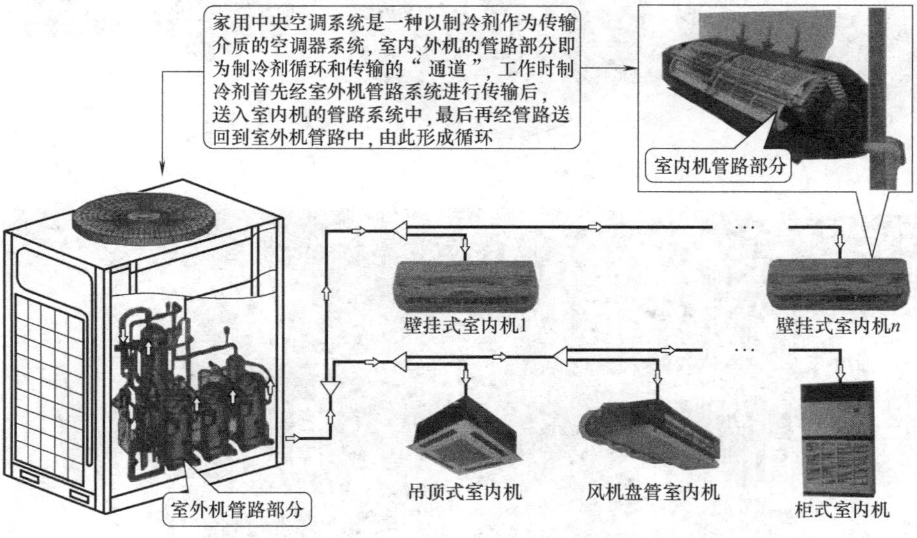

图 4-26　家用中央空调管路系统

1. 家用中央空调室外机管路系统的结构

典型家用中央空调室外机管路系统主要是由定/变频压缩机、储液罐、冷凝器、电磁四通阀、单向阀、毛细管、室外风机、干燥过滤器、电子膨胀阀、压缩机的排气管和进气管以及连接管路等构成的。图 4-27 所示为典型家用中央空调室外机管路系统的结构图。

图 4-28 所示为该典型家用中央空调室外机结构分解图，在图中可以看到其所有的组成零部件及相关细节部分，在检修时可作为重要的参考资料。

2. 家用中央空调室内机管路系统的结构

家用中央空调的室内机有壁挂式、天井式、风机盘管以及柜式等，其内部管路系统的结构和原理与普通家用分体空调室内机基本相同。图 4-29 所示为典型家用中央空调壁挂式室内机管路系统的结构图。

二、家用中央空调管路系统各主要部件的工作原理和检修方法

1. 变频压缩机的工作原理和检修方法

家用中央空调系统使用的压缩机分为定频压缩机和变频压缩机，其中定频压缩机有单转子旋转活塞式压缩机和双转子旋转活塞式压缩机，定频压缩机与普通家用空调系统所用的旋转活塞式压缩机相同，此处不再赘述。目前，家用中央空调系统普遍采用了变频涡旋式压缩机，它主要由定涡旋盘、动涡旋盘、回气管和排气管等组成，如图 4-30 所示。定涡旋盘固定在支架上，动涡旋盘由偏心轴驱动，基于圆轴心运动，图 4-31 所示为涡旋盘的实物外形。

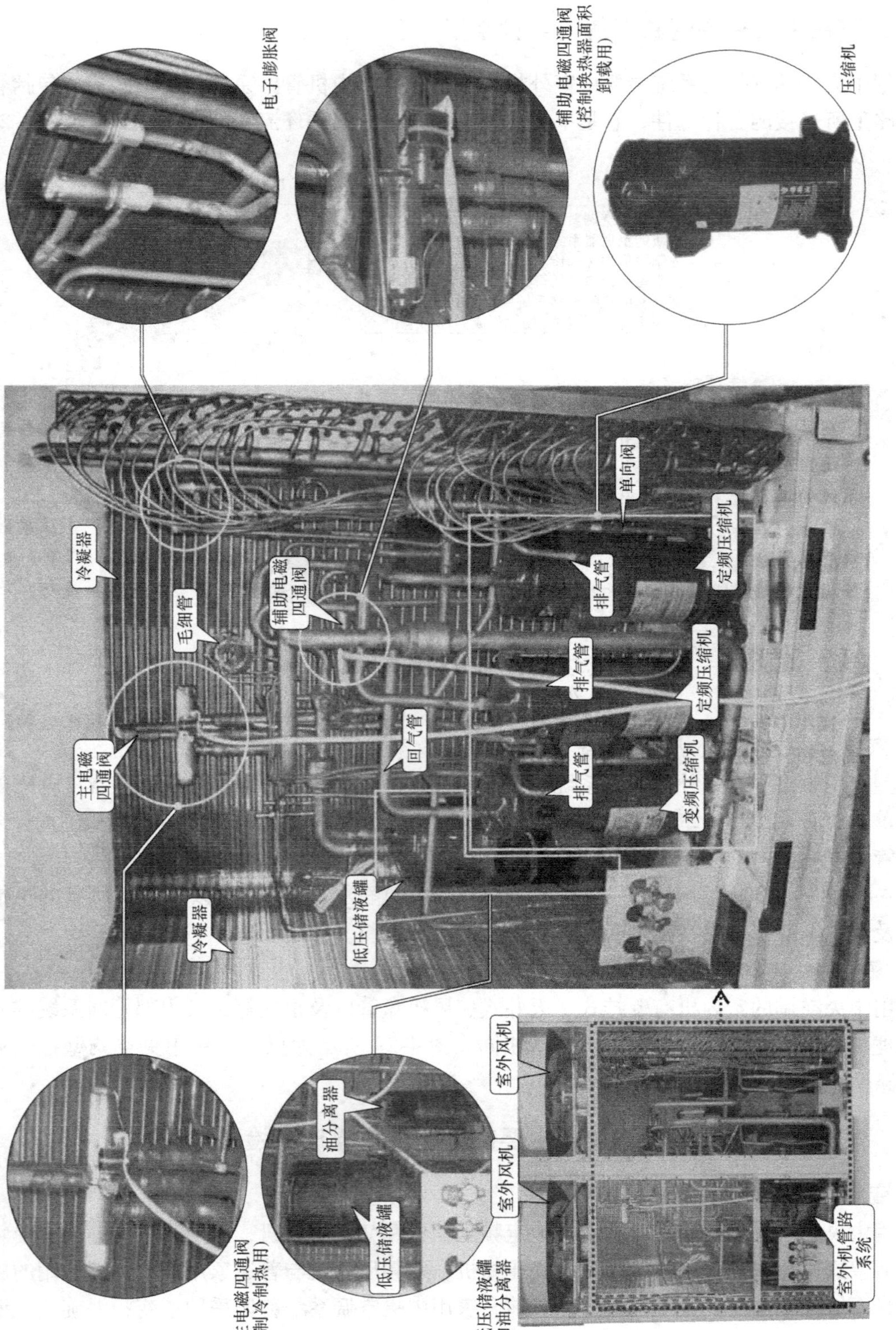

图 4-27　典型家用中央空调室外机管路系统的结构图

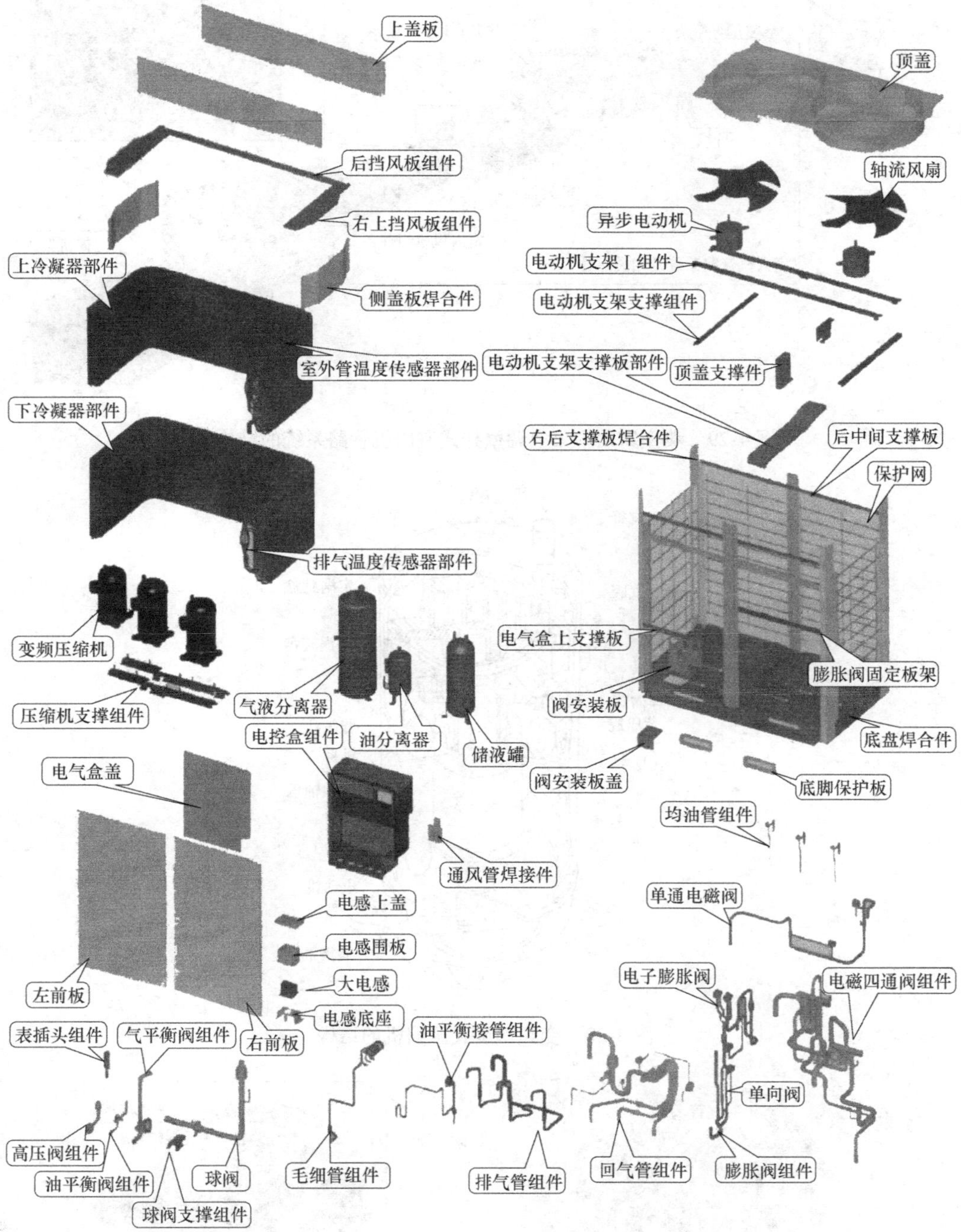

图 4-28　典型家用中央空调室外机结构分解图

（1）变频压缩机的工作原理　图 4-32 所示为变频压缩机（涡旋式压缩机）的工作原理。涡旋式压缩机的定涡旋盘作为定轴不动，动涡旋盘围绕定涡旋盘做旋转运动，对压缩机吸入的气体进行挤压。当动涡旋盘与定涡旋盘相啮合时，使内部的空间不断缩小，使气体压力不断增大，最后通过涡旋盘中心的排气管排出。

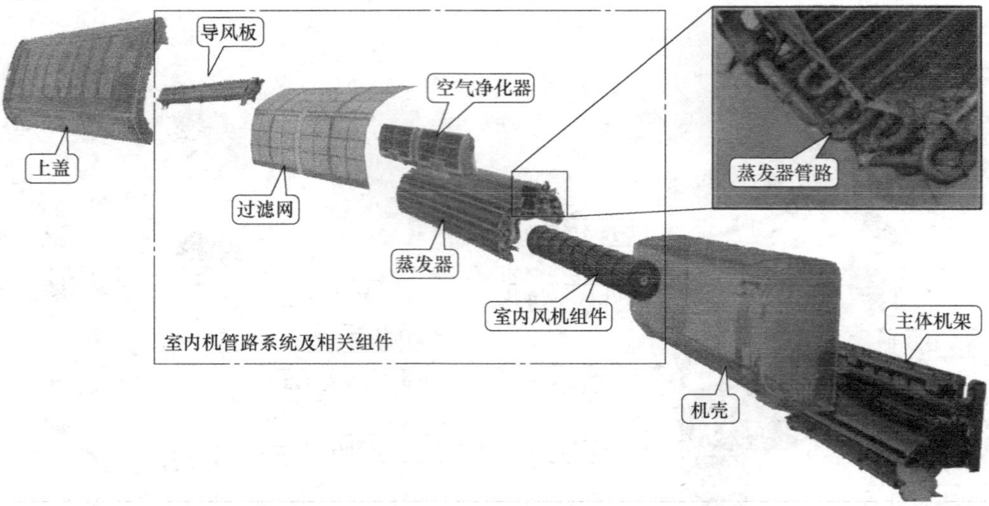

图 4-29　典型家用中央空调壁挂式室内机管路系统的结构图

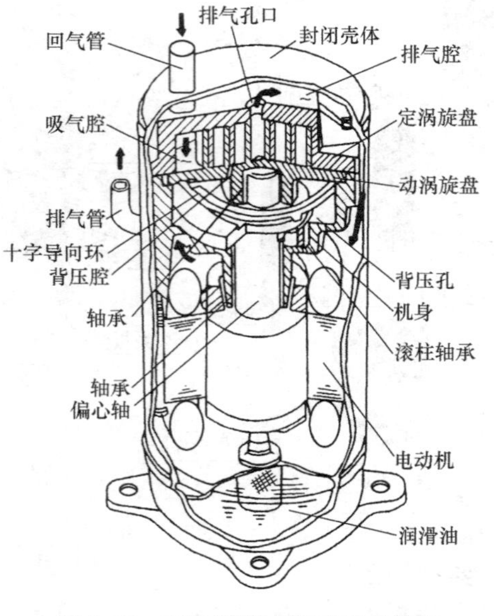

图 4-30　变频涡旋式压缩机的结构

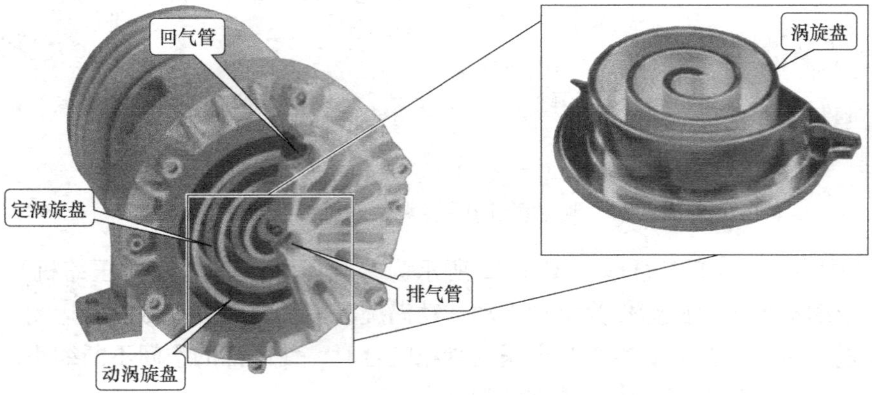

图 4-31　变频涡旋式压缩机涡旋盘的实物外形

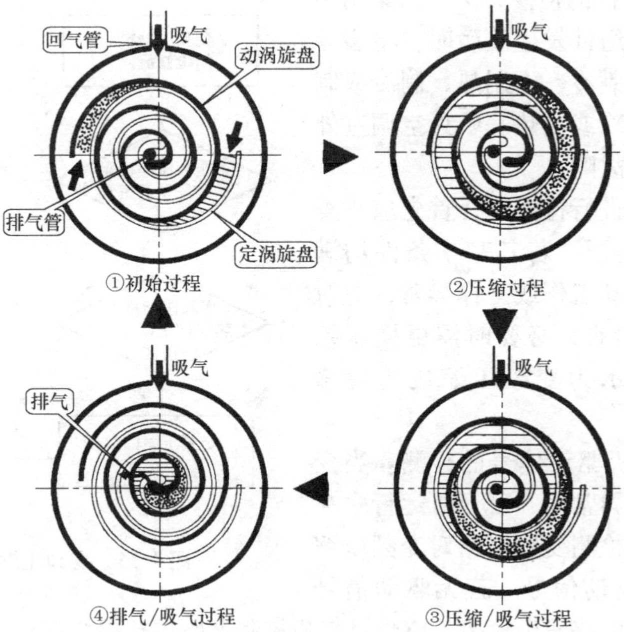

图 4-32　变频涡旋式压缩机的工作原理

变频压缩机大都采用直流无刷电动机，电动机驱动采用变频方式，需要专门的控制电路，即功率模块。它可以将直流电源逆变成驱动电动机旋转的交流电，从而驱动电动机旋转，并实现对转速的控制。直流无刷电动机的定子绕组被制成 3 个线圈，由模块电路按顺序为定子绕组供电，使之形成旋转磁场。在直流无刷电动机的定子上装有霍尔元件，用以检测转子磁极的旋转位置，为驱动电路提供参考信号，并将该信号送入智能控制电路中。转子是由永磁体构成的，这样在起动和驱动时，驱动电流的相位必定与转子磁极保持一定的相位关系，再由功率模块中的 6 个晶体管进行控制，按特定的规律和频率转换，实现电动机速度的控制。如图 4-33 所示为变频压缩机的驱动原理图。

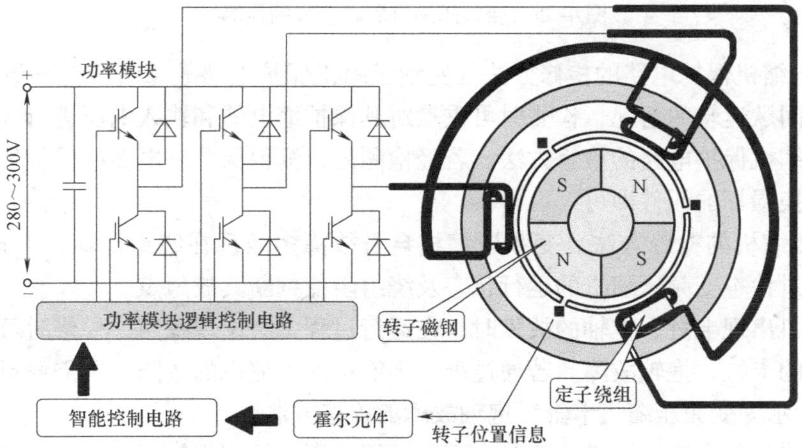

图 4-33　变频压缩机的驱动原理图

（2）变频压缩机的检修方法　当家用中央空调变频压缩机组件发生故障时，将会导致空调系统出现不制冷、不制热、制冷或制热效果差、间歇制冷或制热、中央空调室外机进入保护状态等故障。

对变频压缩机进行检修时，首先应排查其工作条件异常情况，若其基本条件均满足，压缩机仍不起动工作或工作异常，应对压缩机本身进行检查，必要时需更换压缩机。如图 4-34 所示为变频压缩机的检修流程。

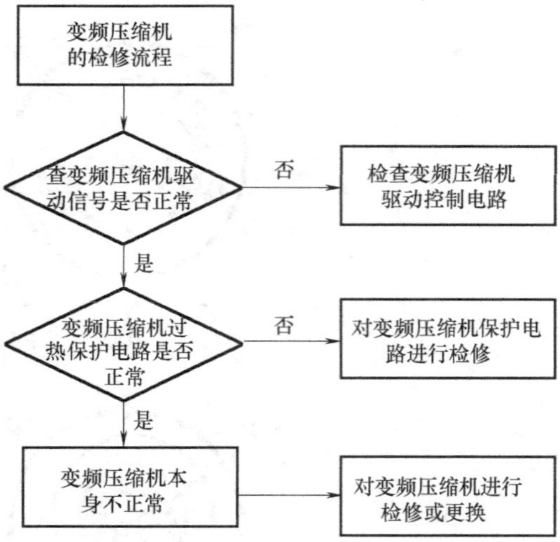

图 4-34　变频压缩机的检修流程

1）变频压缩机驱动信号的检测。当变频压缩机控制电路异常时，可开机运行中央空调，使用示波器检测变频电路对变频压缩机接线端传输的驱动信号。若无驱动信号时，说明变频控制电路发生故障，应当对变频控制电路进行检修或更换，如图 4-35 所示。

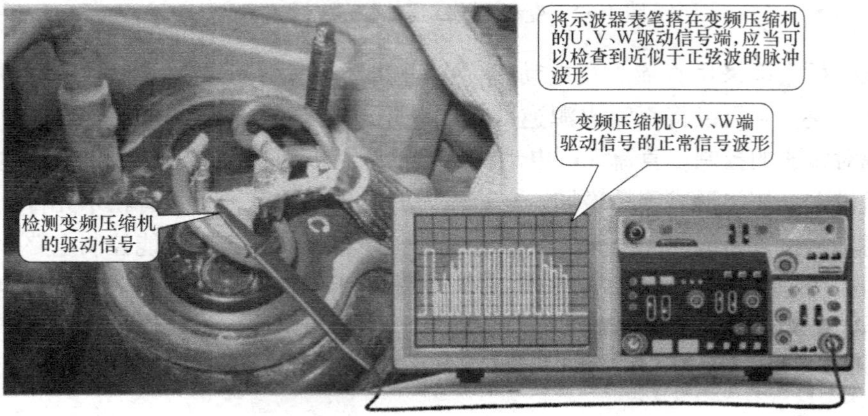

图 4-35　变频压缩机驱动信号的检测

2）变频压缩机保护电路的检修方法。变频压缩机保护电路故障时，会导致变频压缩机出现不起动和间歇运转的情况，检测时可重点对其保护继电器和输入电压进行检测。图4-36 所示为变频压缩机保护电路的检修方法。若经检测后，测得保护继电器或保护控制电路发生故障，只需更换损坏的元件即可。

3）变频压缩机的检修方法。变频压缩机自身故障多表现在绕组烧坏、卡缸、抱轴等。检修时，可通过检查变频压缩机的运行状态及绕组阻值判断其故障点。

变频压缩机出现卡缸、抱轴的故障时，在运行过程中会出现噪声，检修时可使用敲击的方式排除轻微的卡缸、抱轴故障。若通过敲击不能排除压缩机的故障，则需要更换变频压缩机。图 4-37 所示为变频压缩机卡缸、抱轴故障的检修方法。

当无法直接判断变频压缩机故障时，可采用用万用表检测变频压缩机电动机绕组间阻值的方法进行判断。根据变频压缩机所采用的直流无刷电动机的特点可知，直流无刷电动机的

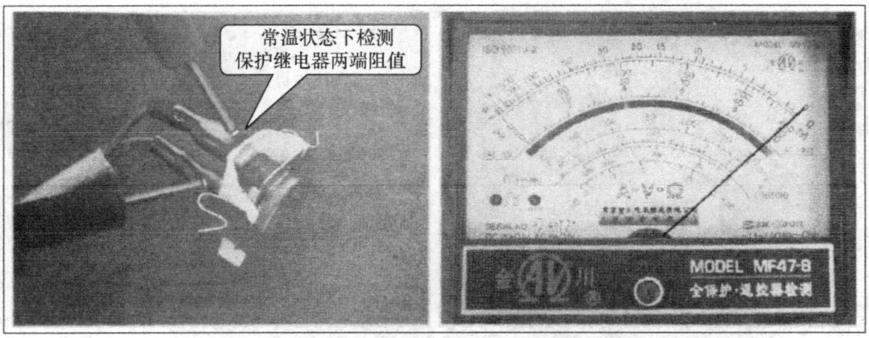

a)

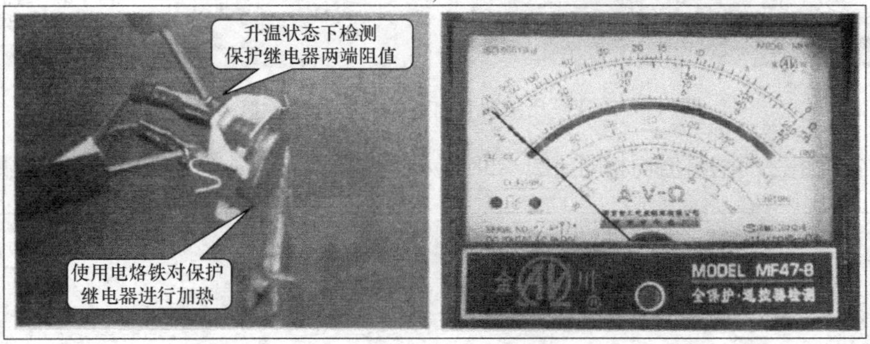

b)

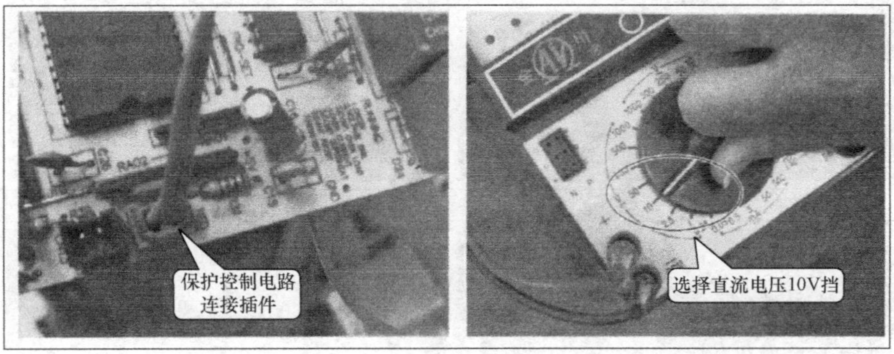

c)

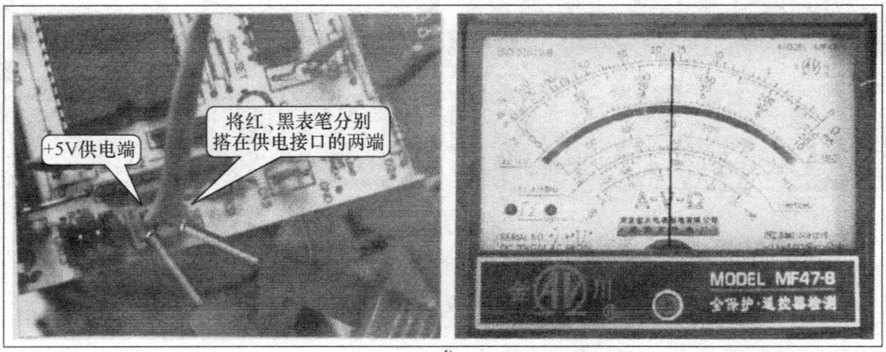

d)

图 4-36　变频压缩机保护电路的检修方法

a）检测常温状态下保护继电器的阻值，应为0Ω　b）检测加温状态下保护继电器的阻值，应为无穷大

c）当保护继电器正常时，应当检查保护控制电路的供电电压，将万用表调至 DC 10V 挡

d）将红表笔搭在连接插件的供电端，黑表笔搭在连接插件的接地端，检测到直流 5V 电压

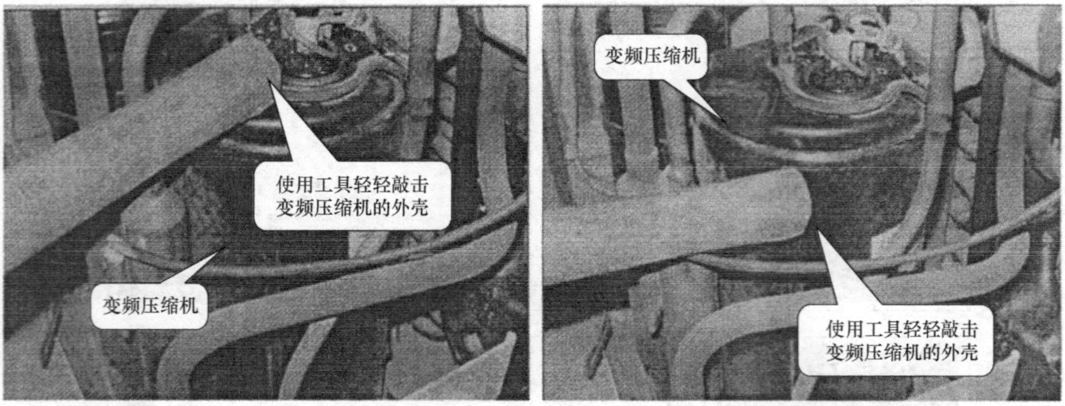

图 4-37　变频压缩机卡缸、抱轴故障的检修方法

三相绕组中各绕组之间的阻值均相同。图 4-38 所示为变频压缩机电动机绕组阻值的检测方法。

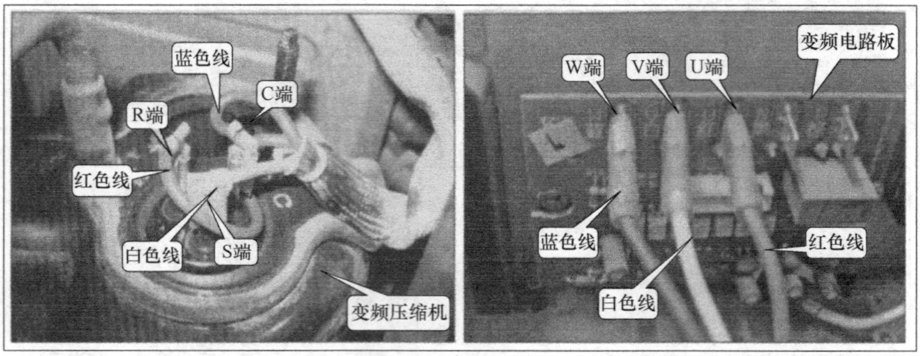

a)

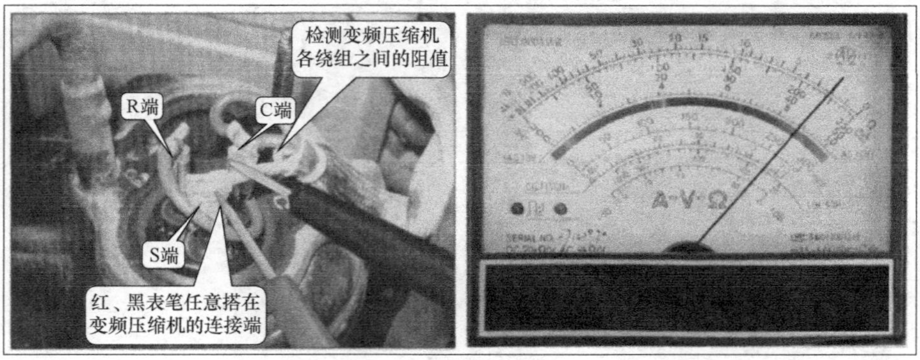

b)

图 4-38　变频压缩机电动机绕组阻值的检测方法

a）确定变频压缩机的绕组　b）分别检测两两绕组之间的阻值

2. 冷凝器和蒸发器的工作原理和检修方法

家用中央空调的冷凝器位于室外机中，蒸发器位于室内机中，它们都是实现热交换的重要部件。冷凝器与蒸发器的结构相似，同样是由管路与翅片组合而成。家用中央空调冷凝器与蒸发器的结构和工作原理与普通家用空调的冷凝器与蒸发器完全相同。图 4-39所示为家用中央空调冷凝器的结构，图 4-40 所示为家用中央空调蒸发器的结构。

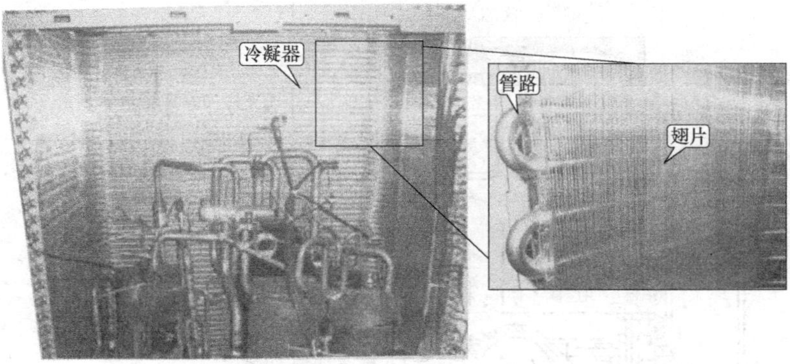

图 4-39　家用中央空调冷凝器的结构

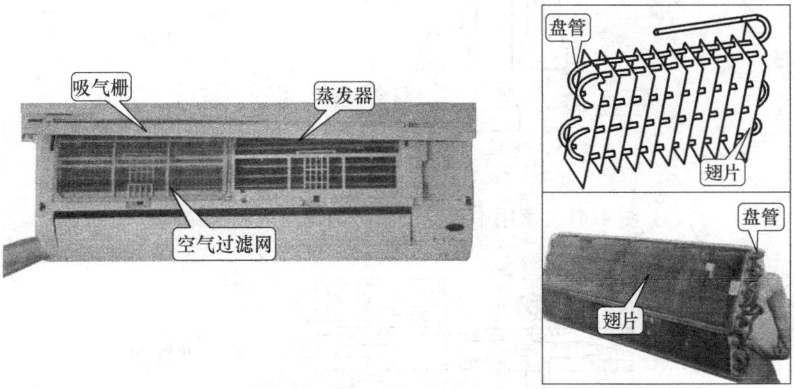

图 4-40　家用中央空调蒸发器的结构

家用中央空调冷凝器故障与蒸发器发生的故障相似。当冷凝器和蒸发器的灰尘过多或过脏时，会引起制冷或制热循环不良，导致制冷或制热效果差，可以通过定期清洗来改善制冷或制热不良的情况。

若外力导致冷凝器和蒸发器的翅片变形或管路损坏，一般情况下无法对其进行修复，应采用对冷凝器整体进行更换的方法排除故障。

3. 电磁四通阀的工作原理和检修方法

电磁四通阀是一种用于控制制冷剂流向的元件，一般安装在中央空调室外机的压缩机附近，可以通过改变压缩机送出的制冷剂的流向来改变空调系统的制冷和制热状态。图 4-41 所示为电磁四通阀的内部结构，家用中央空调电磁四通阀的结构和工作原理与普通家用空调器的电磁四通阀基本相同。

（1）电磁四通阀的工作原理　电磁四通阀在工作时，由中央空调主控电路部分进行控制。当电磁四通阀中的电磁导向阀接收到控制信号后，驱动电磁线圈牵引衔铁运动，电磁铁带动阀芯动作，从而改变毛细管的导通位置。而毛细管的导通可以改变管路中的压力，当压力发生改变时，四通换向阀中的活塞带动滑块动作，实现换向工作。图 4-42 所示为电磁四通阀由制冷转换为制热状态的工作原理。

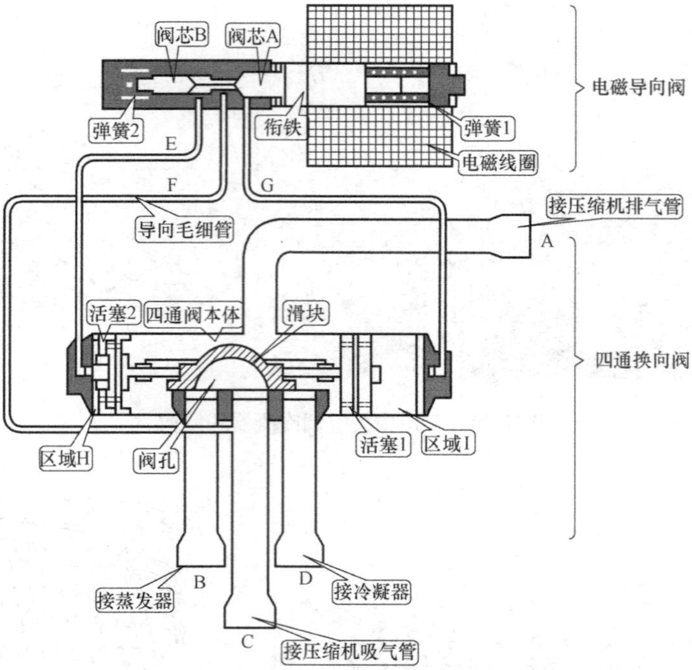

图 4-41　家用中央空调电磁四通阀的内部结构

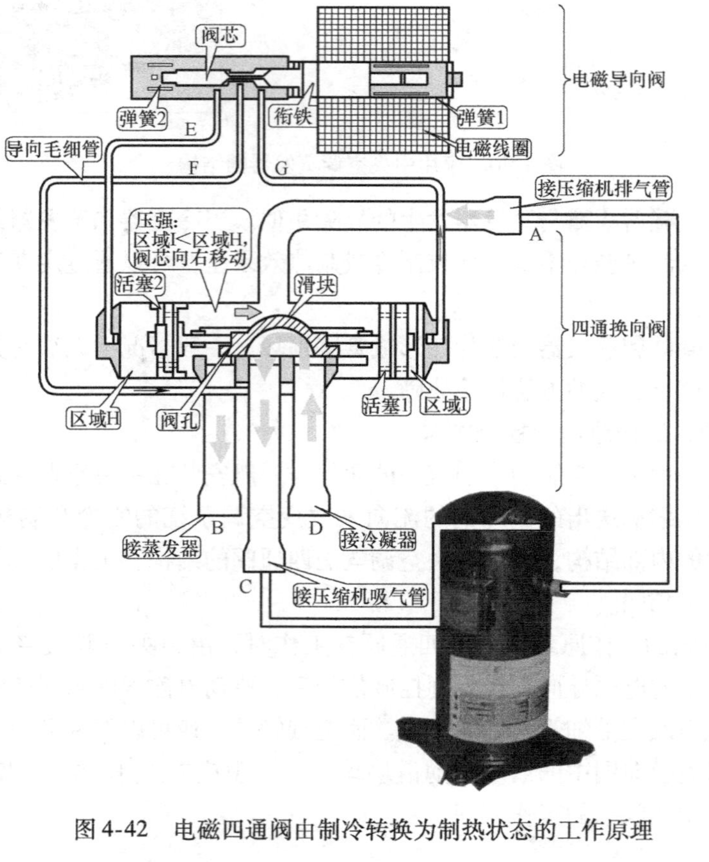

图 4-42　电磁四通阀由制冷转换为制热状态的工作原理

（2）电磁四通阀的检修方法　家用中央空调系统中的电磁四通阀是由电磁导向阀和四通换向阀构成的，主要用来控制制冷管路中制冷剂的流向，实现制冷、制热时制冷剂的循环。家用中央空调中电磁四通阀常出现的故障有线圈断路、线圈短路、无控制信号、控制失灵、内部堵塞、换向阀块不动作、窜气以及泄漏等。图 4-43 所示为家用中央空调中电磁四通阀的检修流程。

1）电磁四通阀管路泄漏的检修方法。当电磁阀连接管路泄漏时，通常会导致电磁四通阀无动作。通常可以采用电焊进行补焊的方式对连接管路重新进行焊接即可。

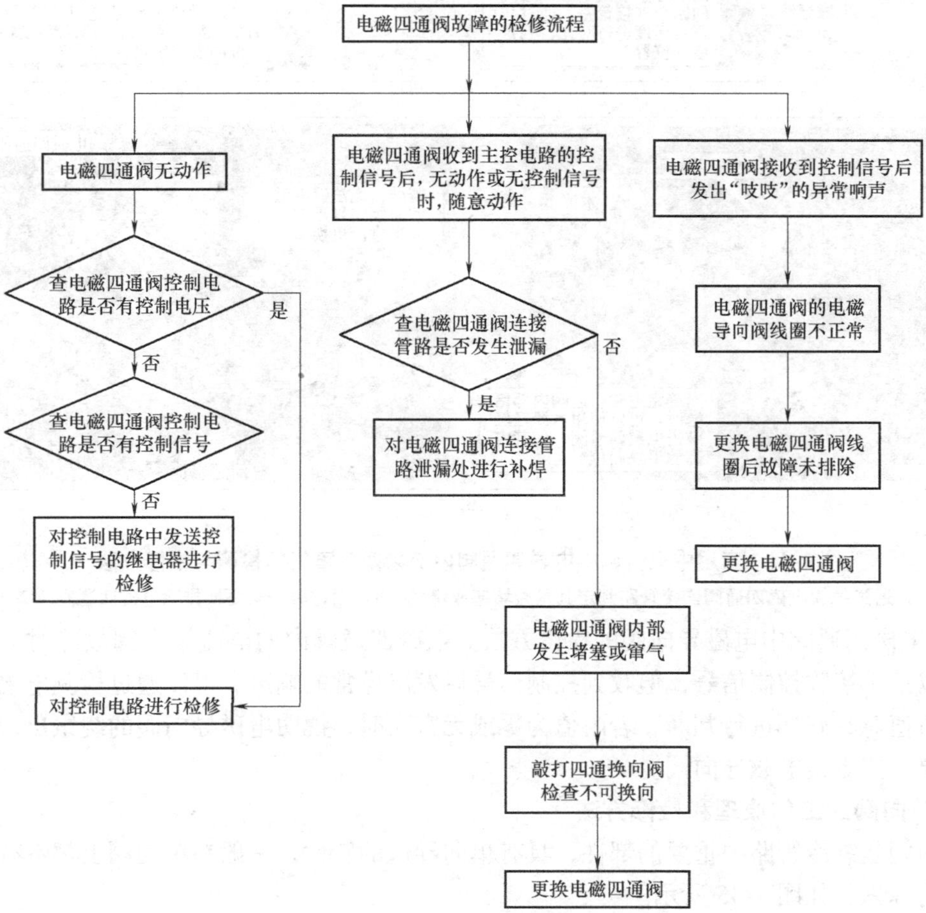

图 4-43　家用中央空调中电磁四通阀的检修流程图

2）电磁四通阀内部堵塞或窜气的检修方法。电磁四通阀内部发生堵塞或窜气时，常会导致电磁四通阀在没有接收到自动换向的指令时自行进行换向动作或接收到换向指令后电磁四通阀内部无动作的故障。图 4-44 所示为家用中央空调中电磁四通阀内部堵塞与窜气的检测与维修方法。发生电磁四通阀内部堵塞或窜气，必须更换电磁四通阀。

3）电磁四通阀控制电路的检修方法。电磁四通阀控制电路故障时，电磁四通阀将无法接收到供电电压以及控制信号，所以应对电磁四通阀供电电压进行检测。若无正常供电电压，说明控制电路故障，还应检查控制电路中发送电磁四通阀控制信号的继电器是否正常。若其出现故障，则电磁四通阀无起动信号，无法动作，可更换控制电路中损坏的元器件。

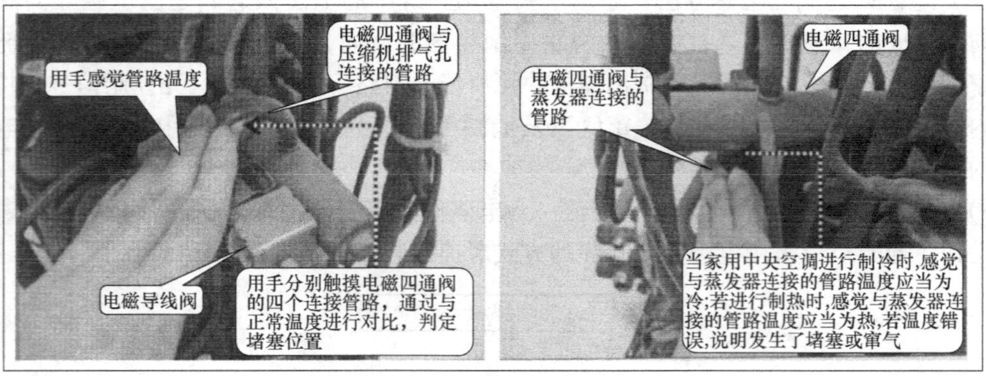

a)

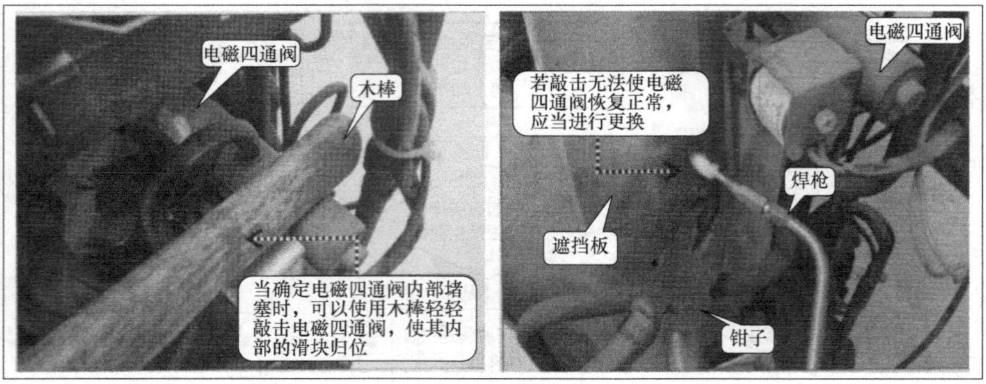

b)

图 4-44　家用中央空调中电磁四通阀内部堵塞与窜气的检测与维修方法

a）通过触摸电磁四通阀连接管路判定其是否堵塞或窜气　b）通过敲击与更换排除电磁四通阀故障

4）电磁四通阀中电磁导向阀的检修方法。电磁四通阀内的电磁导向阀故障时，电磁四通阀可以正常接收控制信号，但收到控制信号后发出异常的响声。可以通过检测电磁导向阀的绕组阻值对其好坏进行判断，若阻值为零或无穷大时，说明电磁导向阀的绕组出现短路或断路现象，应更换电磁导向阀。

4. 单向阀的工作原理和检修方法

单向阀是制冷管路中重要的部件，具有单向导通的特性，一般在单向阀上都带有阀门导通的方向标识，如图 4-45 所示。

单向阀根据其内部结构可以分为针形单向阀和球形单向阀，如图 4-46 所示。针形单向阀主要由尼龙阀针、阀座、限位环以及外壳组成，球形单向阀主要由钢珠、限位环、阀座及外壳组成。

（1）单向阀的工作原理　单向阀的主要作用是防止旋转式压缩机在停机时，其内部大量的高温、高压蒸气倒流向蒸发器，使蒸发器升温，从而导致制冷效率降低。在压缩机回气管路中接入单向阀，可使压缩机停转时制冷系统内部高、低压迅速平衡，以便再次起动。

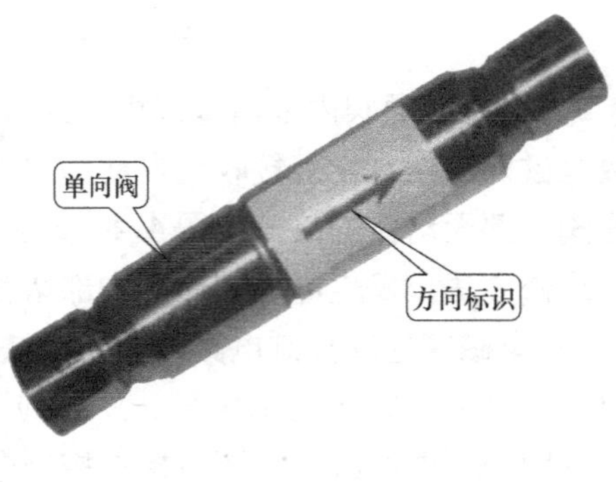

图 4-45　单向阀

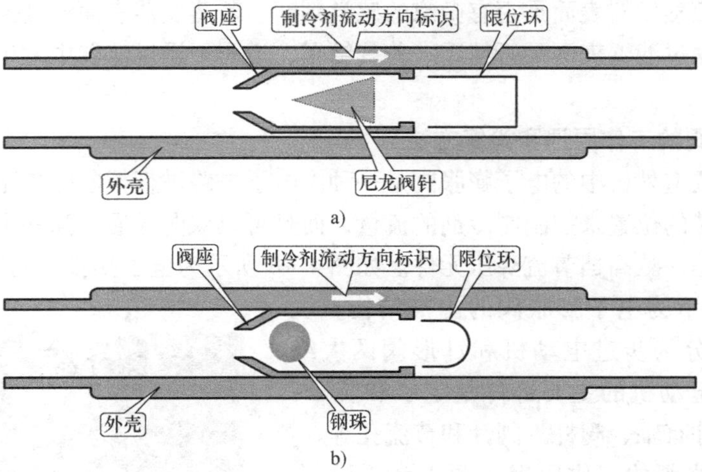

图 4-46　两种单向阀的内部结构

a）针形单向阀的内部结构　b）球形单向阀的内部结构

（2）单向阀的检修方法　单向阀常见的故障主要为阀体内部堵塞、不动作或阀体连接处发生泄漏等。单向阀故障将会导致家用中央空调系统制冷制热效果差、无法进行制冷或制热等，必须及时更换。

5. 毛细管的工作原理和检修方法

毛细管的主要作用为节流降压。由于家用中央空调中的管路负载较大，一般需要使用多个毛细管达到节流降压的目的。当毛细管发生堵塞、断裂、漏气时，必须予以更换。更换时需要注意，对毛细管的选用是比较重要的，应当选择与原有毛细管的长度和粗细一致，而且流量相同的毛细管进行替换。

6. 干燥过滤器的工作原理和检修方法

家用中央空调的干燥过滤器一般安装于冷凝器与毛细管或电子膨胀阀之间。在家用中央空调中常见的干燥过滤器有单入口干燥过滤器与双入口干燥过滤器。干燥过滤器主要用于吸收管路中多余的水分，防止管路产生冰堵，并减少水分对管路系统的腐蚀；还可以对管路中的杂质进行过滤，防止出现脏堵现象。

图 4-47 所示为家用中央空调干燥过滤器的检修流程。当家用中央空调干燥过滤器故障

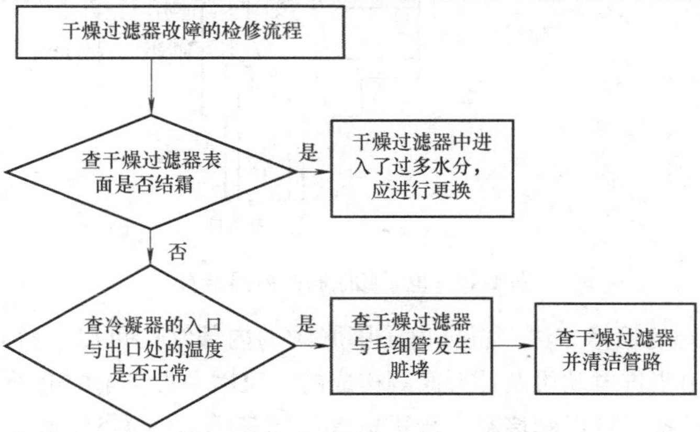

图 4-47　家用中央空调干燥过滤器的检修流程图

时，可以通过触摸蒸发器表面是否有微凉的感觉判断。若蒸发器表面温度偏高，制冷效果下降，应当查看干燥过滤器表面是否结霜。若其结霜，说明干燥过滤器中发生堵塞，应当进行更换。

7. 电子膨胀阀的工作原理和检修方法

家用中央空调室外机中的电子膨胀阀是一种由电子电路进行控制的膨胀阀，它可以通过电子信号控制阀芯的位置来控制制冷剂的流量，而且可以双向导通，弥补了毛细管节流量不能调整的缺点，是一款高档节流降压元件。如图 4-48 所示为电子膨胀阀的实物。

如图 4-49 所示为电子膨胀阀的内部结构，从功能上大体可以分为步进电动机和针形阀两大组件。其中，步进电动机的主要部件是定子和转子，针形阀的主要部件有轴、阀杆、阀针和节流孔等。

图 4-48　电子膨胀阀的实物

(1) 电子膨胀阀的工作原理　图 4-50 所示为电子膨胀阀的工作原理。家用中央空调工作时，电子膨胀阀接收到微处理器的控制信号后，驱动内部的步进电动机运转，使阀杆带动阀针升降，最终使电子膨胀阀根据家用中央空调系统中负荷的大小自动控制制冷剂的流量，以达到精确的温度控制和最佳的节能效果。

微处理器根据蒸发器的出口温度控制电子膨胀阀内的步进电动机运转。当步进电动机正转时，轴带动阀杆和阀针向上移动，从而使节流孔变大，使制冷剂的流量增大；当步进电动机接收到控制信号反转时，轴带动阀杆和阀针向下移动，节流孔变小，使制冷剂的流量变小。

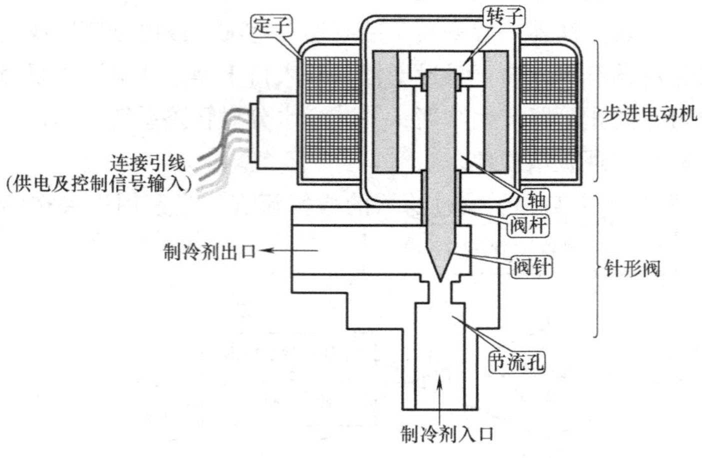

图 4-49　电子膨胀阀的内部结构

(2) 电子膨胀阀的检修方法　根据电子膨胀阀的内部结构可以了解到，家用中央空调中的电子膨胀阀是由步进电动机及针形阀等构成的。家用中央空调中电子膨胀阀常出现的故障有连接引线相序反接、针形阀堵塞、步进电动机损坏等。图 4-51 所示为家用中央空调中电子膨胀阀的检修流程。

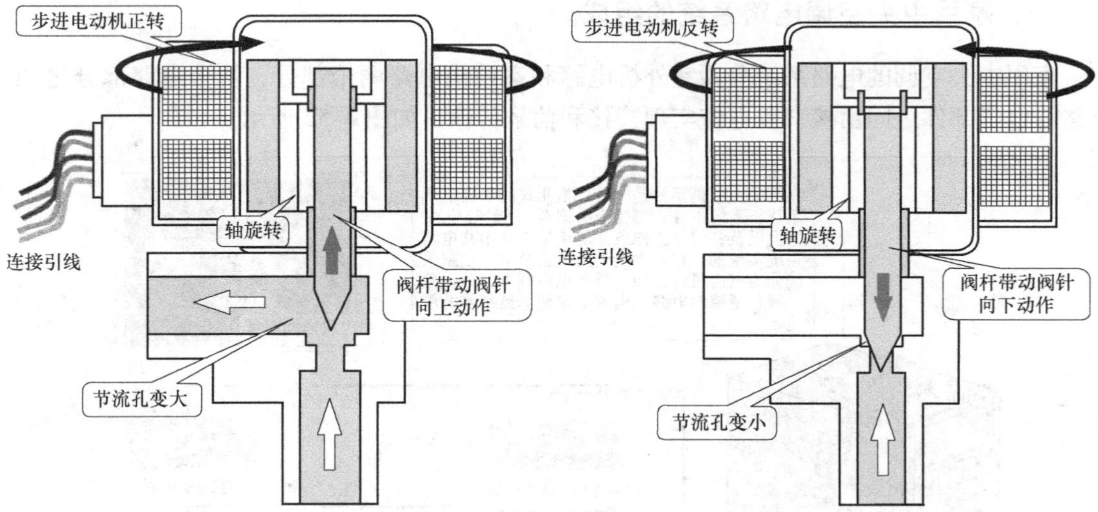

图 4-50　电子膨胀阀的工作原理

当家用中央空调电子膨胀阀堵塞或内部步进电动机故障时，通常采用更换相同型号电子膨胀阀的方法来排除故障。

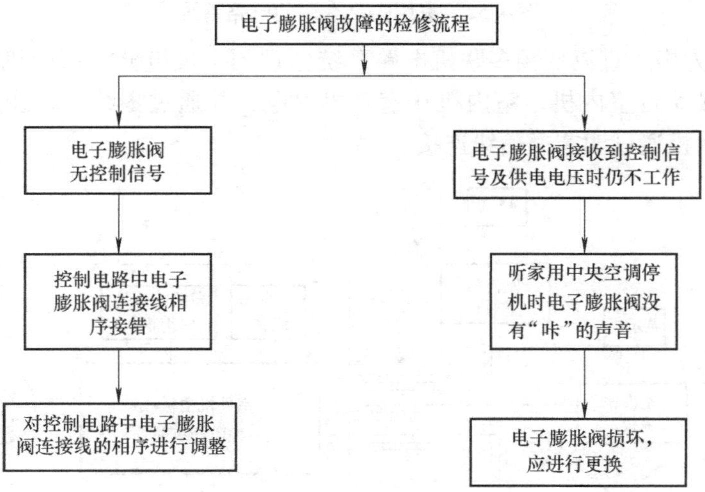

图 4-51　家用中央空调中电子膨胀阀的检修流程图

课题四　家用中央空调电路系统故障的检修

相关知识

家用中央空调的电路系统分为室内机电路系统和室外机电路系统，比普通家用空调器的电路更为复杂，电路控制精度要求更高。掌握家用中央空调电路系统维修方法，是维修家用中央空调的基础。

一、家用中央空调电路系统的组成

家用中央空调的电路系统分为室外机电路和室内机电路两个部分，两个电路部分之间、电路与电气部件之间由接口及电缆实现连接和信号传输，如图4-52所示。

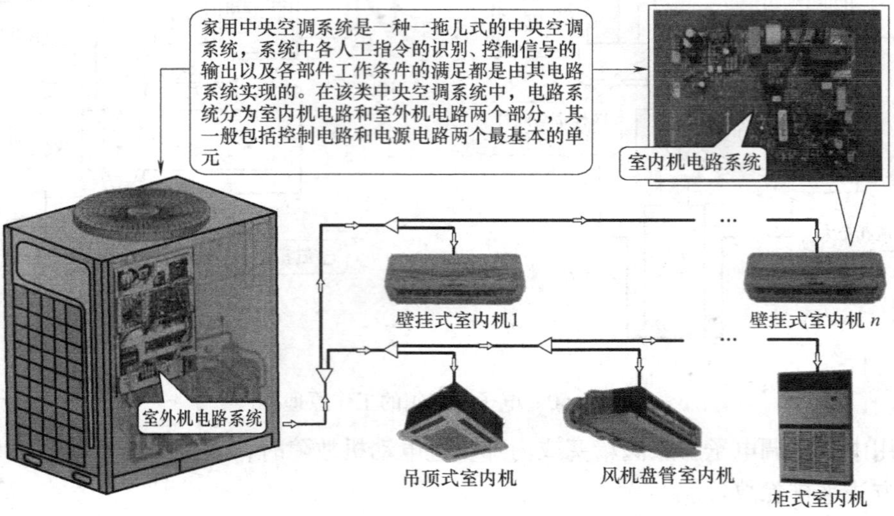

图4-52　家用中央空调的电路系统

图4-53所示为格力直流变频多联机电路系统原理图。机组分为室内机和室外机，一台室外机最多可连接5台室内机，室内机从室外机取电，并通过零线、相线及通信线单线通信，室内机与显示板通过四芯通信线连接。

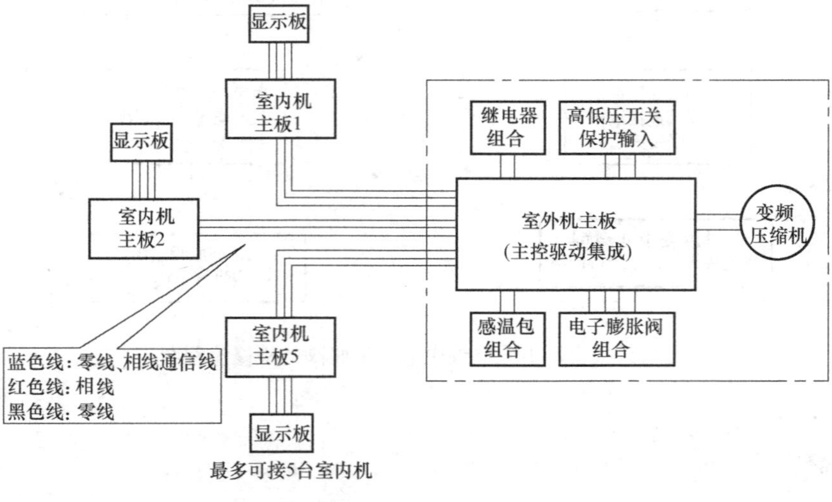

图4-53　格力直流变频多联机电路系统原理图

1. 家用中央空调室内机电路系统的组成

家用中央空调室内机有多种类型，不同类型室内机的电路系统的安装位置和组成有所不同，但基本都是由主电路板和操作显示电路板两块电路板组成的，其中主电路板为室内机电路系统的核心。

图4-54所示为典型家用中央空调室内机主电路板的实物外形及组成。

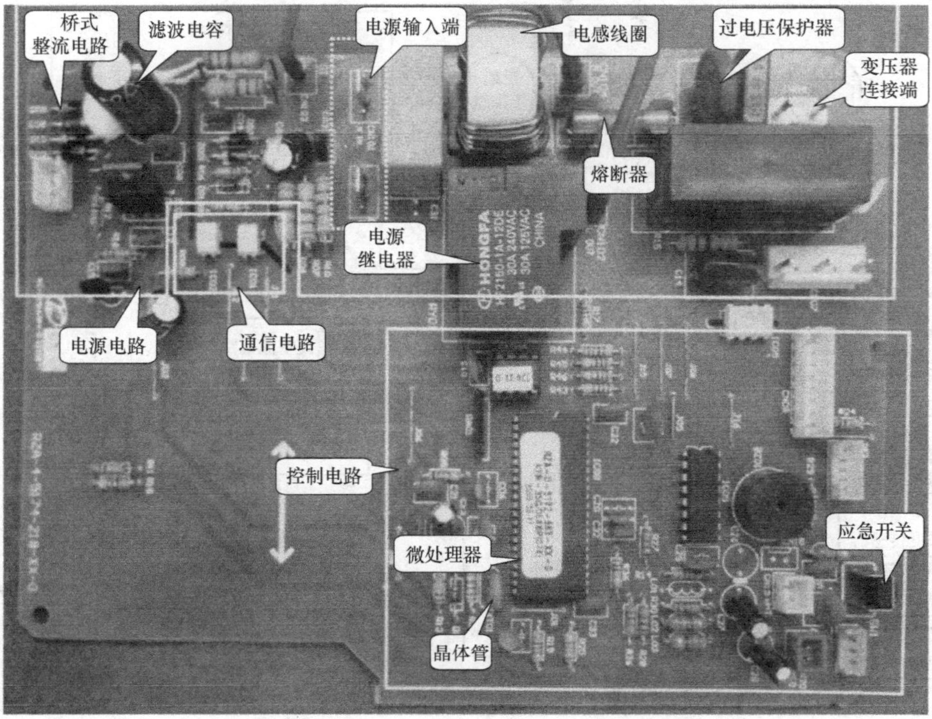

图4-54　典型家用中央空调室内机主电路板的实物外形及组成

2. 家用中央空调室外机电路系统的组成

家用中央空调室外机电路系统一般安装在室外机内，打开前面板后即可看到。图4-55所示为格力GMV-Pd120W/NaFB-N1直流变频多联机家用中央空调室外机电路板的正面图。

家用中央空调室外机的电路系统主要是由主控电路、变频电路、防雷击电路、整流滤波电路、接触器及三相电源输入接线座等组成的。其中，主控电路和变频电路为室外机电路系统的核心电路部分。

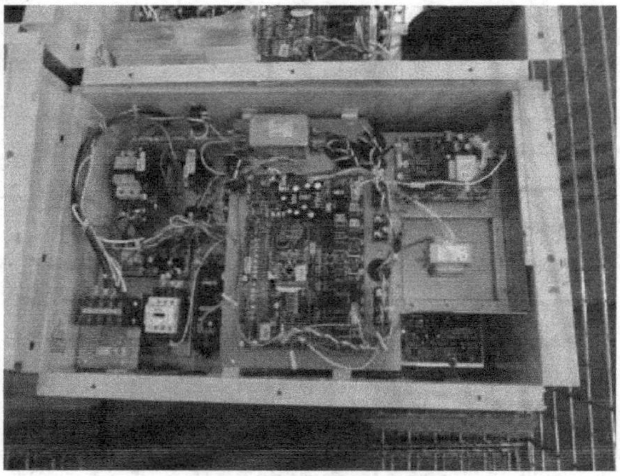

图4-55　格力GMV-Pd120W/NaFB-N1直流变频多联机家用中央空调室外机电路板的正面图

二、家用中央空调电路系统的工作原理

家用中央空调室内机与室外机电路系统配合工作，控制相关电气部件的工作状态，并以此控制整个中央空调系统实现制冷、制热等功能。

如图4-56所示为家用中央空调电路系统的工作原理方框图，由图可以看到，室外机电路系统除与多个室内机电路系统相关联外，还控制变频压缩机、定频压缩机、四通阀、电子膨胀阀、温度传感器等电气部件的工作。

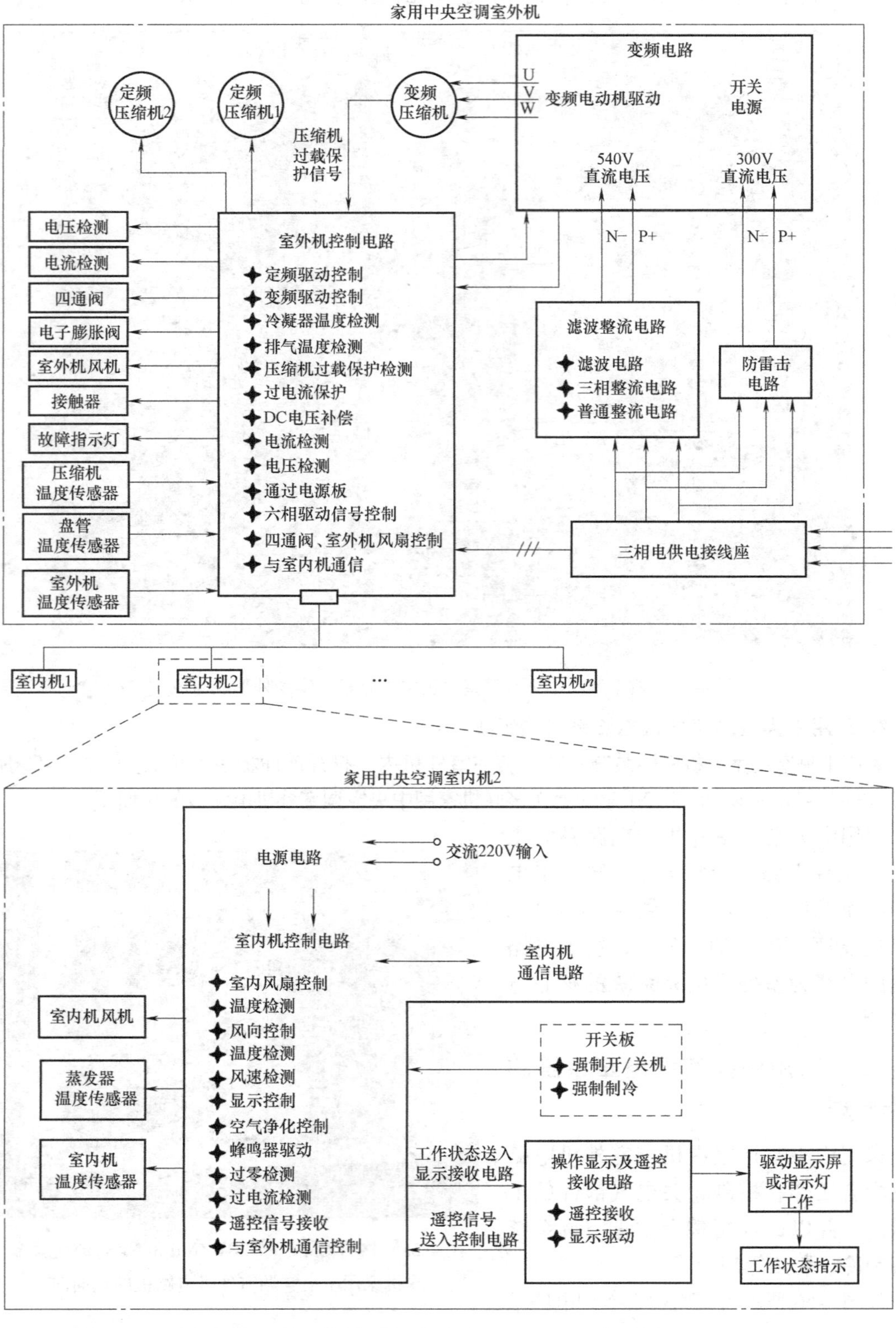

图 4-56 家用中央空调电路系统的工作原理方框图

空调器通电后，室内机的控制电路输出控制信号，经通信电路将控制信号送入室外机主控电路中，室外机主控电路中的控制芯片接收由室内机传输的控制信号和温度传感器传输的温度信号等，对其进行识别和处理后发出控制指令，即风扇电动机的转速控制信号、变频电路的驱动控制信号、四通电磁阀的切换信号、电子膨胀阀制冷剂流量控制信号、接触器线圈得电信号、各种安全保护监控信号、用于故障诊断的显示信号以及控制室内机除霜的串行信号等，控制室外机的各个部件工作。

另外，室外机控制芯片的驱动控制信号送入变频电路中，变频电路接收到来自整流滤波电路送来的540V左右的直流电压，为变频模块的6只驱动晶体管供电，并由变频模块将驱动信号输出到变频压缩机。除此之外，控制电路中的开关电源将交流220V电压变成直流低压，输出5V、12V、24V等直流电压，为电路板上电子元器件提供工作条件。

1. 家用中央空调室内机电路系统的工作原理

如图4-57所示为典型家用中央空调壁挂式室内机的电路系统接线图，可以看到，室内机电路系统主要是由主控电路板及相关的送风电动机、摇摆电动机、电子膨胀阀、室温传感器、蒸发器中部管温传感器、蒸发器出口管温传感器等电气部分组成的。

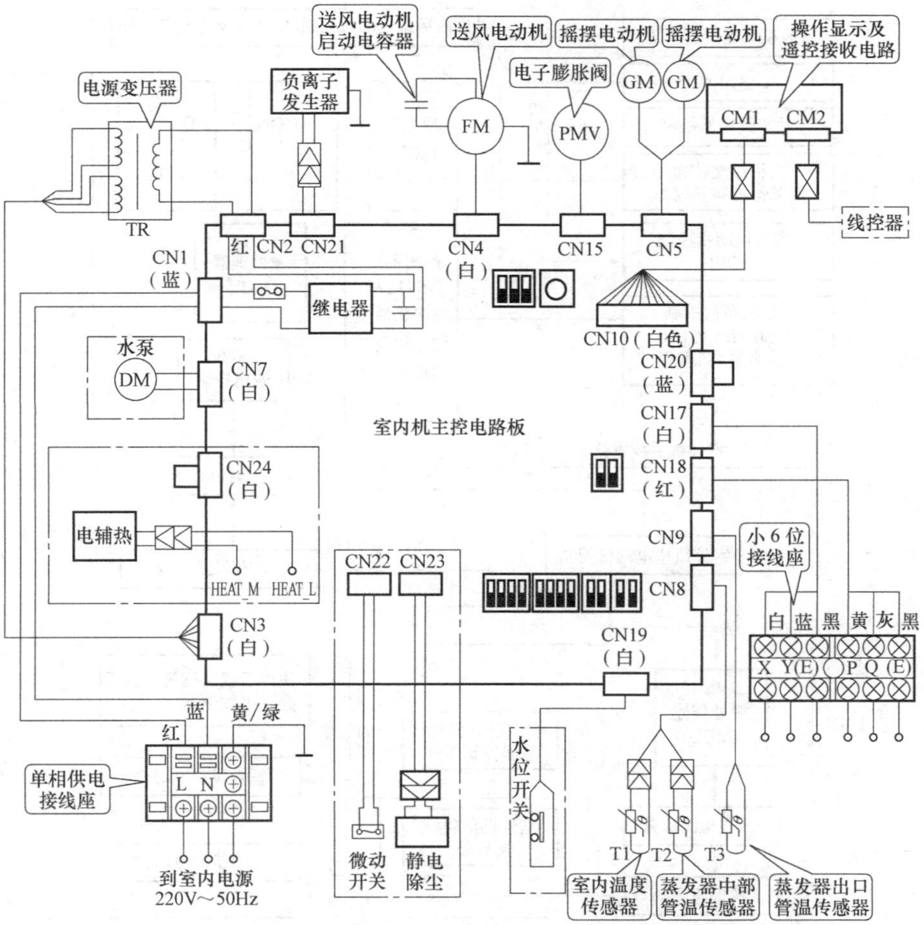

图4-57　典型家用中央空调壁挂式室内机的电路系统接线图

室内机的工作受遥控发射器的控制，遥控发射器可以发射开机/关机、制冷/制热功能转换、制冷/制热的温度设置、风速强弱、导通板的摆动等控制信号。室内机主控电路板微处理器收到指令后，根据程序进行控制。其主要控制项目如下：

1）首先由主继电器起动接口电路，输出驱动信号使继电器（安装在主控电路板上）动作，接通交流220V电源，为室内机的相关电路供电。

2）分别由微处理器的风扇电动机控制接口电路输出控制信号，经驱动电路使室内送风电动机旋转。

3）微处理器输出控制信号，经摇摆电动机驱动接口电路，输出驱动信号，起动摇摆电动机。

4）微处理器输出控制信号，经接口电路输出驱动信号，控制电子膨胀阀关闭、打开以及打开程度等（制热时电子膨胀阀打开）。

5）图4-57中点画线框内的部分为预设功能接口，如水泵、电辅热、水位开关、静电除尘和负离子发生器等部分，可作为选用接口。另外，接口CN19不接水位开关时，需用导线短接。

6）室内微处理器通过通信接口将控制指令传输至室外机的主控电路，图4-58所示为典型家用中央空调室内机电路与室外机电路的信号流程及电路对各部件的控制关系。

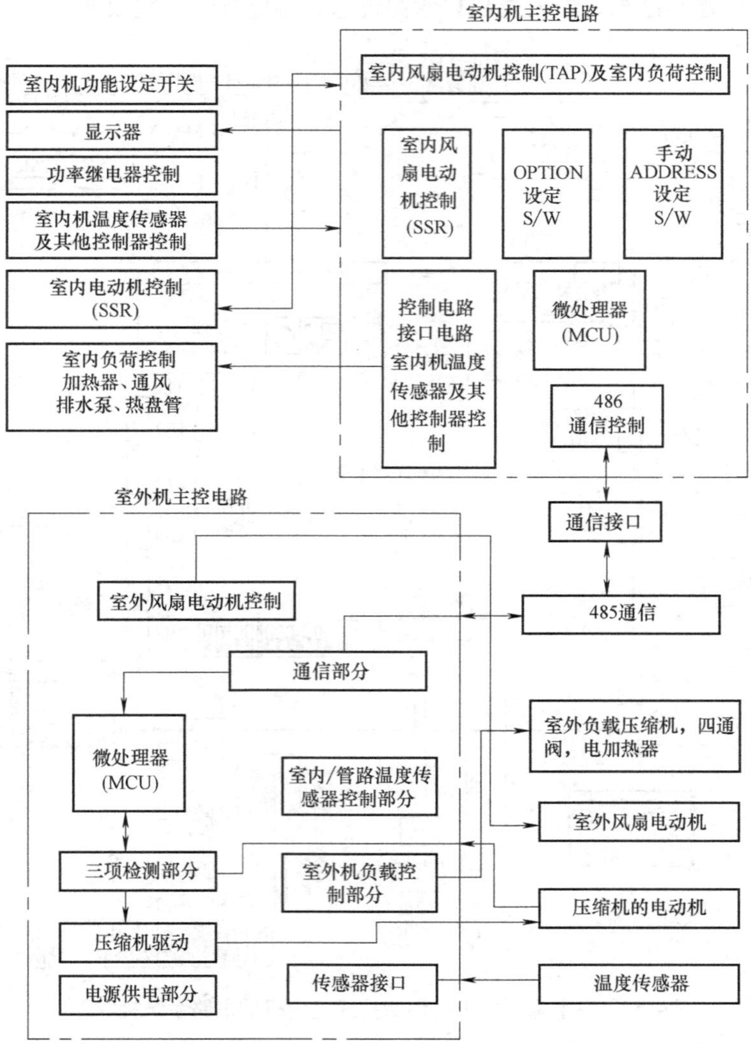

图4-58　典型家用中央空调室内机电路与室外机电路的信号流程及电路对各部件的控制关系

2. 家用中央空调室外机电路系统的工作原理

如图4-59所示为典型家用中央空调室外机的电路系统接线图，该电路主要是由主控电路、变频电路、防雷击电路、整流滤波电路，以及相关的变频压缩机、定频压缩机、风机、温度传感器、四通阀、电子膨胀阀等电气部件等构成的。其基本信号处理过程如下：

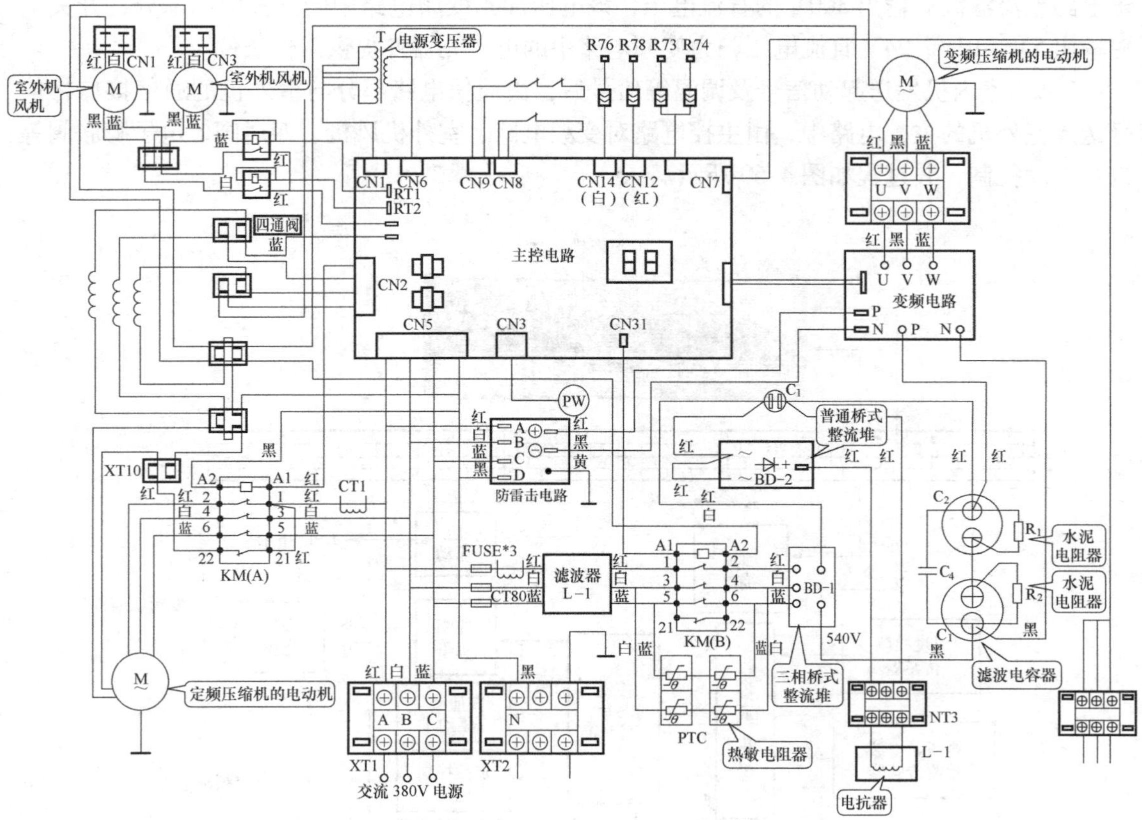

图4-59　典型家用中央空调室外机的电路系统接线图

1）三相电源经接线座后送入室外机电路中，一路分别经三个熔断器FUSE和磁环CT80后，送入滤波器L-1中，经滤波器滤除杂波后，输出三相电压。

2）初始状态，接触器KM（A）未吸合，前级送来的三相电压中的两相经四个PTC热敏电阻器后送入三相桥式整流堆BD-1中，由三相桥式整流堆整流后输出540V左右的直流电压，该电压为滤波电容器C_1、C_2充电。其中，在初始供电状态，流过四个PTC热敏电阻器的电流较大，PTC本身温度上升，从而使电阻增大，从而使输出的电流减小，可有效防止加电时后级电容器的充电电流过大。

3）通电约2s后，主控电路输出驱动信号，使接触器KM1线圈得电，带动其触点吸合，此时PTC热敏电阻器被短路失去限流作用。此时，三相电经接触器触点后直接送入三相桥式整流堆BD-1，经整流后的直流电压经普通桥式整流堆BD-2和电抗器L-1后加到滤波电容器C_1、C_2上。其中电抗器L-1用于增强整个电路的功率因数。

4）串联的两只滤波电容器C_1、C_2具有很强的耐压性，这两只电容器上分别并联一只水泥电阻器R_1、R_2，用于当系统断电后，释放电容器C_1、C_2中残存的电量。

5）由滤波电容器 C_1、C_2 将整流电路输出的直流电压滤除杂波干扰后，输出稳定的540V左右的直流电压，该电压加到变频电路中，为变频电路中的变频模块供电，上述过程为变频电路专用的整流滤波电路。

6）三相电经接线座后送入室外机电路中，另一路送入防雷击电路中，其中一相经防雷击电路整流滤波后输出300V的直流电压，该电压加到变频电路中的开关电源部分，开关电源输出5V、12V、24V直流电压，为变频电路中的电子元器件提供工作条件。

7）当室内机发送起动信号及调温等信号后，由通信电路部分与室外机的通信接口将信号送入室外机的主控电路中，由主控电路对变频电路、室外机风机、四通阀、电子膨胀阀等进行自动控制，其过程如图4-60所示。

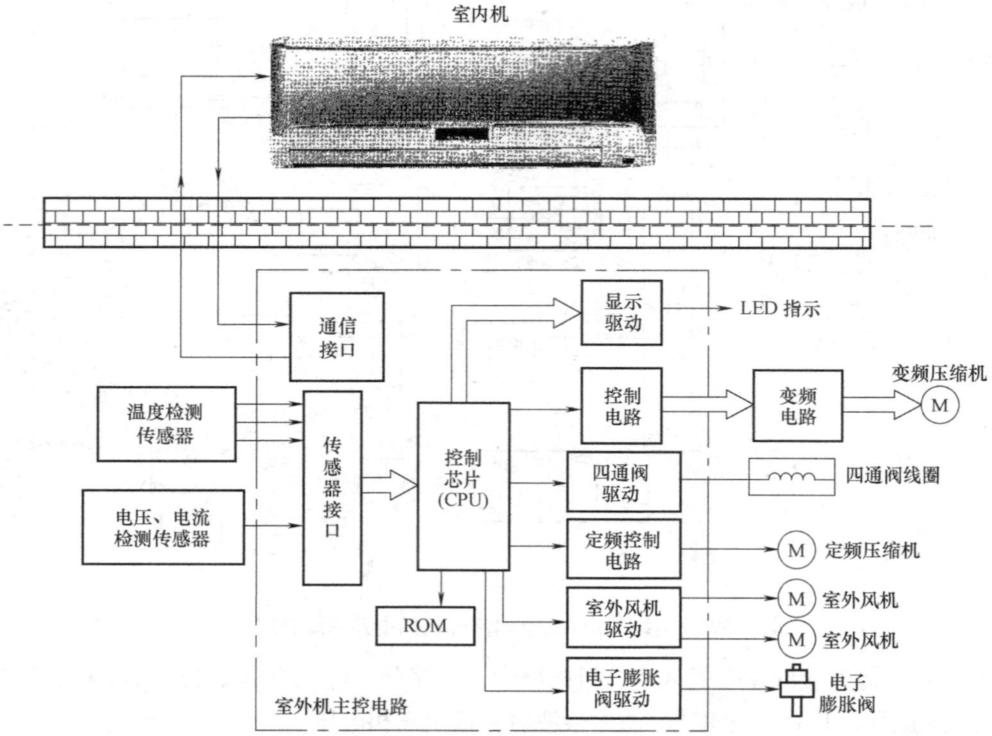

图4-60 室外机电路工作过程

8）主控电路的变频电路驱动接口输出驱动信号到变频电路中，经变频模块进行功率放大后输出U、V、W三相驱动信号，驱动变频压缩机起动。

9）主控电路室外机风机驱动接口输出室外机风机的驱动信号，使室外机风机开始运行。

10）当室内机需要较大能力时，室外机主控电路输出定频压缩机起动信号，控制接触器KM2线圈得电，带动KM2触点吸合，接通定频压缩机供电，起动定频压缩机运行。若系统中有多个定频压缩机，其开启时间需要间隔5s。

目前，很多家用中央空调采用了先进的变频技术，通过变频器控制整个系统供冷气时的过热度、供暖气时的过冷度，分配给适合各房间负载的最佳制冷剂，进而实现节能并提高舒适性。

三、家用中央空调电路系统故障的检修

随着家用中央空调电控技术的发展，家用中央空调故障的检测方法和检测手段也越来越先进。在检修家用中央空调故障时，除可利用传统的检测工具外，还可利用各大产品生产厂家开发的故障检测软件，借助笔记本式计算机或手操器对电路系统进行全面检测，同时在家用中央空调室外机电路板和室内机控制显示器上，也会显示相应的故障码，这为家用中央空调故障检修提供了更多的方便。下面以格力 GMV-Pd120W/NaFB-N1 直流变频多联机家用中央空调为例，介绍典型电路故障的检修方法。

1. 家用中央空调电路系统故障的检修方法

家用中央空调发生故障后，根据以下三个方面确认故障，并进行具体原因分析，确认具体原因后，就可以有针对性地解决问题。

1）优先查看监控软件。如果空调出现故障，可以利用安装有空调测控软件的笔记本式计算机通过通信连接板连接到空调主控板，从笔记本式计算机监控软件界面上查看故障。一般来说，家用空调出现故障就会在笔记本式计算机监控软件界面相应故障位置显示红色。图 4-61 所示为格力 GMV-Pd120W/NaFB-N1 家用中央空调故障监控软件查看示意图。

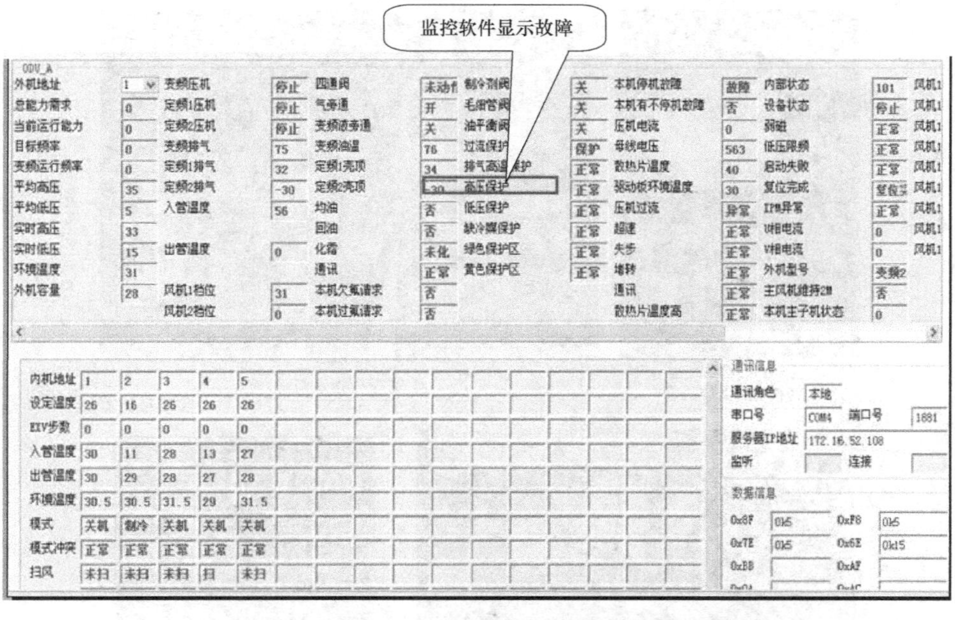

图 4-61　格力 GMV-Pd120W/NaFB-N1 家用中央空调故障监控软件查看示意图

2）查看室内机手操器（带手操器机型）或室内机灯板（无手操器机型），确认是哪类故障。如图 4-62 所示为格力 GMV-Pd120W/NaFB-N1 家用中央空调故障手操器查看示意图。

3）查看室外机“转接板数码管”显示情况、“主板/压缩机驱动板/风机驱动板”上的指示灯情况，对照电气盒盖上的故障表格，具体确认是哪类故障。

室外机的各控制板（包括转接板、主控板、压缩机驱动板、风机驱动板）和带灯板的室内机显示板上面均有若干个指示灯（发光二极管），这些指示灯的不同的显示组合（亮、闪、灭状态或不同颜色）对应不同的故障类型，通过室外机主控板及驱动板的显示可以精确查找故障。图 4-63所示为格力 GMV-Pd120W/NaFB-N1 家用中央空调故障指示灯查看示意图。

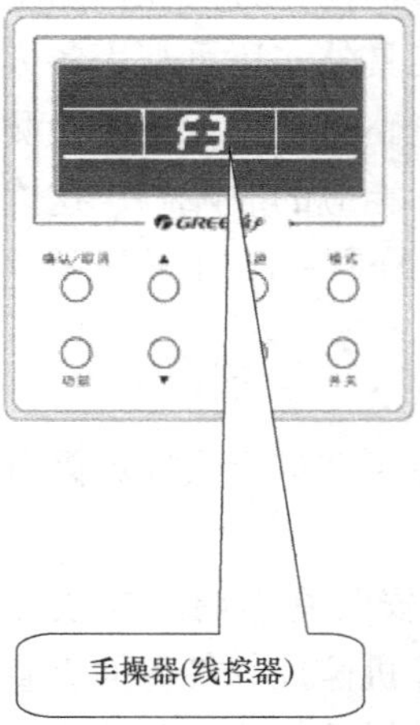

故障码意义如下:

故障	故障码
高压保护	E1
防低温	E2
低压保护	E3
排气高温	E4
过电流保护	E5
通信故障	E5
模式冲突	E7
内风机过载保护	E8
水满保护	E9
室内环境感温包故障	F0
室内入管感温包故障	F1
室内中部感温包故障	F2
室内出管感温包故障	F3
室外环境感温包故障	F4
室外入管感温包故障	F5
室外中部感温包故障	F6
室外出管感温包故障	F7
排气感温包1(定频)故障	F8
排气感温包2(数码)故障	F9
油温感温包1(定频)故障	FA
油温感温包2(数码)故障	Fb
高压阀故障	Fc
低压阀故障	Fd
辅助电加热故障	Ex
无室内机电动机反馈	M6

主从标志代码:

清除主体控制标志	CL
无主室内机代码	No

图 4-62　格力 GMV-Pd120W/NaFB-N1 家用中央空调故障手操器查看示意图

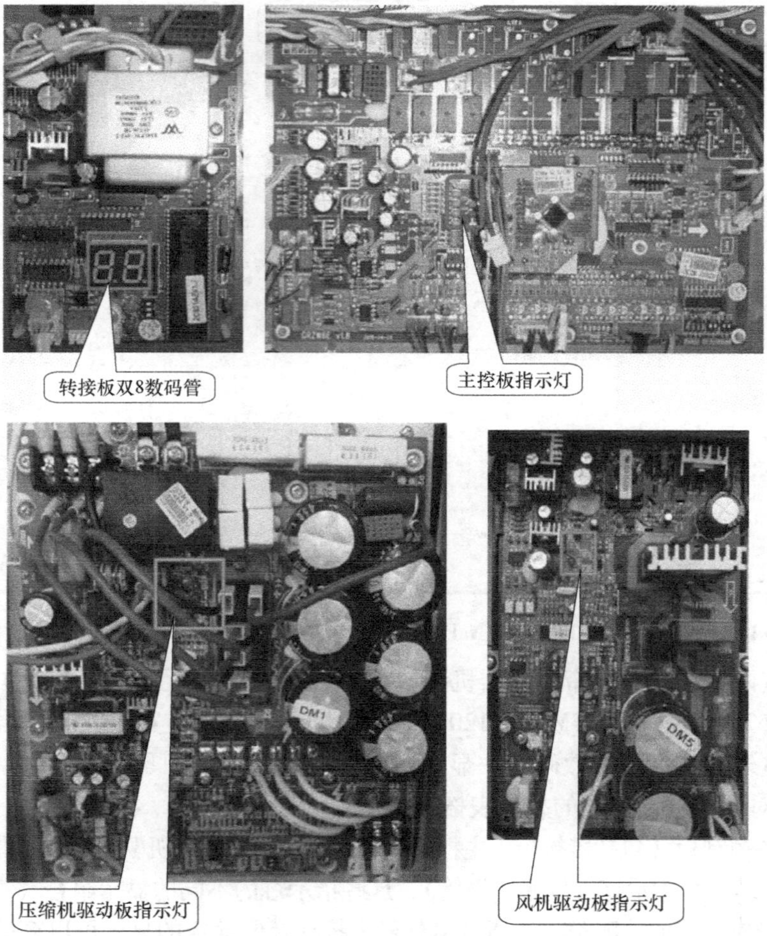

图 4-63　格力 GMV-Pd120W/NaFB-N1 家用中央空调故障指示灯查看示意图

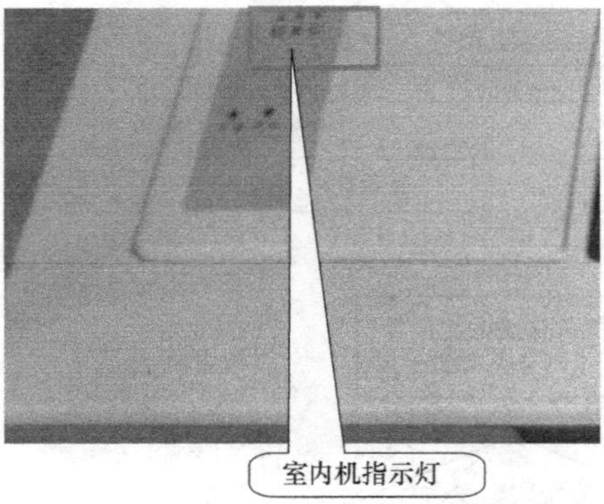

图 4-63　格力 GMV-Pd120W/NaFB-N1 家用中央空调故障指示灯查看示意图（续）

2. 家用中央空调电路系统故障的检修实例

下面列举 5 个格力 GMV-Pd120W/NaFB-N1 家用中央空调故障检修实例，通过实例分析，掌握家用中央空调常见电路系统的故障检修技能，如图 4-64～图 4-68 所示。

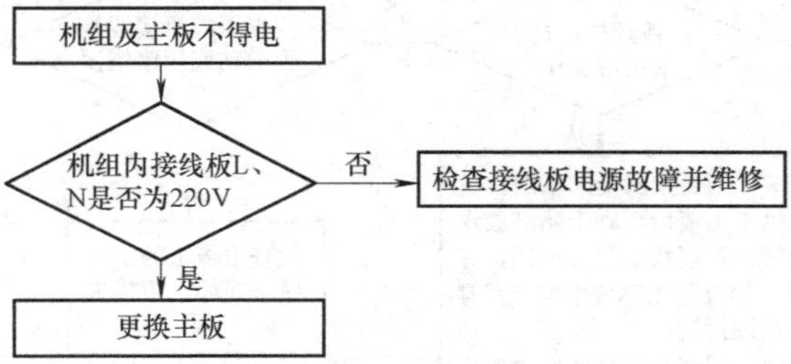

图 4-64　机组及主板不得电故障的检修

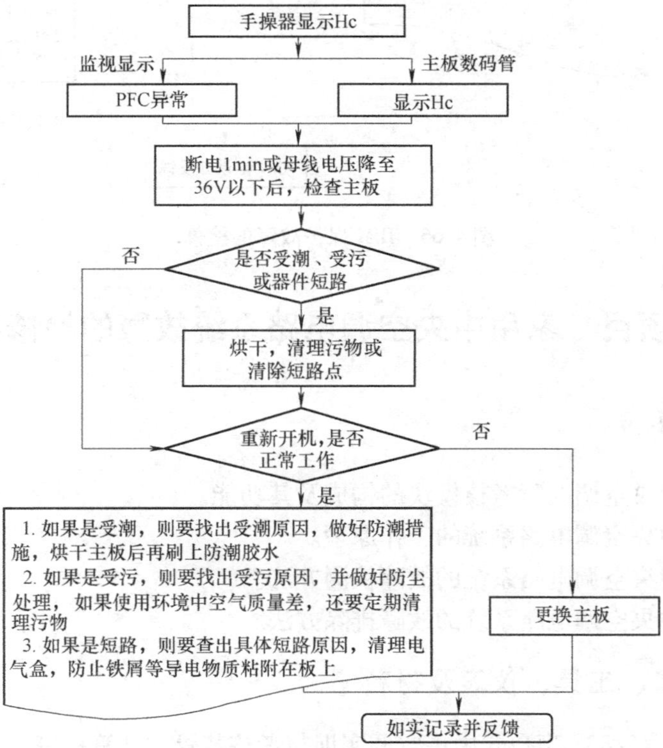

图 4-65　PFC 保护故障的检修

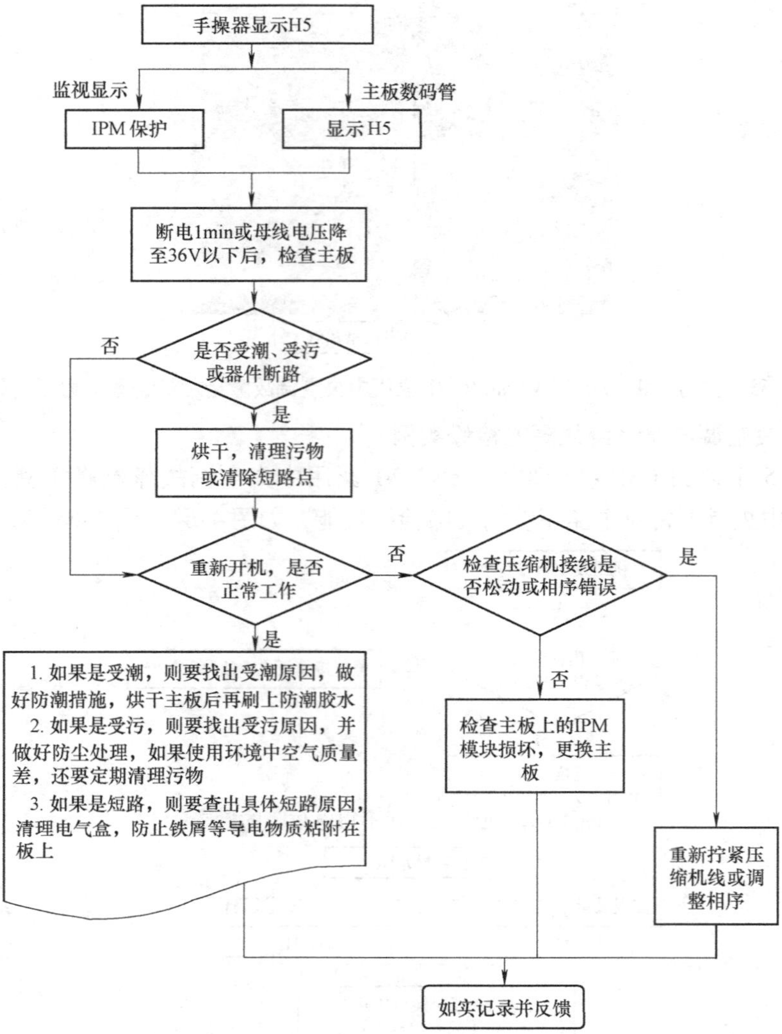

图 4-66　IPM 保护故障的检修

实训项目　家用中央空调电路系统故障的检修实训

一、实训目的

1）了解家用中央空调故障考核模块的构成及其功能。

2）掌握家用中央空调电路系统的工作原理。

3）掌握家用中央空调电路系统的故障检测方法。

4）掌握家用中央空调电路系统的故障排除方法。

二、实训设备、工具、仪表及材料

1）实训设备：YL-835 型户式中央空调实训与考核装置，计算机等。

2）实训工具：螺钉旋具。

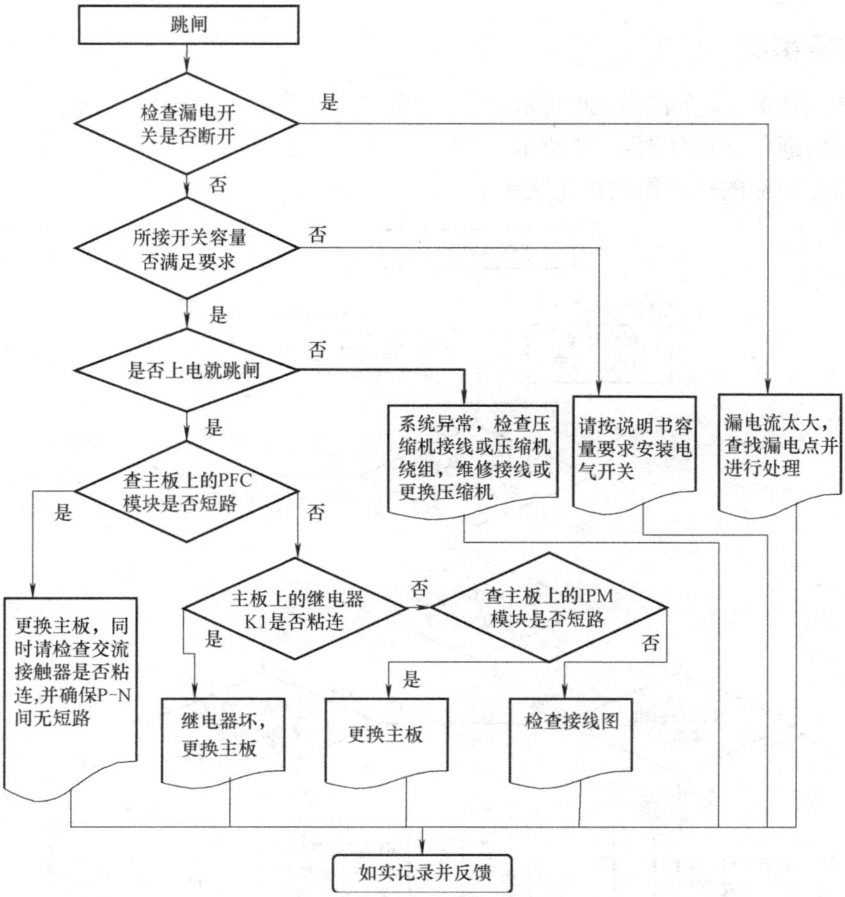

图 4-67　跳闸故障的检修

3）实训仪表：万用表、钳形表。

4）实训材料：通信线缆。

三、实训步骤

1）考核模块的连接。

2）在计算机中安装考核程序学生端软件，并确认通信已建立。

3）确认电气接线完全正确连接后，通电起动装置。

4）设置故障。

5）排除故障。装置通电后，用遥控器开启嵌入式室内机，选择正确的模式并设定温度，仔细观测室外机、室内机的运行状态和故障现象，认真分析可能的原因，然后利用仪器仪表逐个排查，最终确认故障点和故障原因，复位故障点。

6）以此方法逐个排除故障，直至全部排除完毕。

7）整理工作。

① 拆除通信线缆和室内、外机连接线。

② 关闭计算机。

③ 工具、材料归放原处。

④ 清洁现场。

四、注意事项

1）考核模块的连接如图 4-69 所示。
2）计算机通信接口如图 4-70 所示。
3）故障点对应的故障原因详见表 4-1。

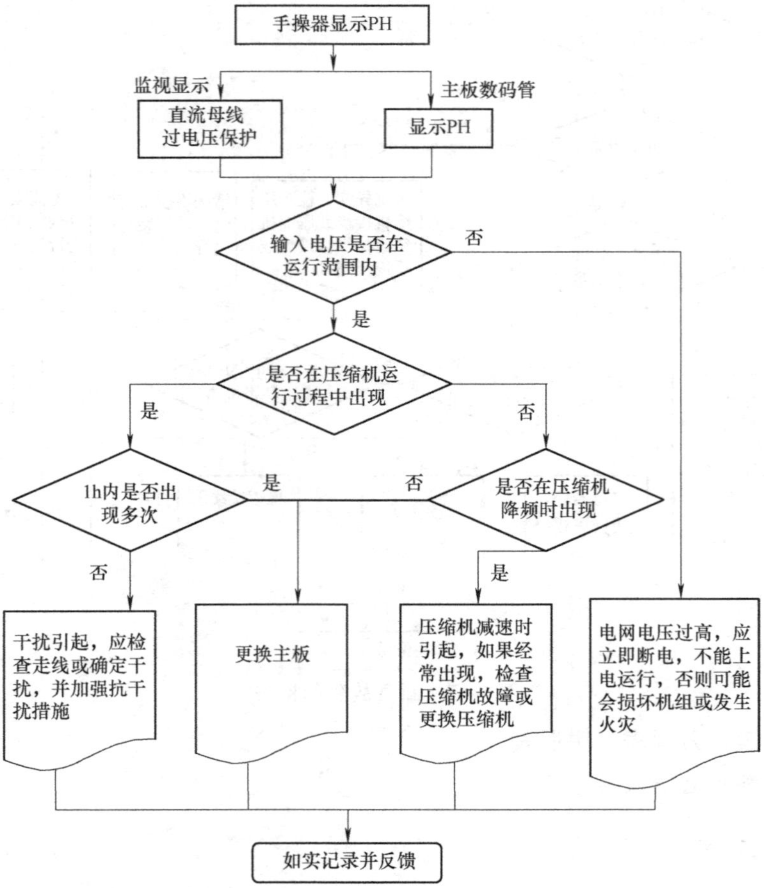

图 4-68　直流电压过电压保护故障的检修

表 4-1　YL-835 家用中央空调故障一览表

设备	序号	故障名称
室外机故障	K1	电源交流接触器线圈断路
	K2	四通阀线圈断路
	K3	线型变压器一次绕组断路
	K4	线型变压器二次绕组断路
	K5	高压开关断路
	K6	低压传感器断路
	K7	排气传感器断路
	K8	吸气传感器断路

（续）

设备	序号	故障名称
风管式室内机故障	K9	风机零线断路
	K10	风机低挡断路
	K11	风机中挡断路
	K12	风机高挡断路
	K13	变压器一次绕组断路
	K14	变压器二次绕组断路
	K15	通信线断路
	K16	电源线断路
嵌入式室内机故障	K17	环境温度传感器断路
	K18	蒸发器出口传感器断路
	K19	蒸发器中部传感器断路
	K20	传感器入口传感器断路
	K21	排水泵线圈断路
	K22	浮子开关断路
	K23	显示面板断路
	K24	电源线断路
备　注		测试时室内温度 22℃，传感器的阻值会随温度的变化而变化

五、实训评价

实训操作情况评价表见表 4-2。

表 4-2　实训操作情况评价表

序号	项目	测评要求	配分	评分标准	得分
1	模块连接	模块连接正确	10	模块连接正确，否则扣 10 分	
2	计算机连接	计算机连接正确	10	计算机连接正确，否则扣 10 分	
3	故障检测	故障检测正确，排除故障操作正确	60	（1）故障检测正确，否则扣 30 分 （2）排除故障操作正确，否则扣 30 分	
4	工具使用	工具使用正确	20	（1）工具使用正确，否则扣 15 分 （2）现场整理规范，否则扣 5 分	
安全文明操作		违反安全文明操作规程，视实际情况扣分			
开始时间		结束时间		实际时间	成绩
综合评价意见					
评价人				日期	

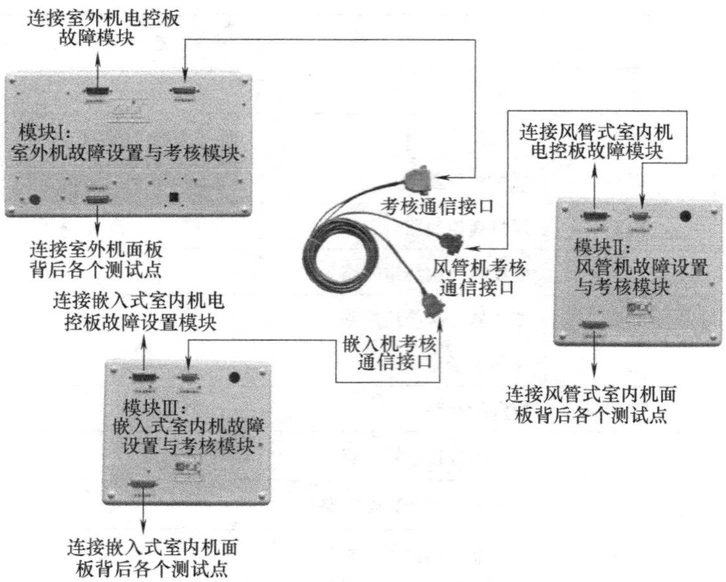

图 4-69　考核模块的连接

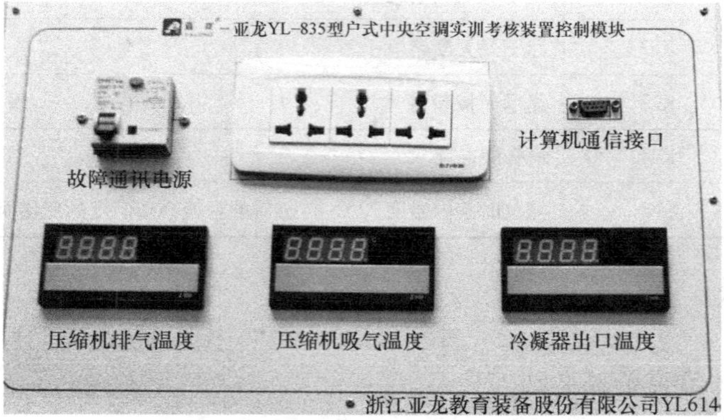

图 4-70　考核用计算机通信接口

单元小结

1）介绍中央空调维修常用的检测设备、维修工具的使用方法，要求维修人员掌握其用途并能正确使用。

2）掌握家用中央空调的故障检修方法，熟悉家用中央空调故障的特点，建立正确的检修流程，确定故障的大体范围，找准故障的部位，然后才能对其进行维修，排除故障。

3）家用中央空调管路系统的检修，首先掌握中央空调室外机和室内机的部件组成、结构和工作原理，掌握管路系统的故障检修方法，会进行常见故障的检修。

4）家用中央空调电气控制系统的检修较管路系统更为复杂，难度更大，所以对维修人员的维修技术也要求更高。本单元以格力家用中央空调为例，专门介绍格力家用中央空调电路系统的检修方法和常见故障的处理方法。

思考与练习

一、填空题

1. 万用表主要有______万用表和______万用表两种。

2. 家用中央空调的故障检修方法就是“______、______、______、______、______和六分析”。

3. 气体检漏仪是指用含有______气体作为示漏气体的检漏仪器。

4. 开机跳闸的故障大多是家用中央空调电路系统中有______或______的情况。

5. 家用中央空调制冷系统检漏的重点是______。

6. 气体检漏仪的检漏方法包括____________和____________两种。

二、问答题

1. 画出典型家用中央空调室外机的电路系统接线图。

2. 分析家用中央空调开机无法起动或起动异常的故障特点。

3. 分析变频压缩机的检修方法。

4. 对照电磁四通阀的工作原理图，述说电磁四通阀的工作原理。

5. 家用中央空调室外机的电路系统由哪几部分组成？

第五单元

商用中央空调故障的检修

内容构架

- 商用中央空调故障的检修
  - 商用中央空调故障的检修流程
  - 商用中央空调管路系统故障的检修
  - 商用中央空调电路系统故障的检修

学习引导

目的与要求

1. 掌握商用中央空调故障的检修流程。
2. 掌握商用中央空调管路系统的检修方法。
3. 掌握商用中央空调电路系统的检修方法。

重点与难点

重点： 商用中央空调管路和电路系统的检修。

难点： 商用中央空调电路系统的检修。

课题一　商用中央空调故障的检修流程

相关知识

商用中央空调作为最大型的中央空调，类型多、应用广、系统结构复杂。不同结构和类型的商用中央空调，在使用过程中经常会出现各种各样的故障，但其故障特点及故障检修流程基本相同。本课题通过对商用中央空调故障特点和检修流程进行分析，进而建立起规范的商用中央空调检修流程。

一、商用中央空调的故障特点

商用中央空调的故障特点主要体现为系统制冷或制热效果差、运行噪声大、压缩机工作异常、中央空调无法起动等，其各故障特点的具体表现也不尽相同。另外，商用中央空调出现故障除了可能是本身电路或管路有故障外，还有可能是由于制冷机组中的制冷剂泄漏、充注制冷剂过多、安装不当等引起的，需要根据具体故障表现进行分析和检修。

1. 商用中央空调制冷或制热效果差的故障特点

商用中央空调制冷或制热效果差的故障特点主要表现为制冷时温度偏高、制热时温度偏低等，在空调机组上表现为压缩机进、排气口的压力过高或过低等，这通常与管路系统及制冷剂的状态有关。

2. 商用中央空调运行噪声大的故障特点

商用中央空调运行噪声大的故障特点主要表现为室内风机噪声较大，运行噪声大的故障现象通常是由于风管系统引起的。

3. 商用中央空调压缩机工作异常的故障特点

商用中央空调压缩机工作异常的故障特点主要表现为压缩机无法停机、压缩机短时间内循环运转、压缩机有杂声或振动等，该类故障都与压缩机有关，引起故障的原因主要也在压缩机本身及与其相关联的部件。

4. 商用中央空调无法起动的故障特点

商用中央空调无法起动的故障特点主要表现为压缩机不起动、开机出现过载保护、过电压保护、低压保护、缺相保护等，该类故障通常是由于其管路部件异常和电路系统所引起的。

二、商用中央空调故障的检修流程

商用中央空调制冷系统发生了故障，一般来说只能从运行中的故障现象进行分析，通过“看、听、摸、测”进行检查，了解系统的运行状态，不可能直接看到故障的部位，也不可能对制冷系统的部件进行逐一分解和解剖。当系统的运行压力和温度超出正常范围时，除非室内、室外环境温度等外部条件恶化，否则必然存在问题，这是检修中央空调时的总体思路，也是判断故障根源的重要依据。

1. 商用中央空调无法起动的故障检修流程

（1）压缩机不起动的故障检修流程　商用中央空调接通电源后，按下起动开关，压缩机不起动，主要是由电源供电线路异常、压缩机控制线路继电器及相关部件损坏、中央空调系统中存在过载以及压缩机本身故障引起的，其具体的故障检修流程如图 5-1 所示。

（2）过载保护的故障检修流程　按下中央空调起动开关后，过载保护继电器跳闸，中央空调系统无法起动。该类故障主要是由于整个中央空调系统中的负载可能存在短路、断路或超载现象，如电路中电源接地线短路、压缩机卡缸引起负载过重、供电线路接线错误或线

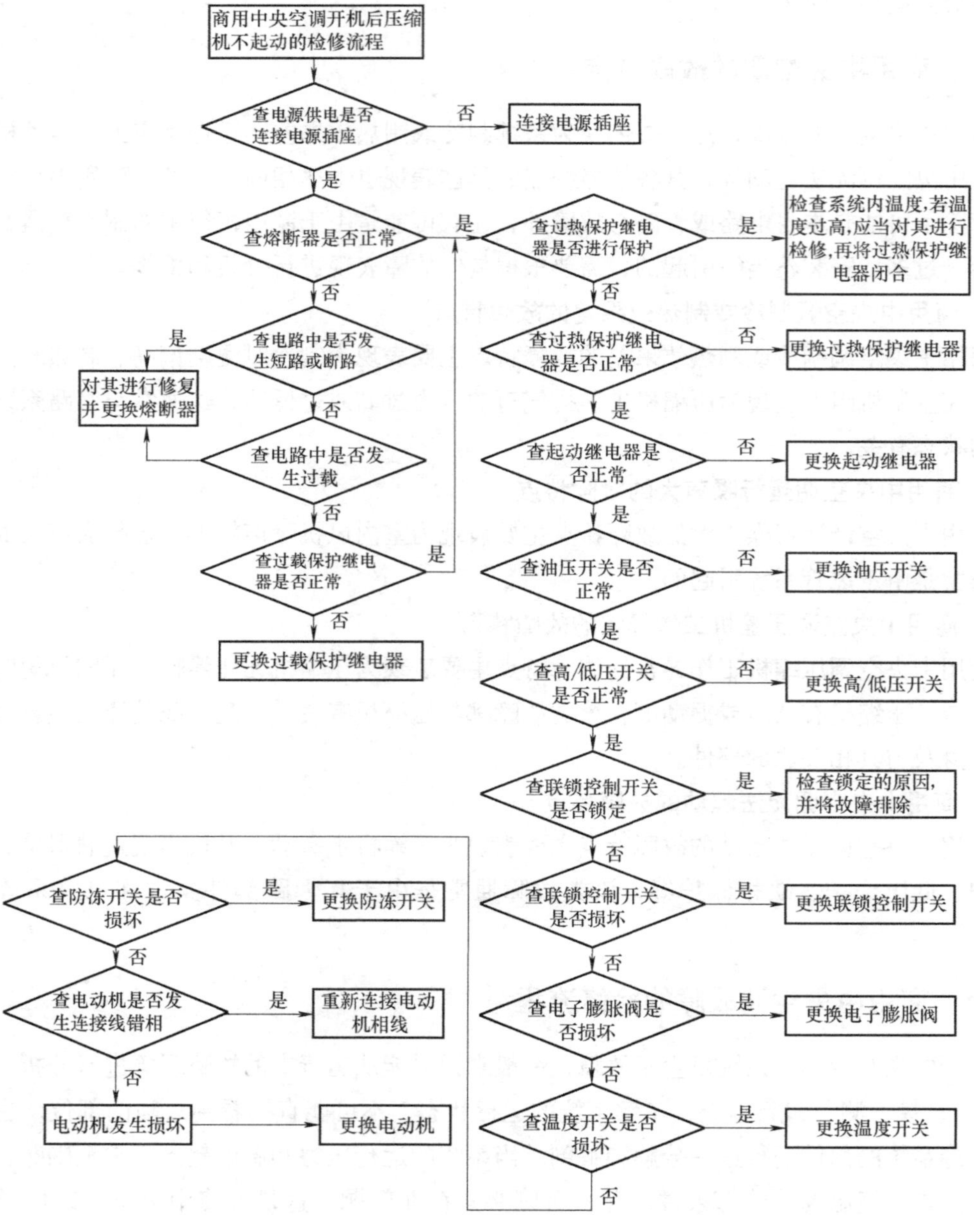

图 5-1 商用中央空调无法起动的故障检修流程图

路设计中的电气部件参数不符合系统规定等，其具体的故障检修流程如图 5-2 所示。

(3) 高压保护的故障检修流程 按下中央空调起动开关后，高压保护指示灯亮，中央空调系统无法正常起动。该类故障多是由于中央空调系统中高压管路部分异常或存在堵塞情况引起的，其具体的故障检修流程如图 5-3 所示。

(4) 低压保护的故障检修流程 按下中央空调起动开关后，低压保护指示灯亮，中央空调系统无法正常起动。该类故障多是由于中央空调系统中高压管路部分异常、存在堵塞情

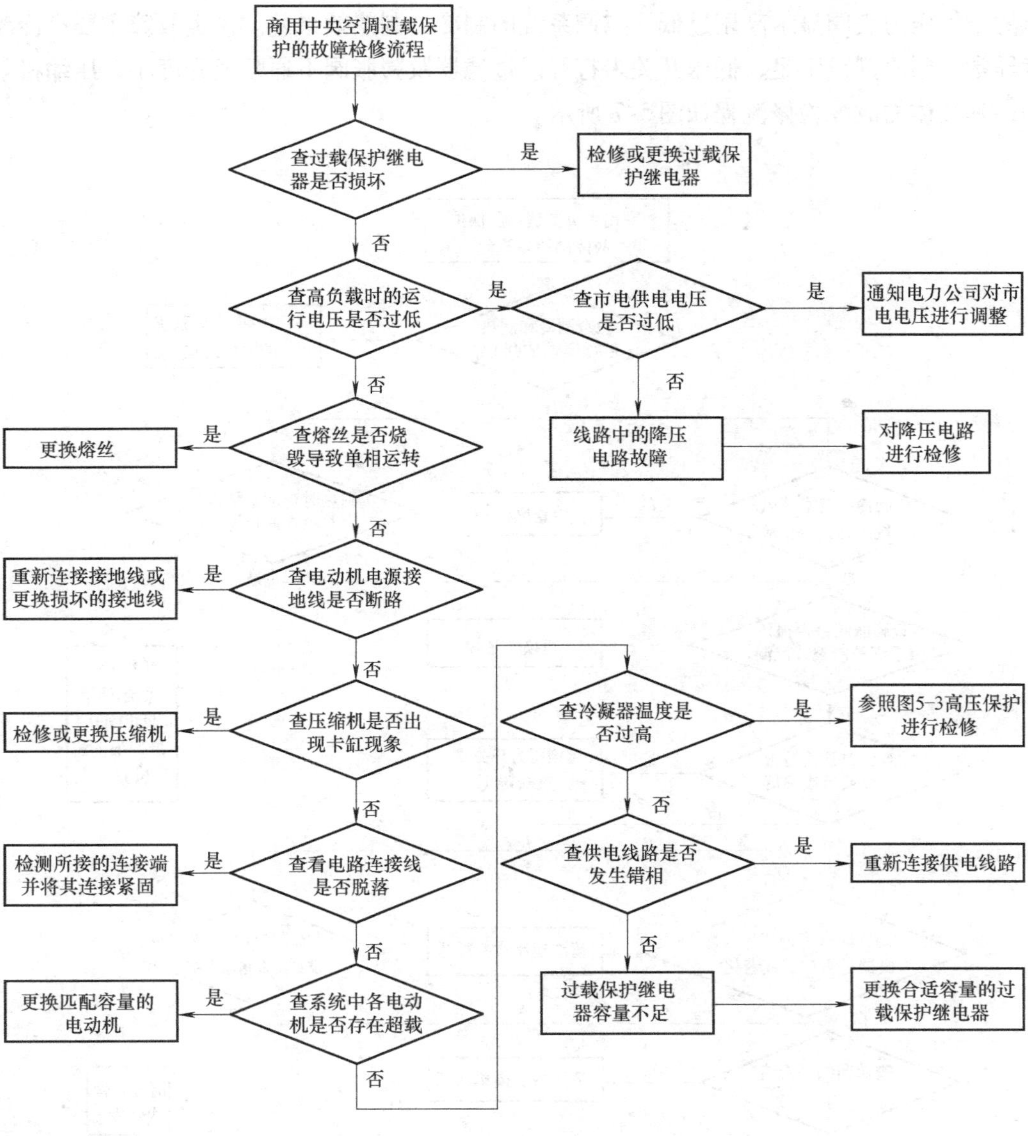

图 5-2　商用中央空调过载保护的故障检修流程图

况或制冷剂泄漏等引起的，其具体的故障检修流程如图 5-4 所示。

（5）缺相保护的故障检修流程　按下中央空调起动开关后，缺相保护指示灯亮，中央空调系统无法正常起动。该类故障多是由于中央空调电路系统中三相线接线错误或缺相等引起的，其具体的故障检修流程如图 5-5 所示。

2. 商用中央空调制冷或制热效果差的故障检修流程

（1）管路系统高压（排气压力）过高的故障检修流程　商用中央空调系统运行中，管路系统上的排气压力表阀显示高压过高，空调系统的制冷和制热效果差。该类故障多是由冷却水流量小或冷却水温度高、制冷剂充注过多、冷负荷大等故障引起的，其具体故障检修流程如图 5-6 所示。

（2）管路系统高压（排气压力）过低的故障检修流程　中央空调系统运行中，管路系统上的排气压力表阀显示高压过低，空调系统的制冷、制热效果差。该类故障主要有冷凝器温度异常、制冷剂量不足、低压开关未打开、过滤器及膨胀阀不通畅或开度小、压缩机效率低等，其具体的故障检修流程如图5-7所示。

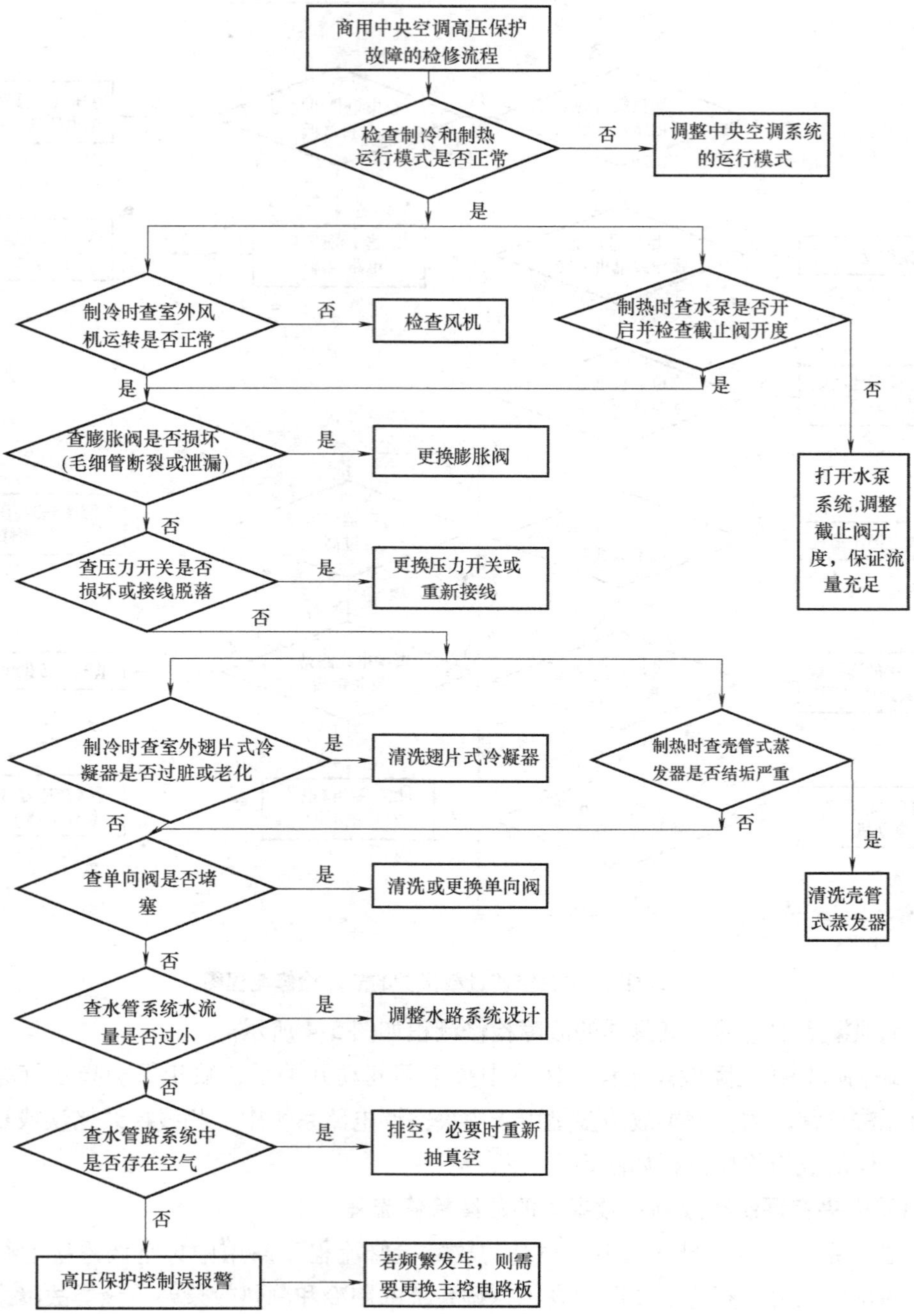

图5-3　商用中央空调高压保护的故障检修流程图

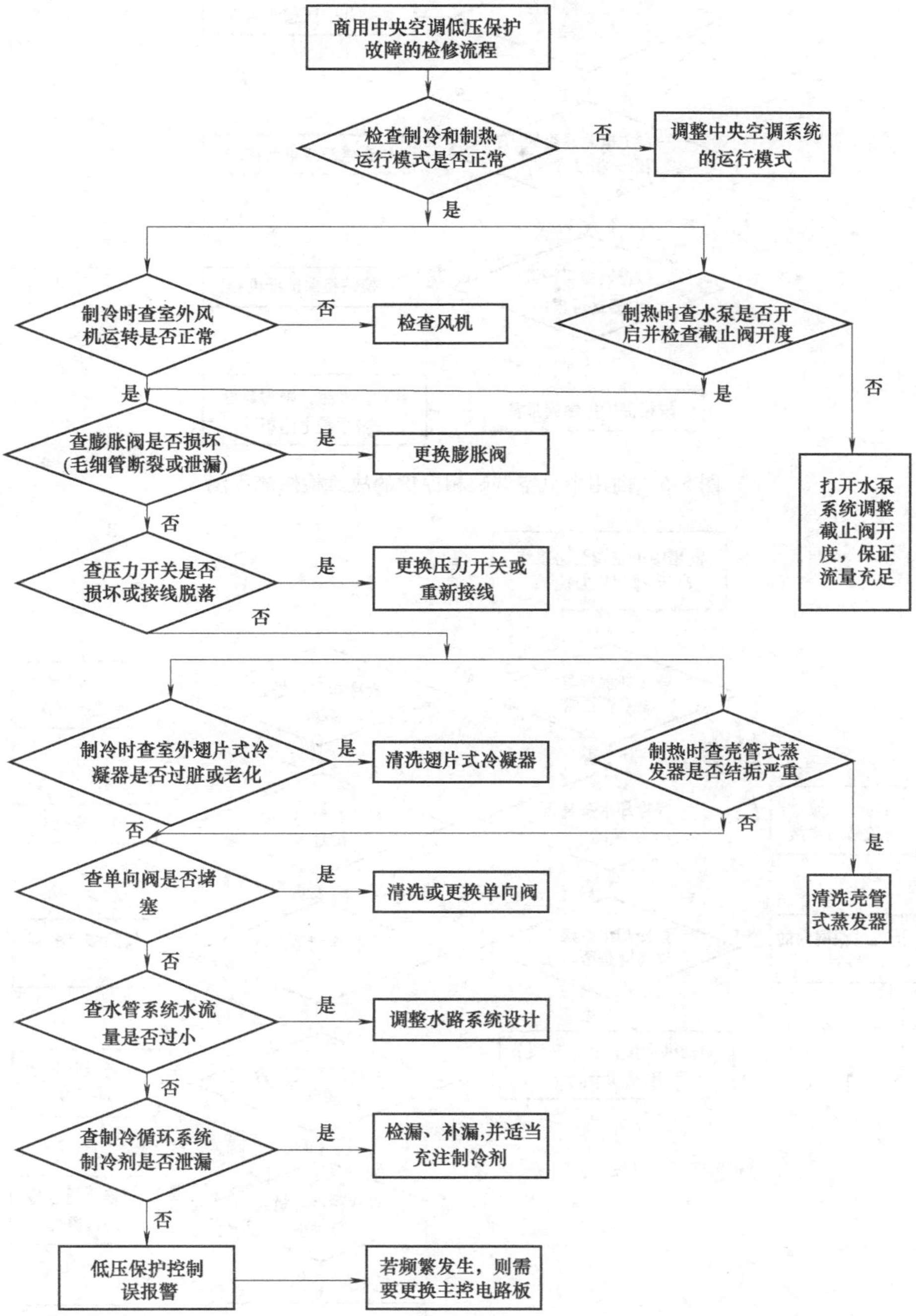

图 5-4　商用中央空调低压保护的故障检修流程图

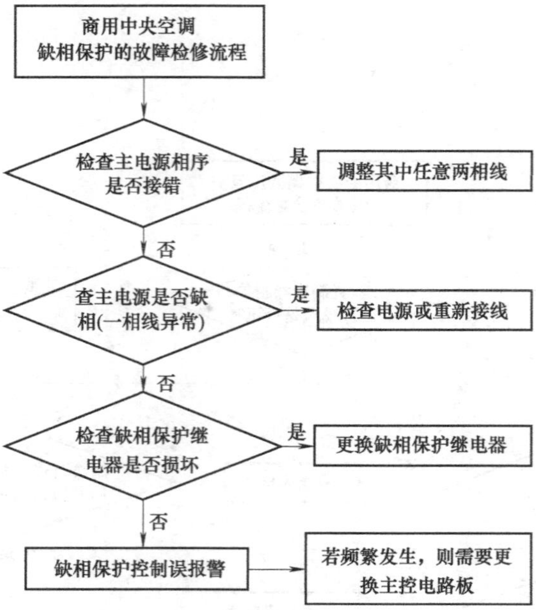

图 5-5　商用中央空调缺相保护的故障检修流程图

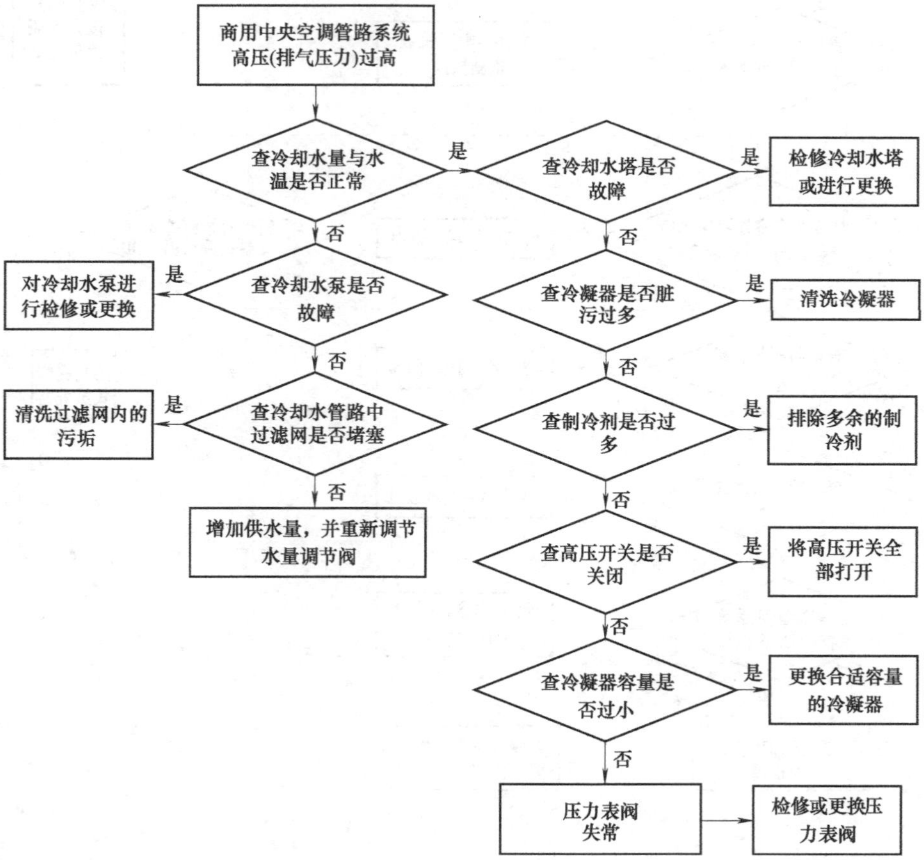

图 5-6　商用中央空调管路系统高压（排气压力）过高的故障检修流程图

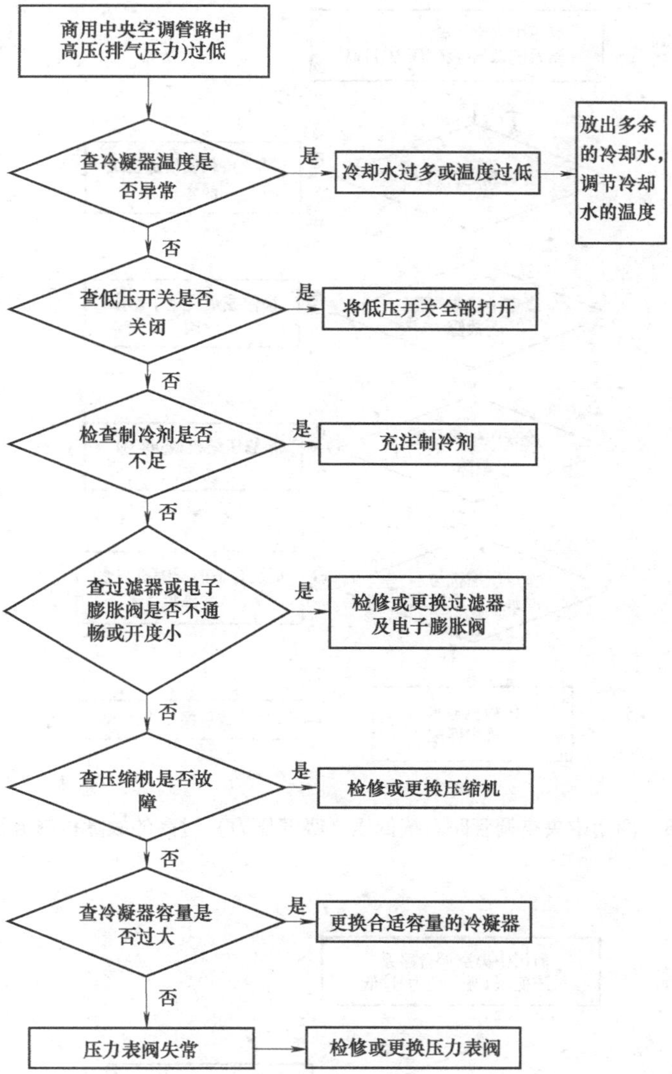

图 5-7　商用中央空调管路系统高压（排气压力）过低的故障检修流程图

（3）管路系统低压（吸气压力）过高的故障检修流程　中央空调系统运行中，管路系统上的吸气压力表阀显示低压过高，空调系统的制冷、制热效果差。该类故障主要有制冷剂不足、冷负荷量小、电子膨胀阀开度小、压缩机效率低等，其具体的故障检修流程如图 5-8 所示。

（4）管路系统低压（吸气压力）过低的故障检修流程　中央空调系统运行中，管路系统上的吸气压力表阀显示低压过低，空调系统的制冷、制热效果差。该类故障主要有制冷剂过多、制冷负荷大、电子膨胀阀开度大、压缩机效率低等，其具体的故障检修流程如图 5-9 所示。

3. 商用中央空调压缩机工作异常的故障检修流程

（1）压缩机无法停机的故障检修流程　中央空调系统运行中，压缩机无法正常停机。该故障主要是由控制电路和压缩机本身异常引起的，其具体的故障检修流程如图 5-10 所示。

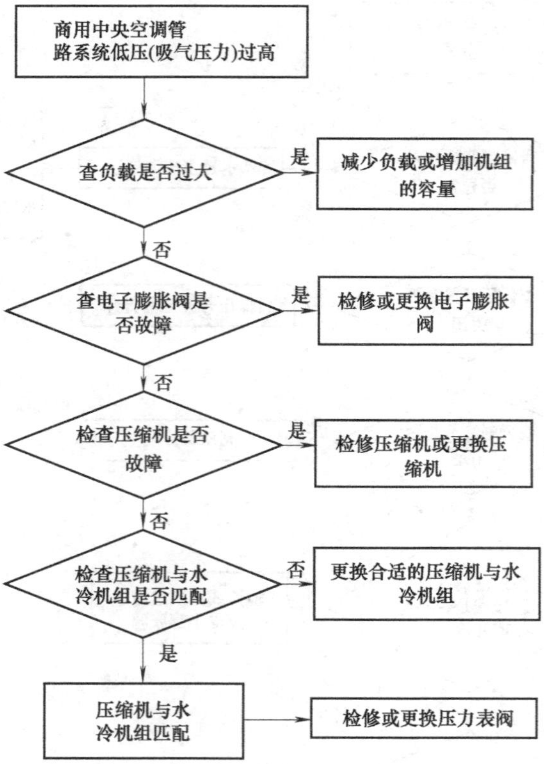

图 5-8　商用中央空调管路系统低压（吸气压力）过高的故障检修流程图

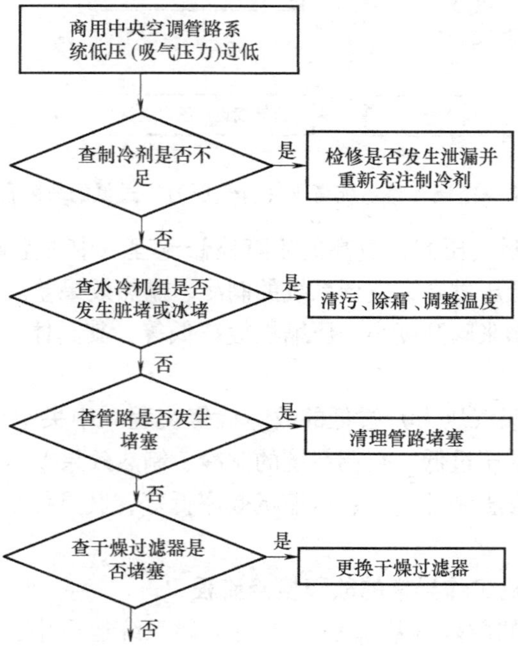

图 5-9　商用中央空调管路系统低压（吸气压力）过低的故障检修流程图

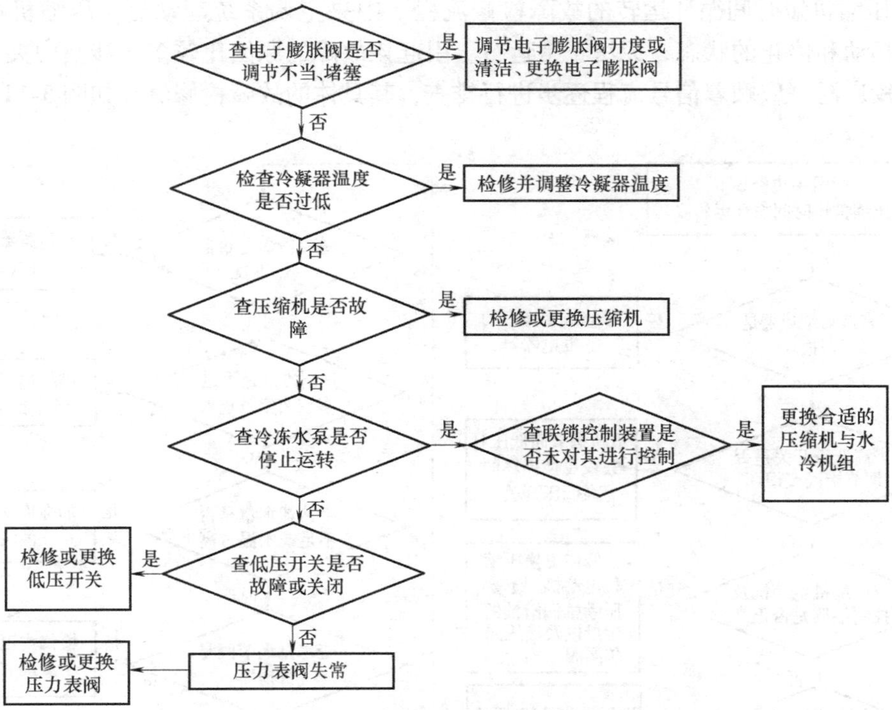

图 5-9　商用中央空调管路系统低压（吸气压力）过低的故障检修流程图（续）

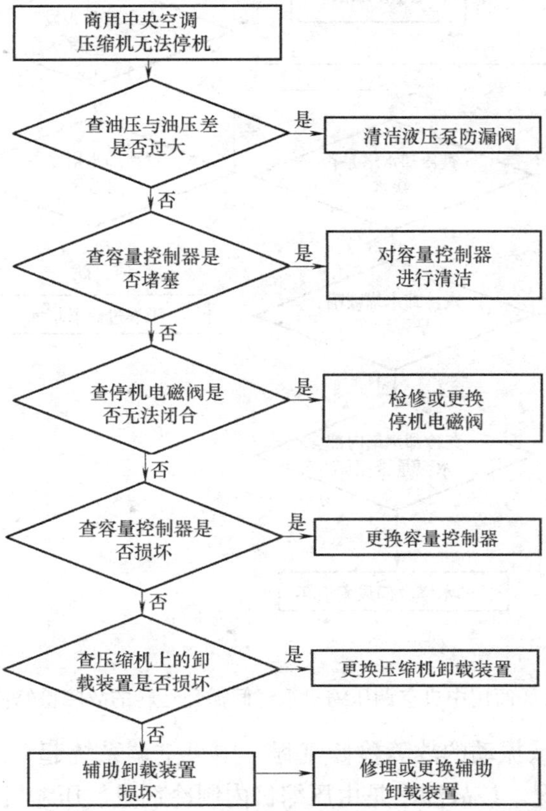

图 5-10　商用中央空调压缩机无法停机的故障检修流程图

（2）压缩机短时间循环运转的故障检修流程　中央空调系统起动后，压缩机在短时间处于频繁起动和停止的状态，无法正常运行。引起该故障的原因比较多，涉及中央空调系统的部分也较广泛，应顺着信号流程逐步进行排查，其具体的故障检修流程如图 5-11 所示。

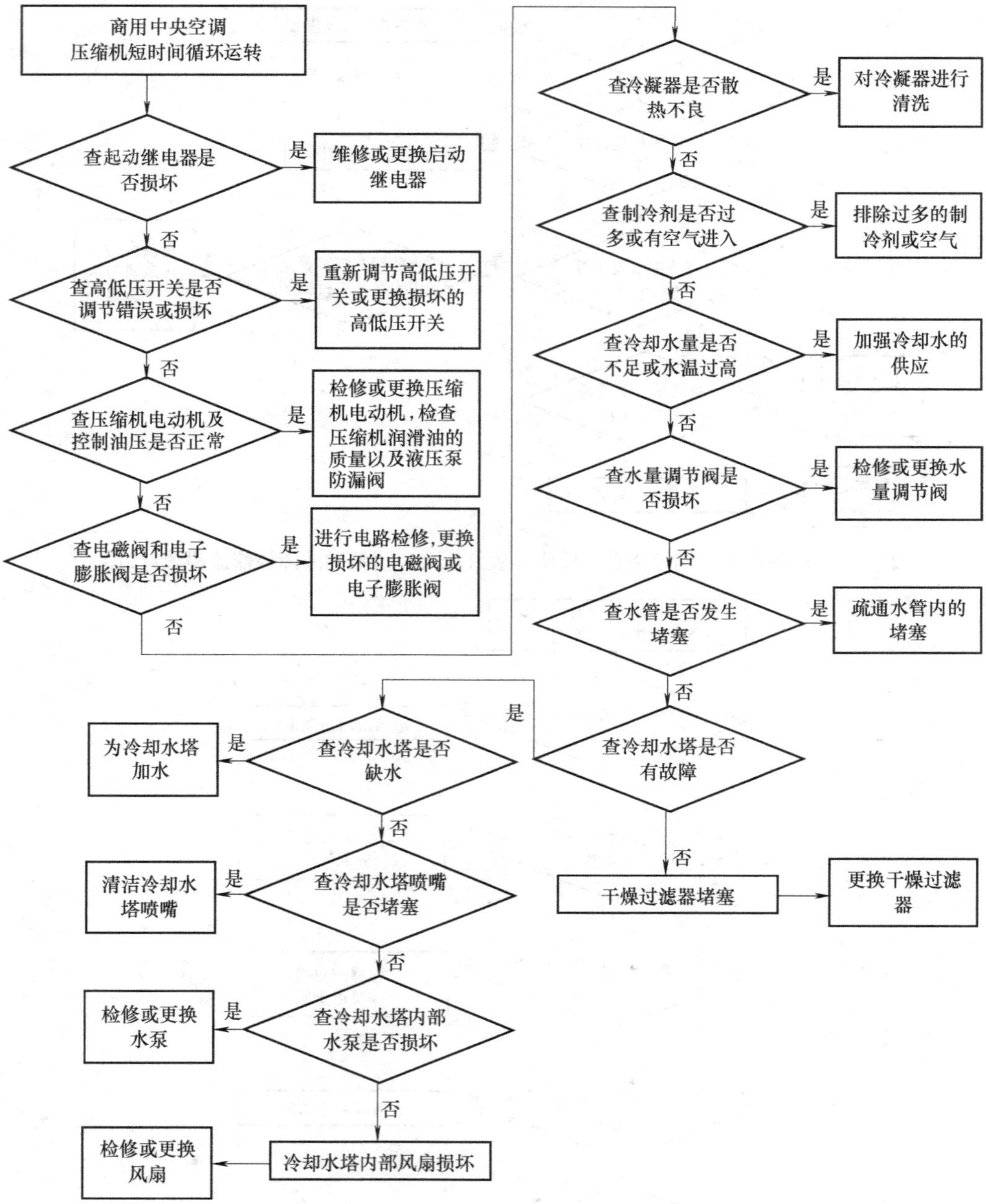

图 5-11　商用中央空调压缩机短时间循环运转的故障检修流程图

（3）压缩机有杂音或振动的故障检修流程　中央空调系统起动后，压缩机发出明显的杂音或有明显的振动情况。该故障多是由压缩机内制冷剂量、压缩机避振系统或压缩机联轴器部分异常引起的，其具体的故障检修流程如图 5-12 所示。

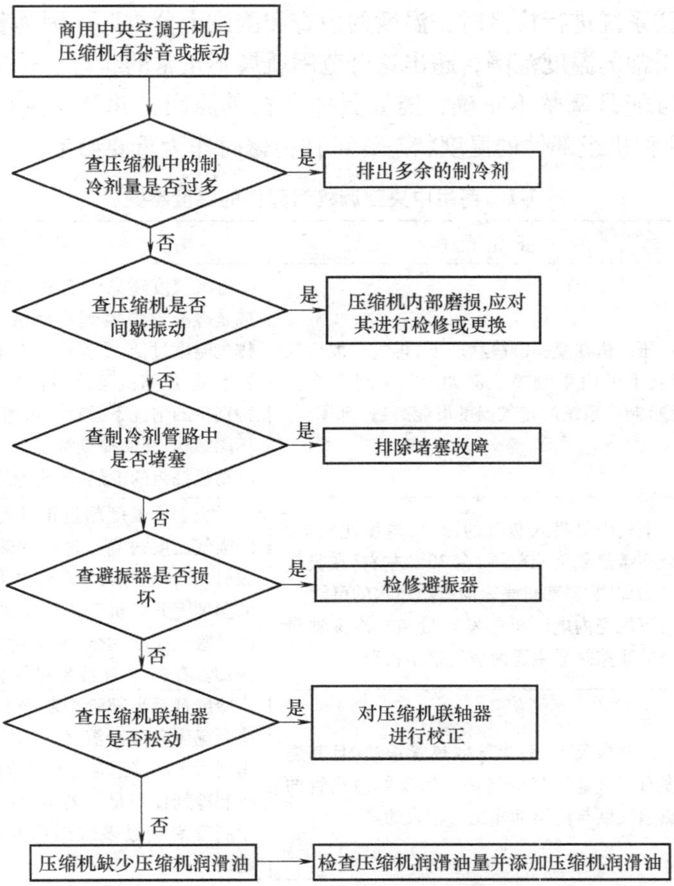

图 5-12　商用中央空调开机后压缩机有杂音或振动的故障检修流程图

4. 商用中央空调运行噪声大的故障检修流程

商用中央空调起动运行后，制冷或制热效果均正常，起动控制也正常，但运行时产生的噪声过大。该故障主要是由于风机工作异常，内风管、阀门、风口风速过大以及风管系统消声设备不完善等引起的，其具体的故障检修流程如图 5-13 所示。

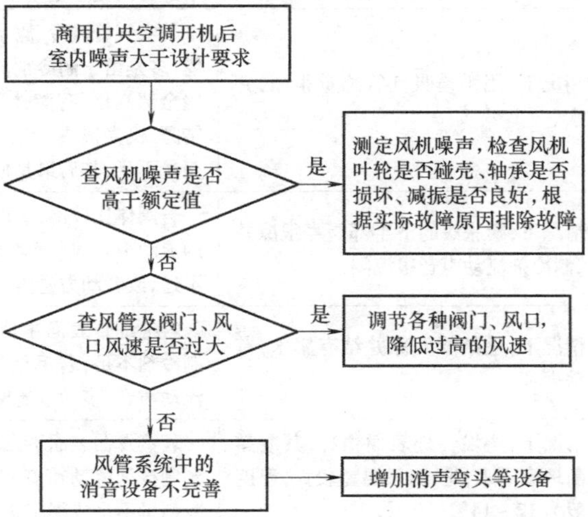

图 5-13　商用中央空调运行噪声大的故障检修流程图

对商用中央空调系统进行检修时，温度的检查和测试十分重要，因为整个中央空调系统的机组部件都有其正常的温度范围，超出这个范围就属不正常的状态。造成这些不正常的因素可能是故障，也可能是调整不正确，需要具体分析其原因，并及时进行处理或检查。表5-1中分别列出了几种机组部件的温度状态，可在检修时作为重要参考。

表5-1　商用中央空调机组部件的温度参数

部件或部位	正常范围	备　注
压缩机排气温度	压缩机在夏季制冷状态下，排气温度比较高，不可用手触摸。例如，R22（制冷剂类型）制冷系统的排气温度可能高达150℃	排气温度超高可能是压缩机的吸气温度超高，或是冷凝器温度超高所造成的，必须引起注意。排气温度过低，手摸排气管不烫手，说明吸气温度特别低，压缩机可能湿行程运行或在系统制冷剂特别少的情况下运行。压缩机湿行程运行容易损坏阀结构；在制冷剂特别少的情况下运行，会影响电动机绕组的散热，加速绝缘材料的老化
压缩机机壳温度	上机壳受吸入蒸气的影响，温度比较低，处在微热或稍凉范围，在30℃左右，在吸气管的周围，局部机壳表面有结露水的可能 下机壳内电动机的发热量和被冷冻油带出的摩擦热量主要由蒸气带出机壳	机壳表面温度超过正常范围，主要是制冷系统的吸气温度过高。过高的热蒸气进入压缩机，吸收机壳内热量后，使蒸气的温度更高，从而使机壳的温度上升。机壳表面温度低于正常范围，其原因是吸气温度太低，它对冷冻油和电动机绕组的冷却都有利，但制冷量有所下降
冷凝器的温度	正常情况下，前半部散热管很热，且其温度有缓慢地下降的趋势。后半部散热管的热感程度与前半部相比有较大的降低	冷凝器后半部管内制冷剂已逐步液化，已达到冷凝温度和过冷温度。当不正常情况产生时，多出现后半部接近常温（环境温度），其原因是压缩机制冷剂量不足。若整个冷凝管都很热，多是由于制冷剂量过多或通风量小，或环境温度高引起的
壳管式水冷冷凝器的温度	正常情况下是上半部比较热，下半部是温热	若整个壳体都不太热，可能是制冷剂量不够；若整个壳体都很热，可能是冷却水量不足或散热效果差（水管内结垢）
干燥过滤器的温度	在正常情况下，干燥过滤器应为温热	若过滤器发凉，多是由于过滤网孔被污泥阻塞，使过滤器不畅通，当制冷剂流过滤网时，发生了节流现象；若过滤器不热，与环境温度相当，多是由于过滤网完全堵塞不通，制冷剂不能流动
吸气管的温度	正常情况下，用手摸吸气管感觉很凉，并结有露水	若吸气管较冷、露水太多，以致使机壳大面积结露，多是由于制冷剂流量过大，液体不能在蒸发器内全部汽化，有液体回流现象；若吸气管不凉、不结露、机壳很热，多是由于制冷剂流量太小或制冷剂量不足，其后果是使排气温度上升，制冷量下降
热力膨胀阀的温度	正常情况下，膨胀阀的下半部阀身很凉并有露水，制冷剂流动声音很沉闷	若阀体比较冷，表面露水较多甚至结霜，制冷剂的流动声较大（气体流动），多是由于过滤网堵塞不通，或者动力盒内制冷剂泄漏，阀孔关闭
毛细管的温度	正常情况下，毛细管发凉并结有露水，有液体流动声音	若毛细管表面很凉、结露、流动声音较响，多为制冷剂不足；若毛细管表面不凉、不结露、听不到流动声音，多为过滤网堵塞或毛细管堵塞
蒸发器的温度	正常情况下，蒸发器外表面很冷，其凝露水珠不断地滴下来，进、出风温差较大，温度范围一般为12～14℃	若蒸发器表面不太凉，露水不多或不结露，可听到制冷剂流动声音很响，进、出风温差小，多为制冷剂量不足或膨胀阀开度小

课题二　商用中央空调管路系统故障的检修

相关知识

商用中央空调中的管路是指制冷剂循环系统和水循环系统两部分。对管路系统的检修是维修商用中央空调必须掌握的操作技能。

一、商用中央空调管路系统的结构

商用中央空调的管路系统主要包括制冷剂循环系统和冷却水循环系统、冷冻水循环系统、风道系统。下面分别以水冷式冷（热）水中央空调、风冷式冷（热）水中央空调以及风管式中央空调为例进行介绍。

1. 水冷式冷（热）水中央空调管路系统的结构组成

图 5-14 所示为水冷式冷（热）水中央空调的管路系统，从图中可以看出，水冷式冷（热）水中央空调的管路系统主要是由室外冷却水循环系统（即冷却水塔、冷却水泵、阀等)、水冷机组、冷冻水循环系统（即冷冻水泵及相关阀类、空调末端设备、膨胀水箱）等部分构成的。室内机是由多个室内末端设备及连接管路等部分构成的。

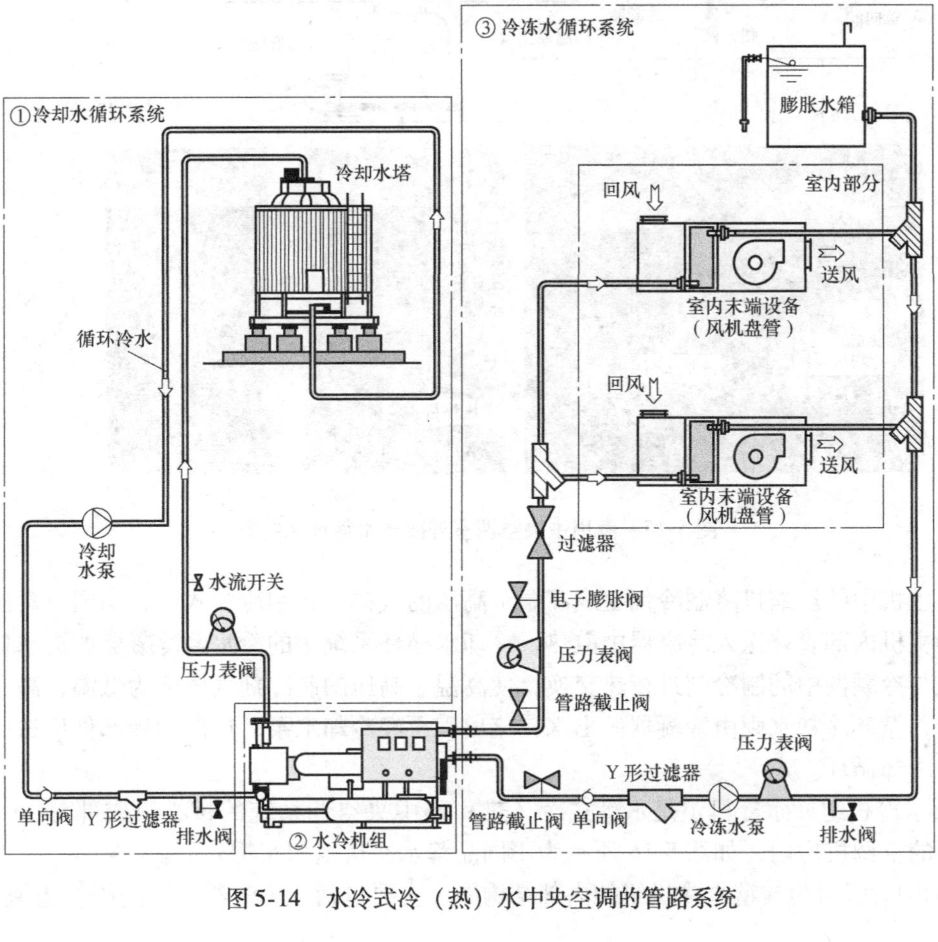

图 5-14　水冷式冷（热）水中央空调的管路系统

（1）室外冷却水循环系统　室外冷却水循环系统主要由冷却水塔、冷却水泵、管路和各种阀类等部件构成。该系统主要用于与空调主机中的冷凝器部分进行热交换，对冷凝器进行冷却降温，如图 5-15 所示。

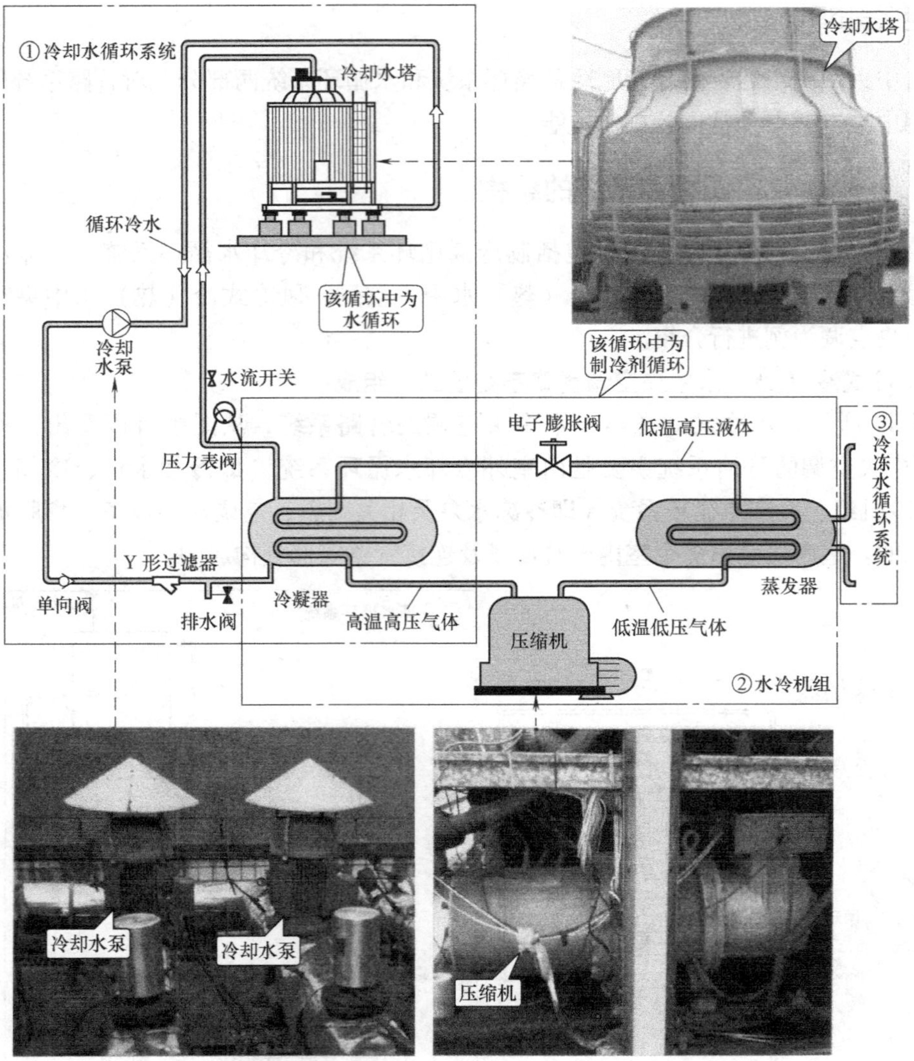

图 5-15　商用中央空调室外冷却水循环系统

空调主机中的压缩机将制冷剂变成高温、高压的气体，在制冷模式时，高温、高压的气体经空调主机内部管路送入冷凝器中散热，冷却水循环系统中的冷水经冷凝器的进水口送入其内部，与冷凝器中的制冷剂进行热交换，使高温、高压的制冷剂气体变为低温、高压的制冷剂液体，循环冷却水则由冷凝器的出水口流出，再经冷却水泵、单向阀等部件后送回冷却水塔进行冷却循环。

（2）水冷机组　水冷机组是水冷式冷（热）水中央空调系统的核心组成部分，一般安装在专门的空调机房内，如图 5-16 所示为不同品牌水冷机组的实物外形。

如图 5-17 所示为典型水冷机组的内部结构图，主要包括压力表阀、安全阀（溢流阀）、

图 5-16　不同品牌水冷机组的实物外形

a）盾安 SL 系列满液式螺杆水冷机组　b）格力 LH 系列商用中央空调螺杆水冷机组

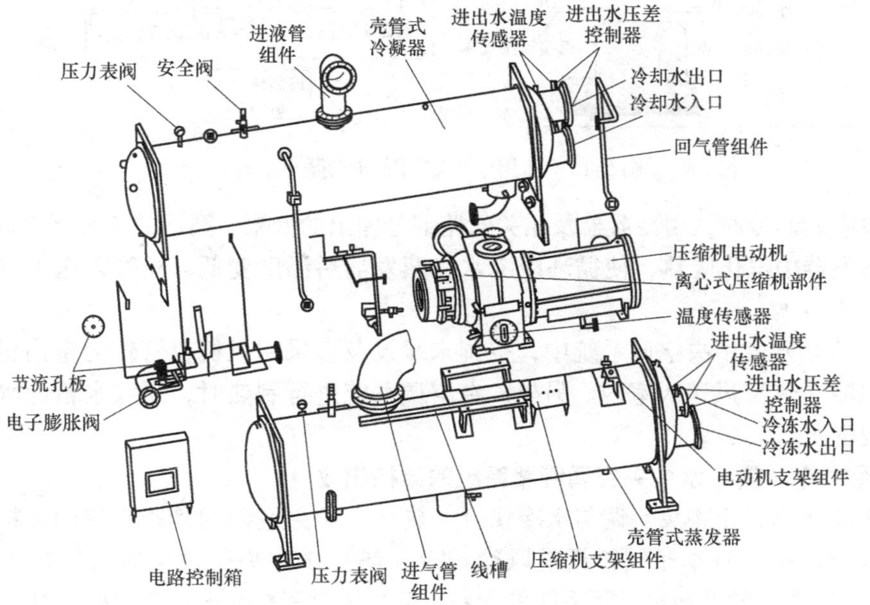

图 5-17　典型水冷机组的内部结构图

进液管组件、壳管式冷凝器、进出水温度传感器、进出水温差控制器、冷却水出口、冷却水入口、回气管组件、节流孔板、电子膨胀阀、离心式压缩机部件、压缩机的电动机、温度传感器、电路控制箱、壳管式蒸发器、冷冻水入口、冷冻水出口等。

（3）冷冻水循环系统　冷冻水循环系统主要是由冷冻水泵、管路截止阀、压力表阀、单向阀、电子膨胀阀-膨胀水箱和空调末端设备（多为风机盘管）构成的，该系统主要是将空调主机输出的冷媒水送至室内，实现制冷、制热的目的，如图5-18所示。

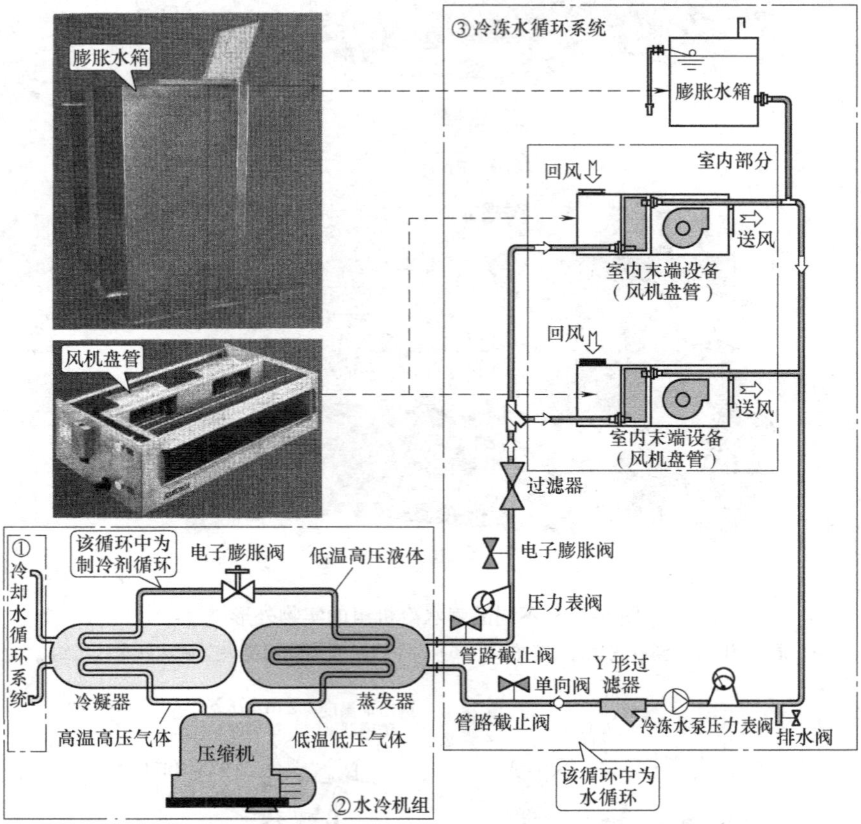

图5-18　商用中央空调冷冻水循环系统

当中央空调制冷时，由冷凝器及相关管路部分输出的低温、高压的液态制冷剂送入蒸发器中，在蒸发器中汽化吸热，使循环冷冻水经蒸发器后温度变低，经管路送入空调末端设备中。

在冷（热）水式中央空调系统中，空调末端设备多采用风机盘管作为室内机部分，由该设备输出冷（热）风送入室内。另外，在空调系统进行制热时，膨胀水箱为水循环系统补充所需要的水。

2. 风冷式冷（热）水中央空调管路系统的结构组成

风冷式冷（热）水中央空调与水冷式冷（热）水中央空调的管路系统的结构相似，两者的冷冻水循环系统基本相同，只是风冷式冷（热）水中央空调用风扇代替了水冷式冷（热）水中央空调中的冷却水循环系统的管路，使用风对制冷剂进行热交换处理。如图5-19所示为风冷式冷（热）水中央空调管路系统的结构组成。

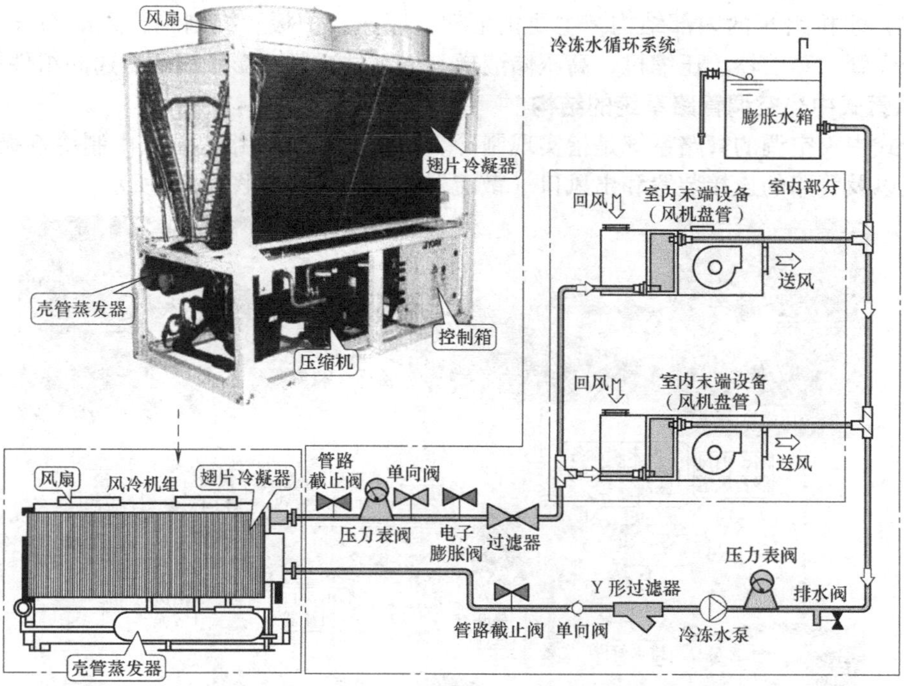

图 5-19　风冷式冷（热）水中央空调管路系统的结构组成

如图 5-20 所示为风冷式冷（热）水中央空调室外风冷机组［格力 LSBLGRF350M 风冷

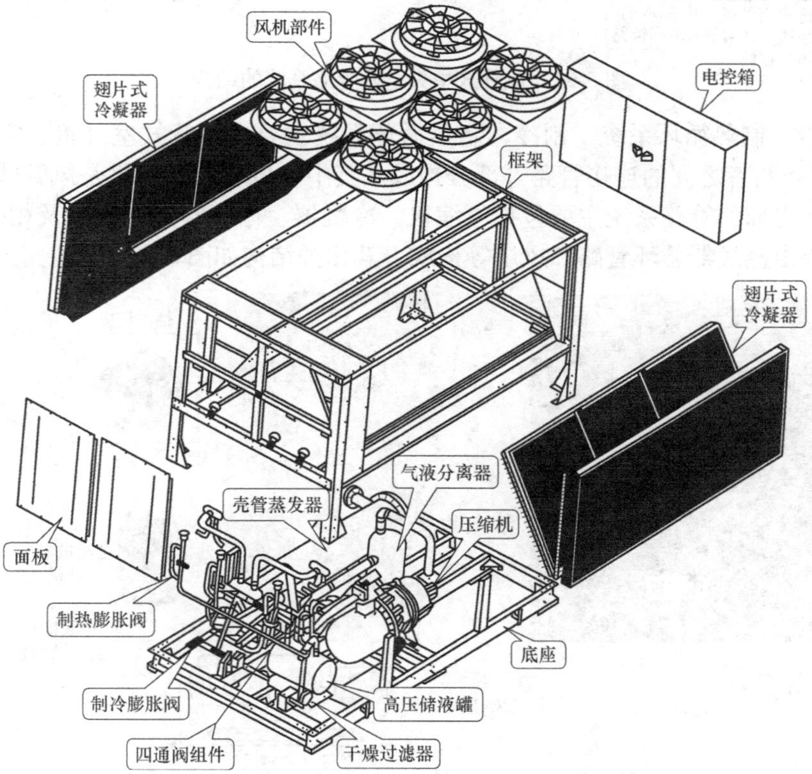

图 5-20　风冷式冷（热）水中央空调室外风冷机组
［格力 LSBLGRF350M 风冷式冷（热）水机组］的内部结构

式冷（热）水机组］的内部结构，主要由框架、底座、护板、控制箱、风扇部分、翅片式冷凝器、壳管式蒸发器、压缩机、高压储液罐、干燥过滤器、膨胀阀、四通阀组件等构成。

3. 风管式中央空调管路系统的结构

风管式中央空调的管路系统是指实现制冷、制热功能的管路部分，由制冷剂循环管路、送风管道以及管路的连接装置和出风口（散流器）等组成，如图 5-21 所示。

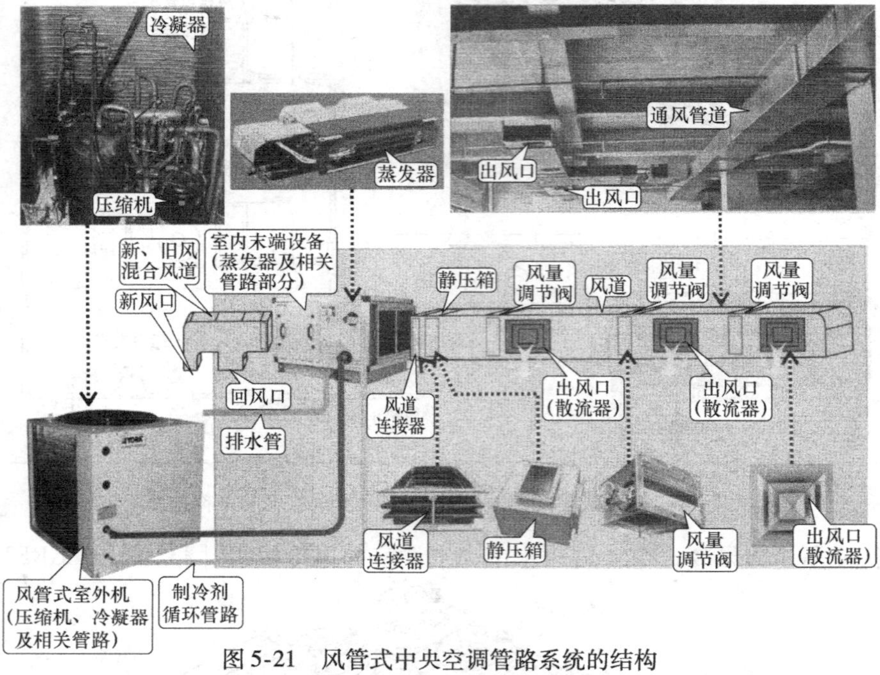

图 5-21　风管式中央空调管路系统的结构

（1）制冷、制热循环系统　制冷、制热循环系统主要由风管式室外机、室内末端设备（风机盘管）和两者之间的连接管路等部分构成。其中，风管式室外机是风管式中央空调的核心系统，其内部的管路系统主要包括压缩机、冷凝器、循环管路、风扇及相关阀类部件，室内机则主要由蒸发器循环管路和风扇等构成，其相关结构如图 5-22 所示。

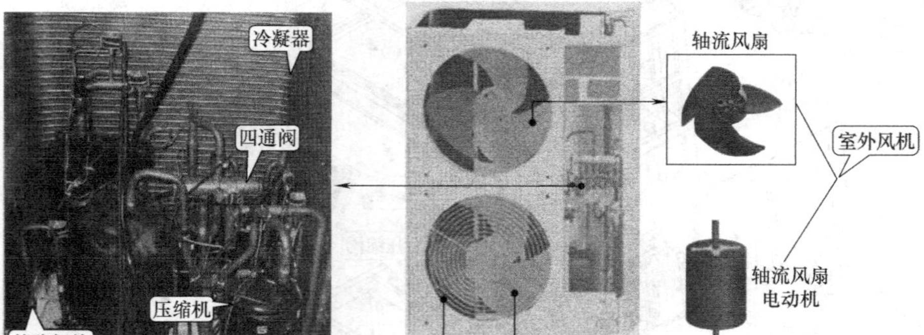

a)

图 5-22　室内、室外机组的管路系统

a）室外机结构

图 5-22　室内、室外机组的管路系统（续）
b）室内机结构

通常情况下，在风管式室外机中设有压缩机，压缩机通过管路与室外机中的翅片式冷凝器连接，冷凝器经过连接管路以及管路上的闸阀组件等与室内末端设备（风机盘管）中的蒸发器连接，室内末端设备（风机盘管）通过风道连接阀与回风风道以及送风风道进行连接，通过回风风道将风吸入，通过送风风道将风送入室内进行制冷或制热，其连接关系如图5-23所示。

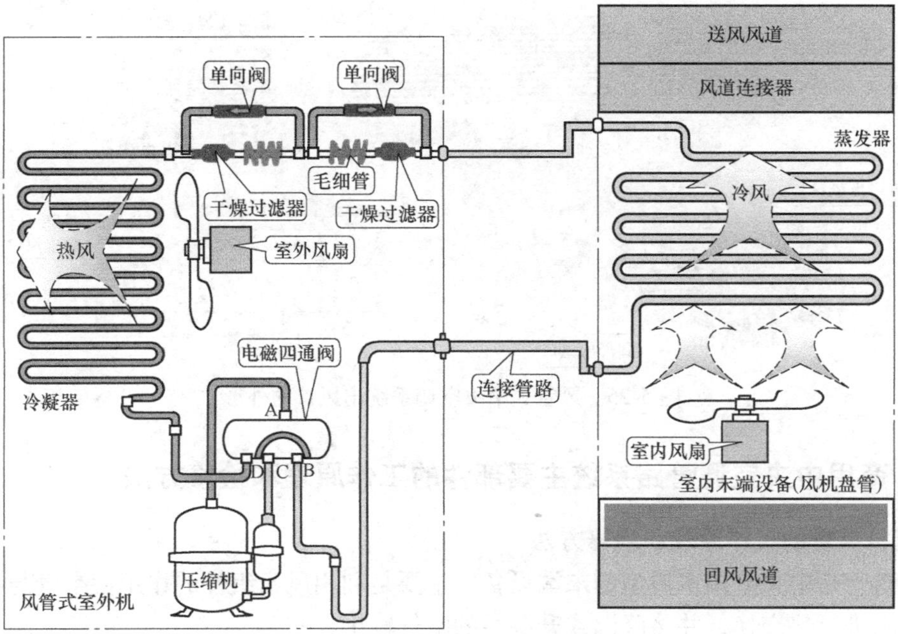

图 5-23　风管式中央空调系统室内、室外机的连接关系

（2）通风管道和出风口　通风管道和出风口系统是用于传输和分配室内机输出的冷热风的系统，一般根据房间内的需求设定，如图 5-24 所示为风管式中央空调系统中的通风管道和出风口。

其中，风管式中央空调一般都需要配置出风口，以便送风。出风口的形式较多，有方形、圆形和百叶窗形等，如图 5-25 所示。

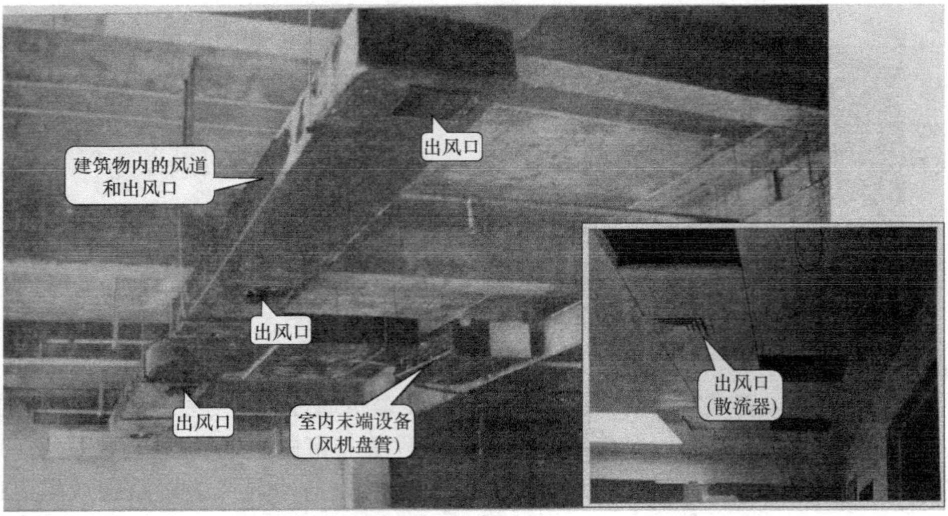

图 5-24　风管式中央空调系统中的通风管道和出风口

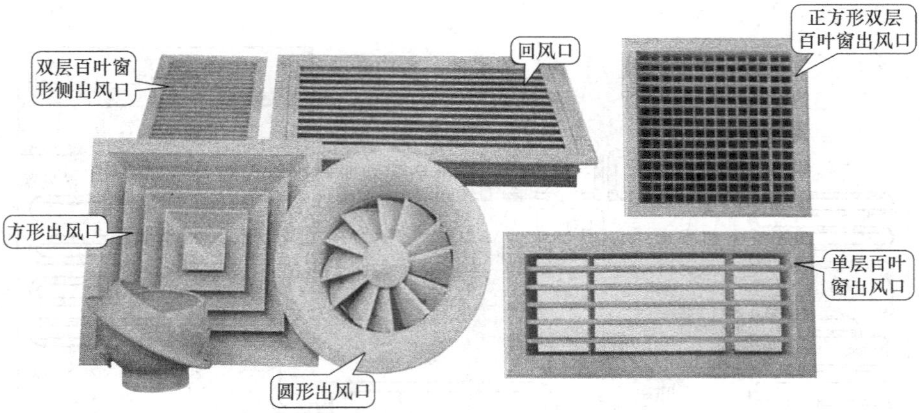

图 5-25　风管式中央空调系统出风口的外形

二、商用中央空调管路系统主要部件的工作原理和检修方法

1. 风机盘管的工作原理和检修方法

风机盘管是中央空调中典型的末端设备，主要是利用风扇组件的作用使空气与盘管中的冷水或热水进行热交换，并将降温或升温后的空气输出。

根据封装形式的不同，风机盘管可分为吊顶暗装风机盘管、吊顶明装风机盘管、立式暗装风机盘管、立式明装风机盘管以及卡式风机盘管等，如图 5-26 所示；根据管道结构还可分为两管制与四管制，两管制风机盘管是比较常见的中央空调末端设备，它在夏季可以流通冷水、冬季流通热水，而四管制风机盘管可以同时流通热水和冷水，可以根据需要分别对不同的房间进行制冷和制热，该类风机盘管多用于酒店等要求高的场所。

在风机盘管的上端一般会带有产品的标识，可以通过对标识的识读了解该风机盘管的相关参数信息。

(1) 风机盘管的结构　如图 5-27 所示，风机盘管由出水口、进水口、排气阀、凝结水出口、积水盘、管道接口支架、接线盒、回风箱、过滤网、风扇组件、电加热器（可选）、盘管、出风口等构成。风机盘管的形式虽然不同，但其内部结构基本相同。

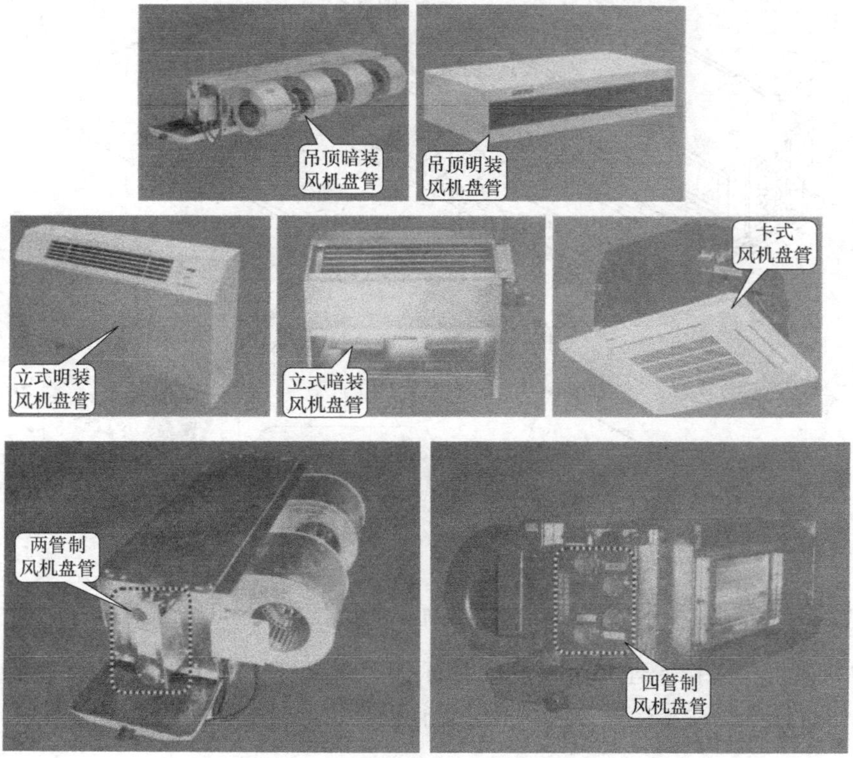

图 5-26　不同种类的风机盘管

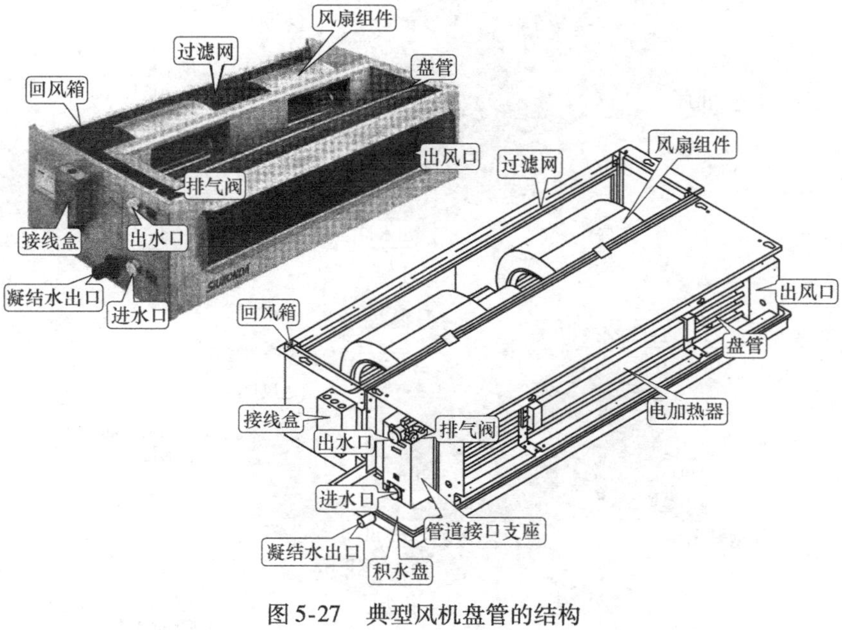

图 5-27　典型风机盘管的结构

风机盘管中的风扇组件由电动机座、风扇支架、电动机、风扇叶轮以及蜗壳等组成，如图 5-28 所示。电动机控制蜗壳中的风扇叶轮旋转，从而产生风。

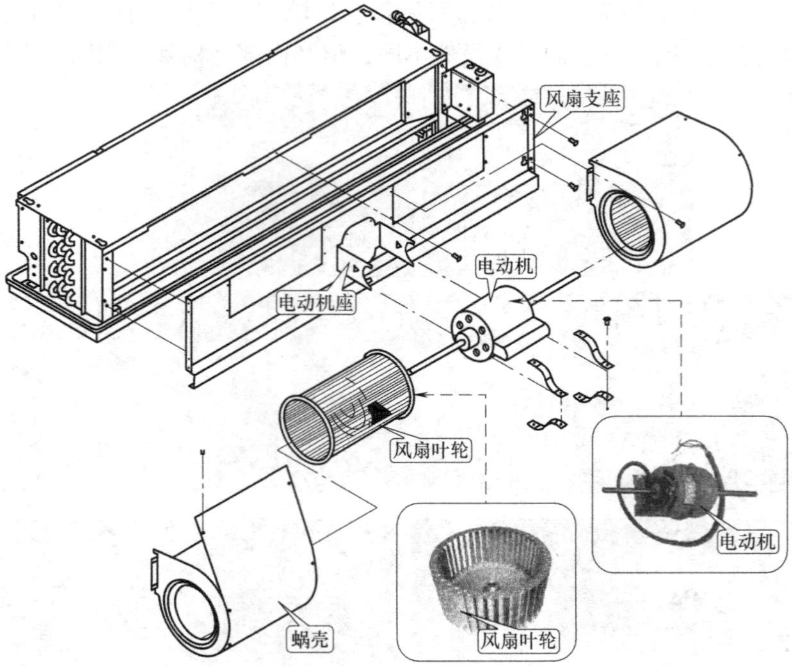

图 5-28　典型风机盘管风扇的结构

（2）风机盘管的工作原理　如图 5-29 所示为风机盘管的工作原理。当风机盘管进行制冷时，由入水口进入的冷水会通过风机盘管进行循环，此时电动机接到起动信号，带动风扇

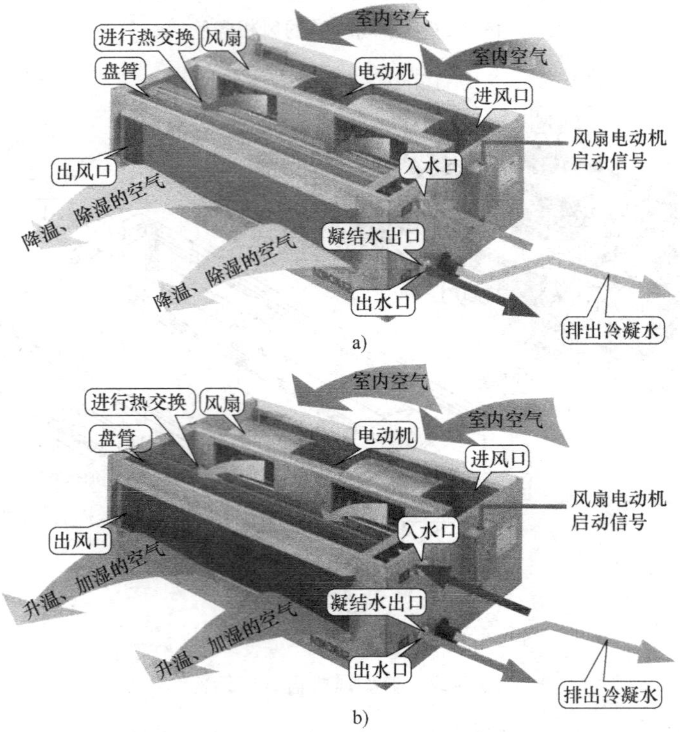

图 5-29　风机盘管的工作原理

a）风机盘管制冷的工作原理　b）风机盘管制热的工作原理

运转，使空气通过进风口进入，与风机盘管中的冷水发生热交换，空气温度降低，降温后的空气在风扇的作用下从出风口被送出，对室内进行降温。盘管中的冷水进行热交换后由出水口流出。冷凝水进入积水盘，由冷凝水出口排出。当风机盘管制热时，需要由入水口送入热水，使热水与室内空气进行热交换，输出热风。

1）风量调节的工作过程。风机盘管的风量调节方式，就是利用风扇调速器来控制风机盘管的出风量，如图5-30所示。该类中央空调中的风机盘管不能自动控制其进水或停止进水，只能通过风扇调速器调节风扇的速度与风扇的开关，从而控制风机盘管的出风量。当不开启风机盘管的风扇时，循环水仍然会流入风机盘管中进行循环，会造成制冷量浪费。目前，该类控制形式正被逐步淘汰。

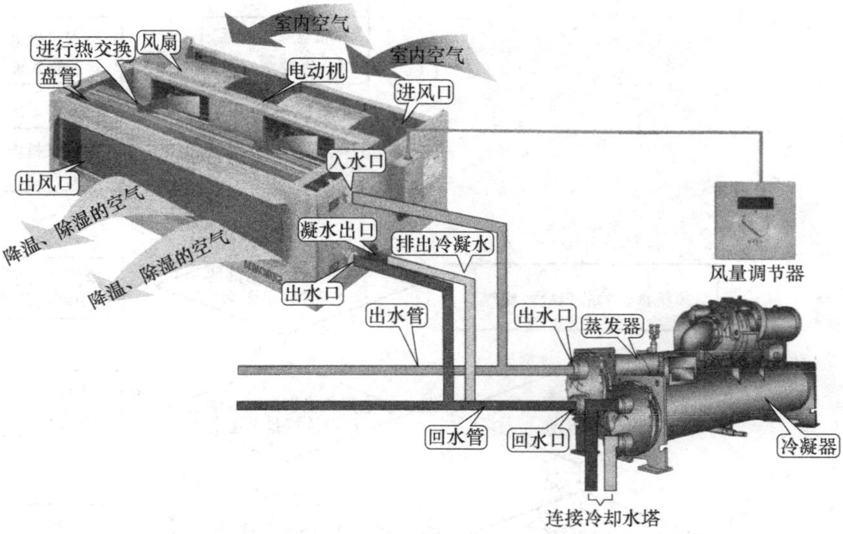

图5-30　风机盘管的风量调节工作过程

2）水量调节方式的工作过程。风机盘管的水量调节方式，就是通过三通电磁阀来控制风机盘管的进水量。进水量的多少由室内温度传感器和温度调节器决定，具体如图5-31所

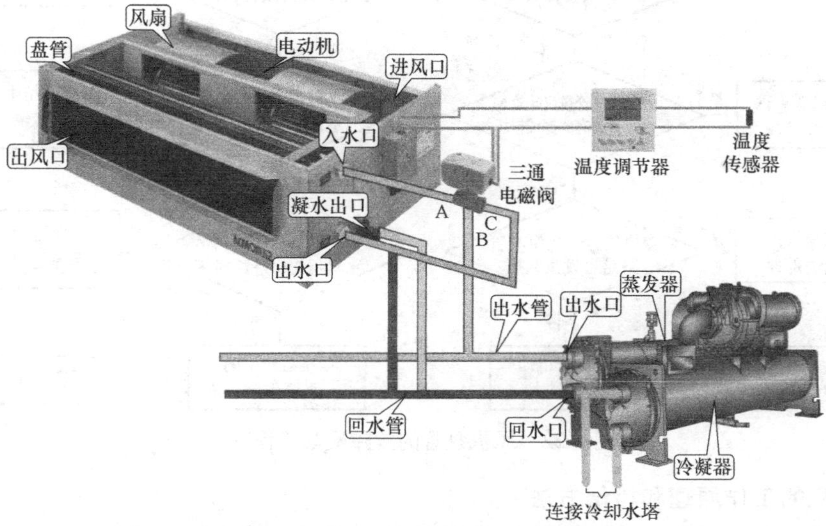

图5-31　水量调节方式的工作过程

示。风机盘管的入水口通过三通电磁阀分别与出水口以及蒸发器的出水管连接，出水口与蒸发器的入水管以及三通电磁阀的一端连接，接线盒与三通电磁阀连接温度调节器，并串联温度传感器。此时由温度调节器分别控制三通电磁阀的导通以及风扇的转速，以控制风机盘管的进水与停水，不会造成制冷量的流失。

3）风机盘管的检修方法。风机盘管常出现的故障有无法起动、漏水、运行中有噪声等，该类故障大多是由于供电线路连接不到位、风扇组件不能正常工作、凝结水无法排除导致泄漏、积水盘及管路保温不当发生二次凝水引起的，如图 5-32 所示为风机盘管的故障检修流程。当风机盘管出现故障时，首先应检查风机盘管是否可以正常起动，再检查是否发生泄漏现象、起动后是否有噪声，并分别针对不同的故障表现进行相应的检修处理。

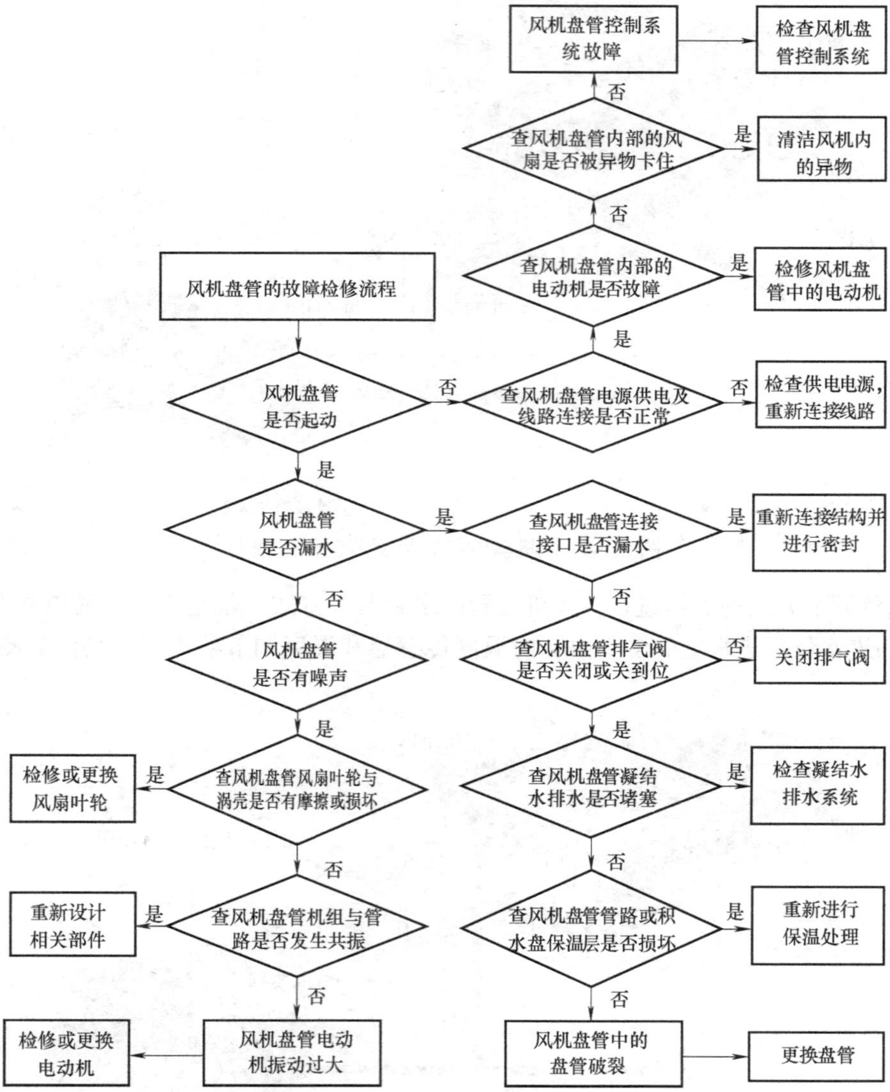

图 5-32　风机盘管的故障检修流程图

2. 压缩机的工作原理和检修方法

（1）商用中央空调压缩机的结构和工作原理　商用中央空调采用的压缩机主要有离心

式与螺杆式两种，如图5-33所示。离心式压缩机利用内部叶片的高速旋转使速度变化，产生压力，其单机容量大，承载能力高，但低负载运行时会出现间歇停止的情况。螺杆式压缩机与离心式压缩机相比发展较晚，是一种容积回转式压缩机，具有高效、耐久、结构紧凑和可以平稳调节负载的特点。

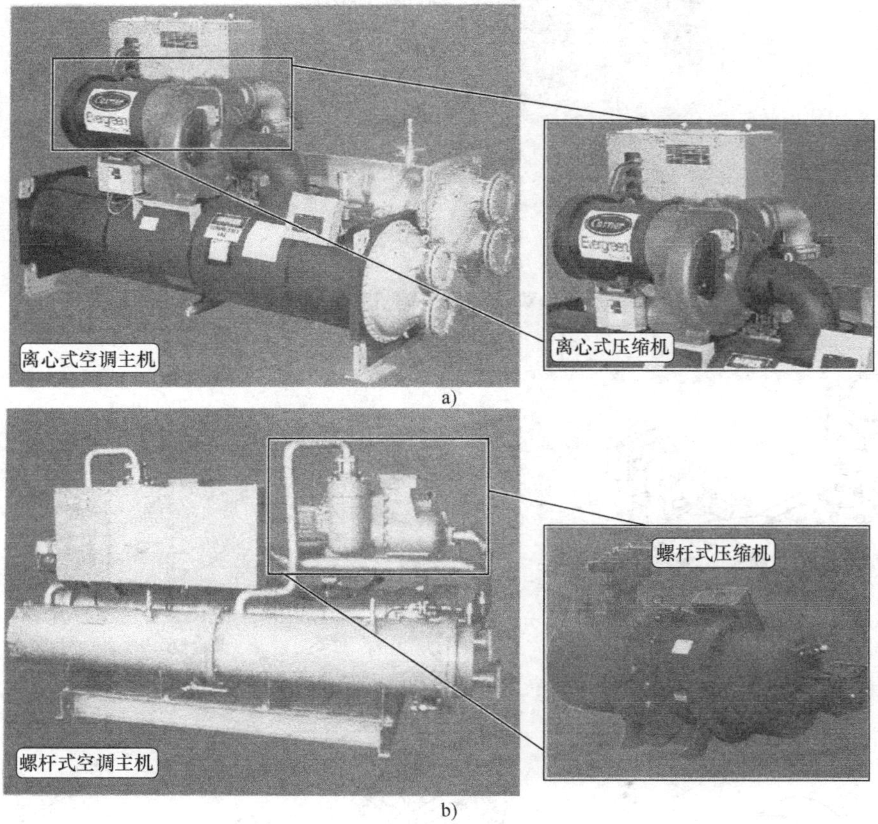

图5-33　商用中央空调压缩机

a）离心式压缩机　b）螺杆式压缩机

1）离心式压缩机。如图5-34所示为离心式压缩机的内部结构，主要由定轴器、套筒、止推轴承、轴承、机械密封、进口导叶、隔板、叶轮、齿轮联轴器、机壳等构成。制冷剂气体在叶轮的作用下随叶轮高速旋转，受旋转离心力的作用以及在叶轮里的扩压运动压力提高，速度加快。

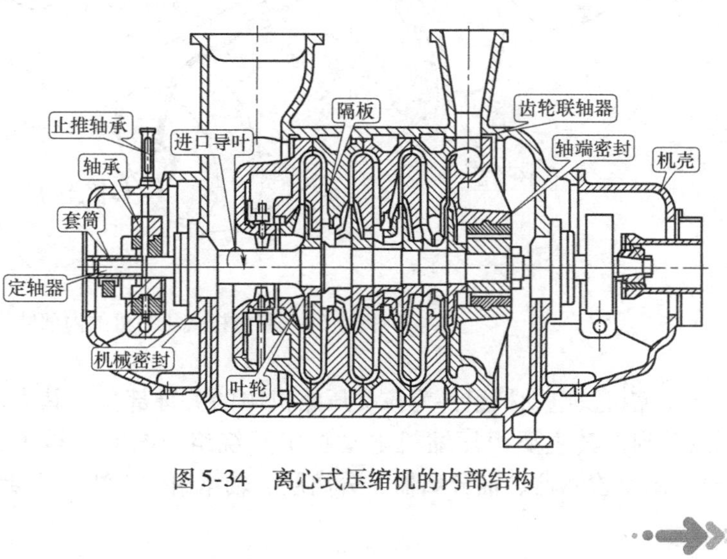

图5-34　离心式压缩机的内部结构

2）螺杆式压缩机。如图

5-35 所示为双螺杆式压缩机实物剖开图，图 5-36 所示为双螺杆式压缩机的内部结构，它主要是由油分离器和压缩机及电动机组件构成的。

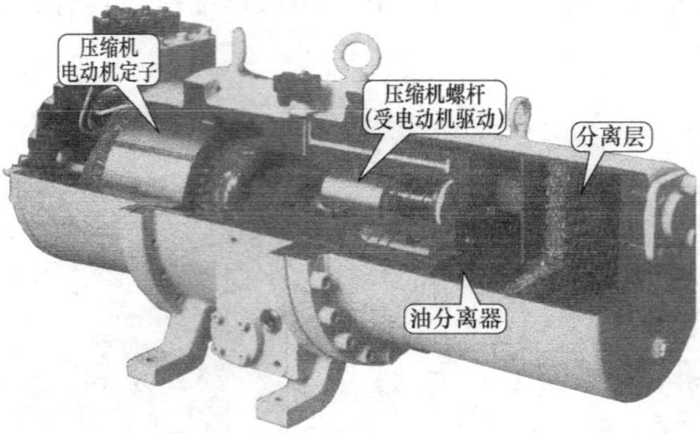

图 5-35　双螺杆式压缩机实物剖开图

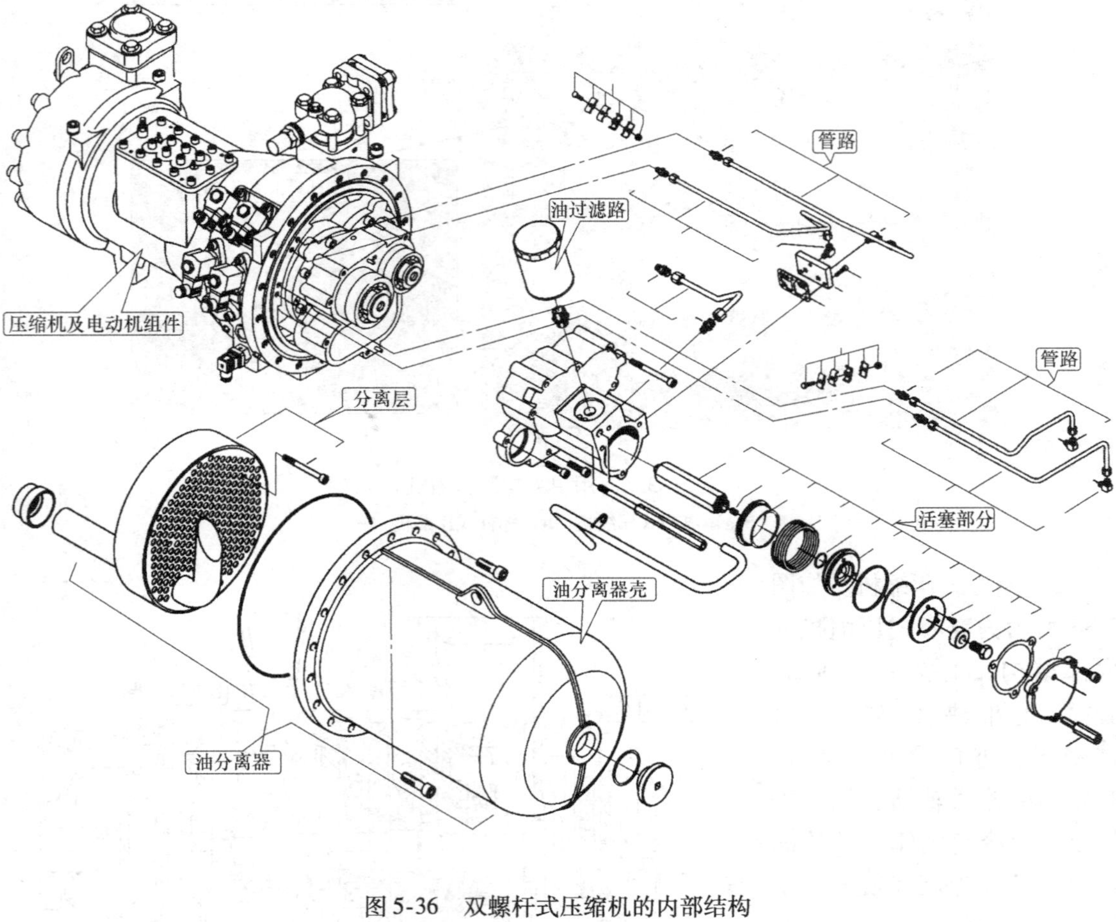

图 5-36　双螺杆式压缩机的内部结构

压缩机及电动机组件为该类压缩机中的关键部分，其内部结构如图 5-37 所示，从图中可以看到，其主要由压缩机电动机定子绕组、电动机转子、压缩机螺杆（阴转子、阳转子）、温度检测器、油分离器、分离层、轴承组件、法兰、活塞部分等构成。

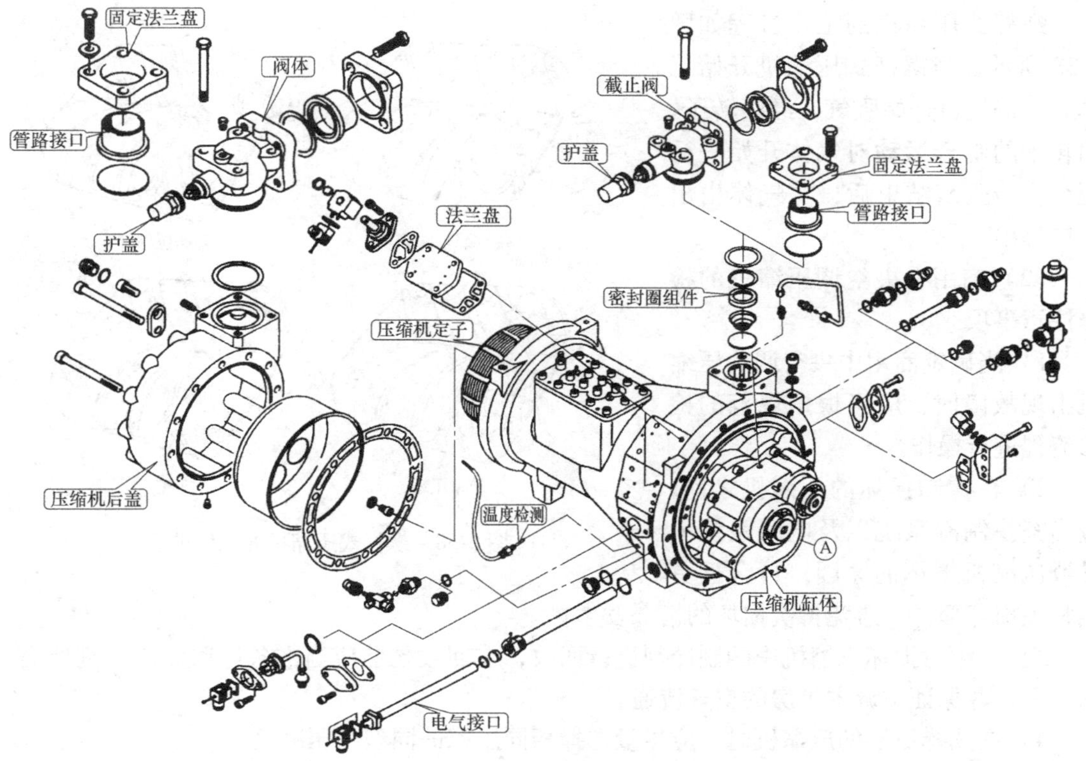

a)

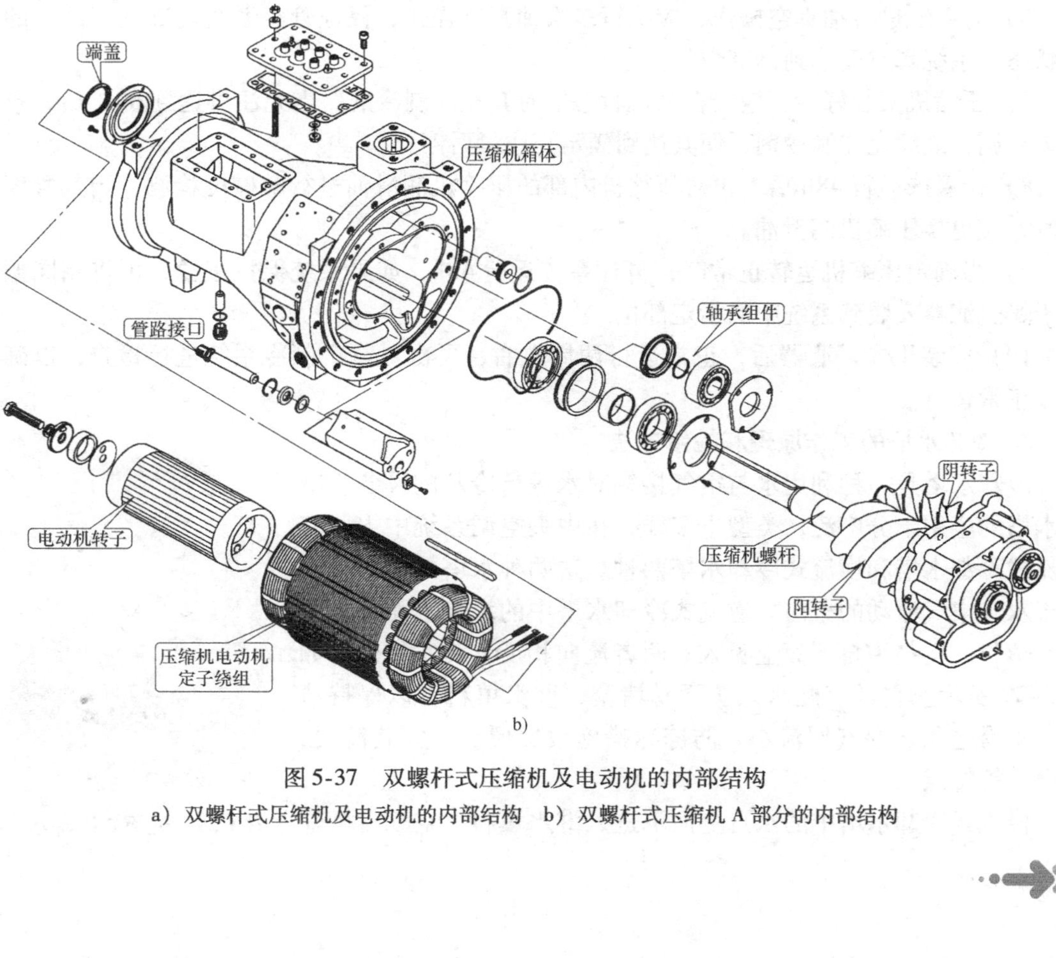

b)

图 5-37　双螺杆式压缩机及电动机的内部结构

a）双螺杆式压缩机及电动机的内部结构　b）双螺杆式压缩机 A 部分的内部结构

螺杆式压缩机的工作过程如图5-38所示，当螺杆式压缩机开始工作时，进气口开始吸气，经阳转子、阴转子的啮合运动对气体开始进行压缩，当压缩结束后，将气体由出气口排出。

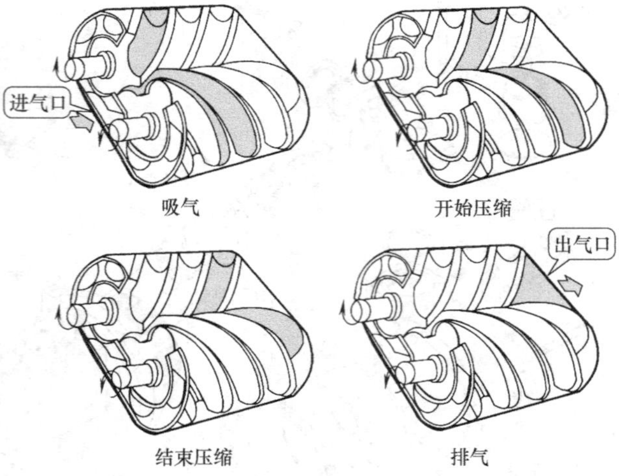

图5-38　螺杆式压缩机的工作过程

（2）商用中央空调压缩机的检修注意事项

1）当确定商用中央空调的压缩机出现故障时，应当根据规范的检修流程进行操作。

2）在拆卸损坏的压缩机之前，应当查找制冷系统以及电路系统中导致压缩机损坏的原因，再合理更换相关损坏部件，避免再次损坏的情况发生。

3）必须对损坏压缩机中的制冷剂进行回收，在回收之前应当准备好回收制冷剂所需要的工具，并保证空调主机房的空气流通。

4）在选择更换的压缩机时，应尽量选择相同厂家的同型号压缩机。

5）将损坏的压缩机取下并更换新压缩机后，应使用氮气对制冷剂循环管路进行清洁。

6）对系统进行抽真空操作，应执行多次抽真空操作，保证管路系统内部处于绝对的真空状态，系统真空度达到标准数值。

7）压缩机安装好后，应当在关机状态下对其充注制冷剂，当充注量达到60%后，打开中央空调，继续充注制冷剂，使其达到额定充注量后停止。

8）让系统运行48h后，再对压缩机内部的压缩机润滑油进行酸碱度检测，当其酸度过高时，应更换压缩机润滑油。

9）当确定压缩机运转正常时，再让系统运行48h，如果系统保持正常，再将相同型号的干燥过滤器安装到系统中的指定部位。

10）安装干燥过滤器后，正常运行两周左右，再次对整个制冷系统进行检查，以确保可以正常运行。

3. 冷却水塔的工作原理和检修方法

冷却水塔是一种利用水与空气接触对水进行冷却的设备。冷却水塔的应用十分广泛，类型也多样，在中央空调系统中主要有逆流式冷却水塔和横流式冷却水塔两种。这两种水塔的主要区别在于水和空气流动的方向。逆流式冷却水塔中的水自上而下进入淋水填料，空气为自下而上吸入，两者流向相反，其实物外形如图5-39所示。它具有配水系统不易堵塞、淋水填料可以保持清洁、不易老化、湿气回流小、防冻冰措施设置便捷、安装简便、噪声小等特点。

图5-39　逆流式冷却水塔

横流式冷却水塔中的水自上而下进入淋水填料，空气自塔外水平流向塔内，两者的流向呈垂直正交，其实物外形如图5-40所示。该类型的水塔一般需要较多的填料进行散热，淋水填料易老化，布水孔易堵塞，防冻冰性能不良，湿气回流大；但其节能效果好，水压低，风阻小，无滴水噪声和风动噪声，可以安装在噪声要求严格的居民区内，淋水填料和配水系统检修便捷。

图 5-40　横流式冷却水塔

（1）冷却水塔的结构　冷却水塔的内部结构基本相同，下面以逆流式冷却水塔为例对其进行具体介绍。如图5-41所示为典型的逆流式冷却水塔的内部结构，主要由风扇电动机、减速器、风扇、布水器、布水管、淋水填料、入水管、出水管、进风窗、冷却水塔底盘、收水器、上壳体、中壳体以及塔脚等构成。

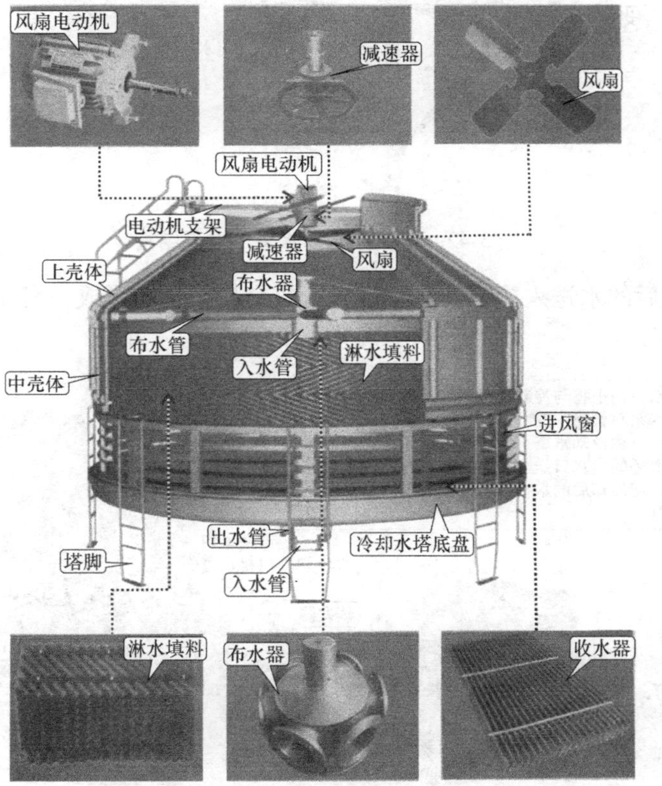

图 5-41　典型的逆流式冷却水塔的内部结构

冷却水塔中的风扇电动机主要用于驱动风扇进行运转，从而可以使风进入冷却水塔中。布水器与布水管构成冷却水塔中的洒水系统，可以均匀地将水洒至淋水填料中。淋水填料可以使水在其内部形成亲水膜，便于与风进行热交换，使水冷却。

如图5-42所示为横流式冷却水塔的内部结构，横流式冷却水塔的内部结构与逆流式冷却水塔基本相同，不同之处在于进风窗的位置有所不同，使空气与水的接触面变为不同。

（2）冷却水塔的工作原理　在中央空调系统中，当冷却水与冷凝器进行热交换后，水温升高，并由冷凝器的出水口流出，经过冷却水泵循环将其再次送入冷却水塔中进行降温，

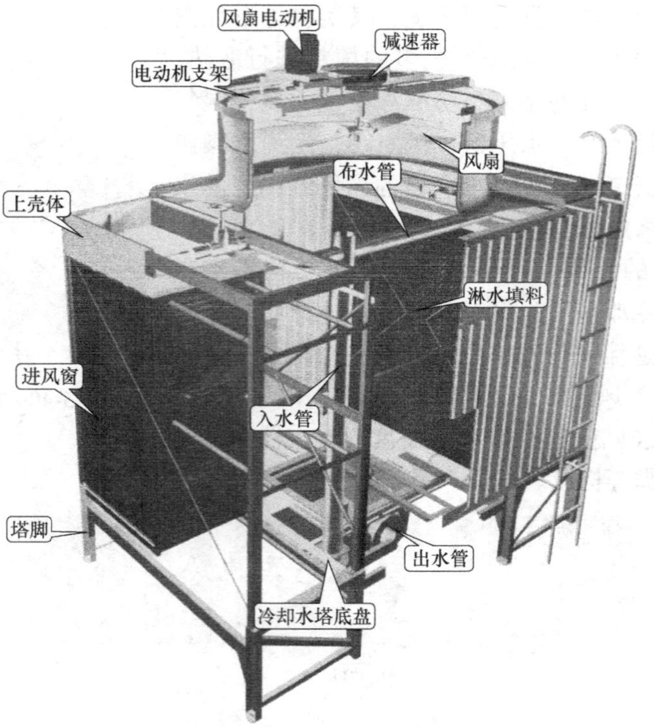

图 5-42　横流式冷却水塔的内部结构

冷却水塔再将降温后的水送入冷凝器，再次进行热交换，从而形成一套完整的冷却水循环系统，如图 5-43 所示。

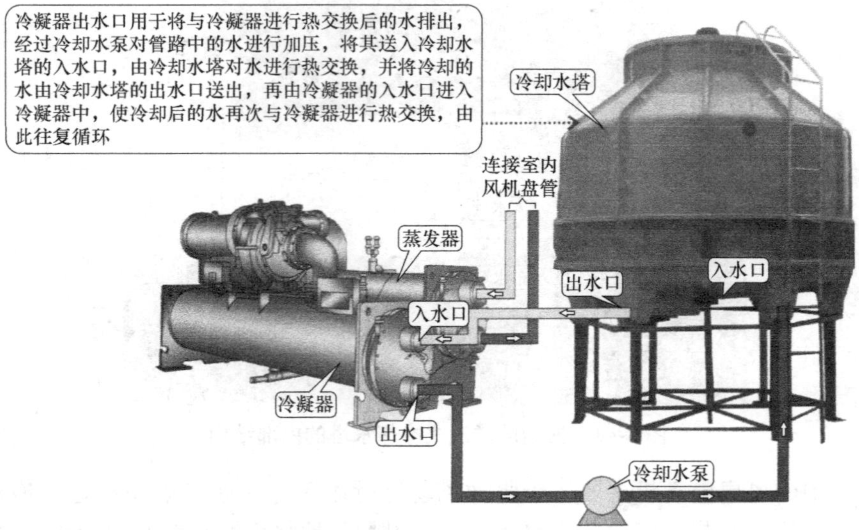

图 5-43　冷却水塔的冷却水循环系统

如图 5-44 所示为冷却水塔内部对水进行冷却的工作原理。热水由冷却水塔的入水口进入，经布水器后送至各布水管中，并向淋水填料中进行喷淋，干燥的空气经风机抽动后，由进风窗进入冷却水塔内，空气与水直接进行传热，形成水蒸气，水蒸气与新进入的空气之间存在压力差，在压力的作用下蒸发，从而达到蒸发散热，即可将水中的热量带走，从而达到降温的目的。

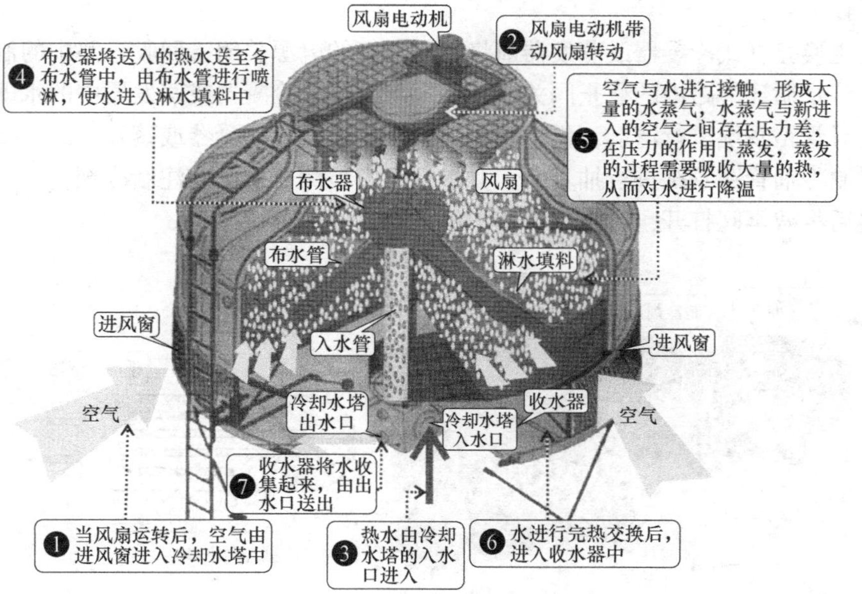

图 5-44　冷却水塔的工作原理

（3）冷却水塔的检修方法　冷却水塔常出现的故障主要有无法对循环水进行降温、循环水降温不达标等。该类故障多是由于冷却水塔风扇电动机故障引起风扇停转、布水管内部堵塞无法进行均匀的布水、淋水填料老化、冷却水塔过脏等原因造成的。如图 5-45 所示冷却水塔的基本检修流程。

当冷却水塔出现故障时，应检查冷却水塔的外部是否破损、风扇电动机是否故障、风扇减速器是否故障、风扇是否堵塞或损坏、内部淋水填料是否损坏、布水器及布水管是否损坏以及内部是否脏污等，针对不同的故障进行检修处理。

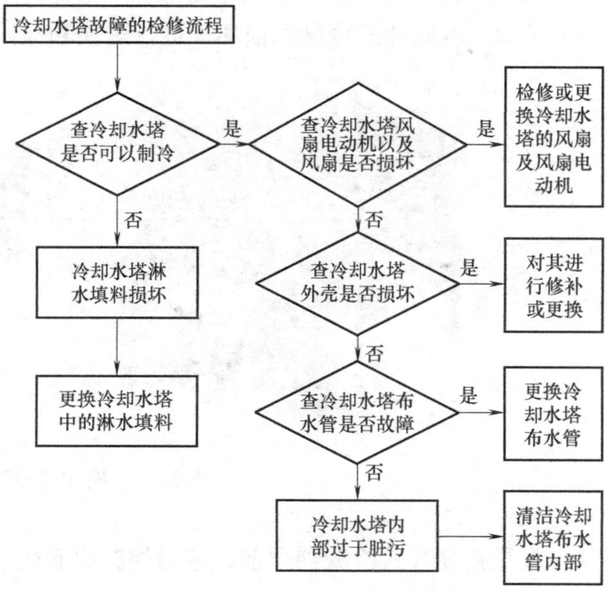

图 5-45　冷却水塔的基本检修流程

4. 壳管式冷凝器或蒸发器的结构和检修

在水冷式冷（热）水机组商用中央空调系统中，冷凝器或蒸发器都采用壳管式。壳管式冷凝器和蒸发器的外形十分庞大，内部包含制冷剂管道和水循环管道两部分，如图 5-46 所示。

商用中央空调中的壳管式冷凝器或蒸发器工作异常，一般需要进行更换，在更换和检修操作时应注意以下几个方面：

1）在更换损坏的壳管式冷凝器或蒸发器之前，应当先调查引起壳管式冷凝器或蒸发器损坏的原因。

2）在更换壳管式冷凝器或蒸发器前将空调机组的电源关闭，回收管路中的制冷剂。

3）先将水循环管路中的截止阀关断，仅放出壳管式冷凝器或蒸发器中的水即可。

4）先对管路系统进行清洁，再更换相同型号的壳管式冷凝器或蒸发器。

5）对制冷剂管路系统进行抽真空，并进行压力检测，重新充注制冷剂。

6）最后将截至阀打开，对水冷管路中添加适量的水进行循环。

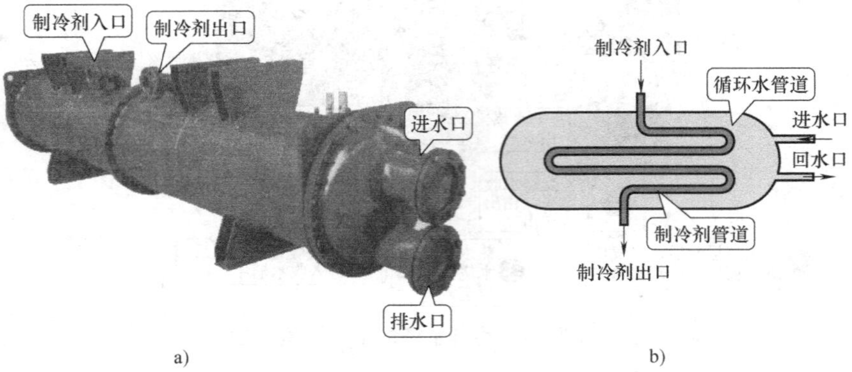

图 5-46　壳管式冷凝器和蒸发器

a）壳管式冷凝器和蒸发器实物外形　b）壳管式冷凝器和蒸发器的内部结构

5. 翅片式冷凝器的结构和检修

风冷式冷（热）水式中央空调系统中，冷凝器多采用翅片式结构，其典型实物外形如图 5-47 所示。若翅片式冷凝器损坏，进行更换和检修操作时应注意以下几个方面。

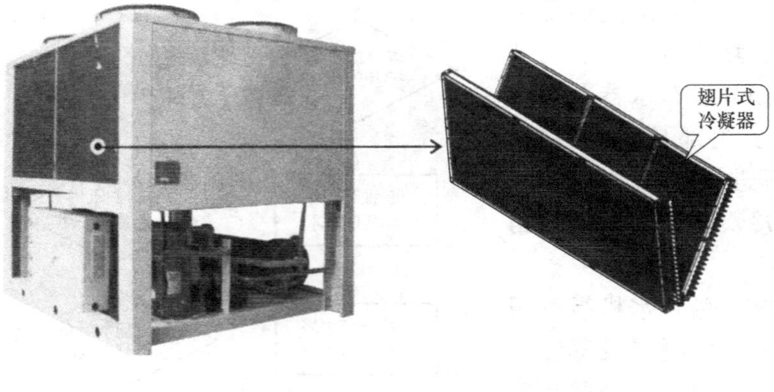

图 5-47　翅片式冷凝器

1）在更换翅片式冷凝器之前，应当检查引起翅片式冷凝器损坏的原因。

2）将空调机组的电源关闭，回收管路中的制冷剂。

3）对管路系统进行清洁，更换相同型号的翅片式冷凝器。

4）在更换中应当佩戴防护手套，防止更换中翅片对维修人员造成伤害。

5）对管路系统进行抽真空，并进行压力检测，重新充注制冷剂。

课题三　商用中央空调电路系统故障的检修

相关知识

商用中央空调的结构和控制方式都相对复杂，电路系统中一般都采用专用的控制柜进行控制，对商用中央空调电路系统的检修是一项技术要求高、难度大的工作，也是中央空调维修的一项综合技能。

一、商用中央空调电路系统的结构组成和工作原理

常见的商用中央空调电路系统一般有三种形式，即专用微处理器控制系统、通用变频器控制系统和由 PLC 与变频器配合的控制系统。随着 PLC 和变频技术的发展，目前大多数商用中央空调的电路系统采用 PLC 或变频器进行控制。

1. 由专用微处理器控制的商用中央空调系统

图 5-48 所示为典型冷（热）水式中央空调主机的基本控制关系，空调机组的各工作状态由电路控制箱中主控板上的专用微处理器芯片进行控制。

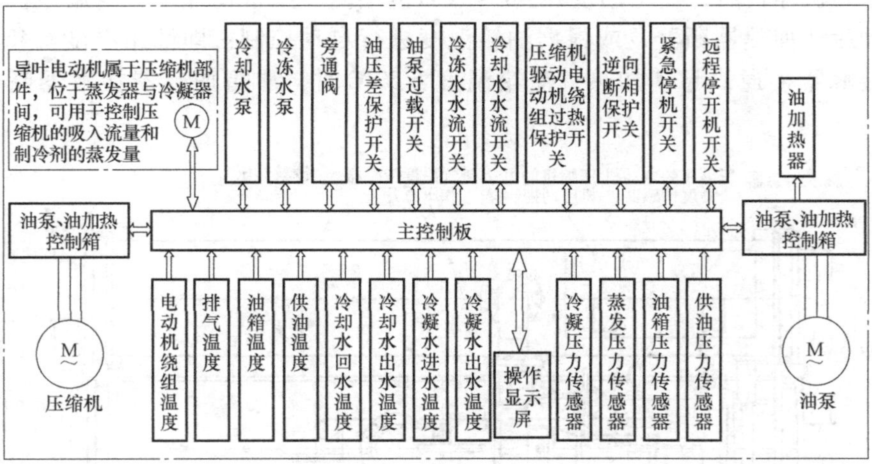

图 5-48　由专用微处理器控制的中央空调主机的基本控制关系

空调主机的主控板接收各接口所连接的传感器感测的各种信号，然后通过对信号进行识别处理后输出控制信号，实现对整机系统的控制。图 5-49 所示为水冷式冷（热）水中央空调主机中各种温度、压力传感器的安装位置，其基本的控制关系如下：

1）当主控板检测到所有输入信号均正常后，才能起动空调机组。

2）通过传感器检测到的冷冻水出水温度自动控制压缩机的起动、导叶开度和压缩机的停机等。

3）通过传感器检测到的冷凝压力来控制冷凝器冷却水的过热。

4）通过传感器检测到的压缩机的电动机绕组温度来自动控制和调节压缩机的电动机冷却电子膨胀阀的开度，并通过对电子膨胀阀开度的调节来进一步控制供油温度等。

5）通过传感器检测到的冷冻水出水温度和蒸发器的压力自动控制压缩机的速度。

6）空调主机停机时，可通过传感器检测到的油箱温度控制油加热器动作。

空调主机与系统冷却水泵、冷冻水泵的控制关系如下：

1）冷却水泵控制：在起动空调主机时，冷却水泵较冷冻水泵延时30s起动，且在主机开机状态下，冷却水泵保持开机状态；当空调主机关机时，冷却水泵比压缩机电压延时5min关闭。

2）冷冻水泵控制：在起动空调主机时，冷冻水泵比液压泵提前5min起动，且在主机开机状态下，冷冻水泵保持开机状态；当空调主机关机时，冷冻水泵比压缩机电压延时5min关闭。

3）压缩机容量调节控制：压缩机容量调节控制需根据冷冻水出水温度及相关设定参数进行控制，且通过对压缩机绕组能量的调节控制，使冷冻水出水温度恒定在（7±0.3）℃。压缩机容量调节包含压缩机导叶开度和压缩机电动机转速的调节。

未到达设定温度时，导叶开度增大或压缩机的驱动频率增加。

到达设定温度时，导叶和压缩机电动机的驱动频率不变。

超过设定温度时，导叶开度减小，压缩机电动机的驱动频率降低。

4）压缩机油加热器控制：压缩机油加热器由油加热交流接触器控制，该控制系统可有效保证压缩机停机后，油箱温度在48～52℃范围内。正常情况下，空调主机开机后或液压泵起动后油加热器断开，或根据油箱温度进行自动控制：即油箱温度≤48℃时，油箱加热器接触器接通，起动加热；油箱温度≥52℃时，油箱加热器接触器断开，停止加热。

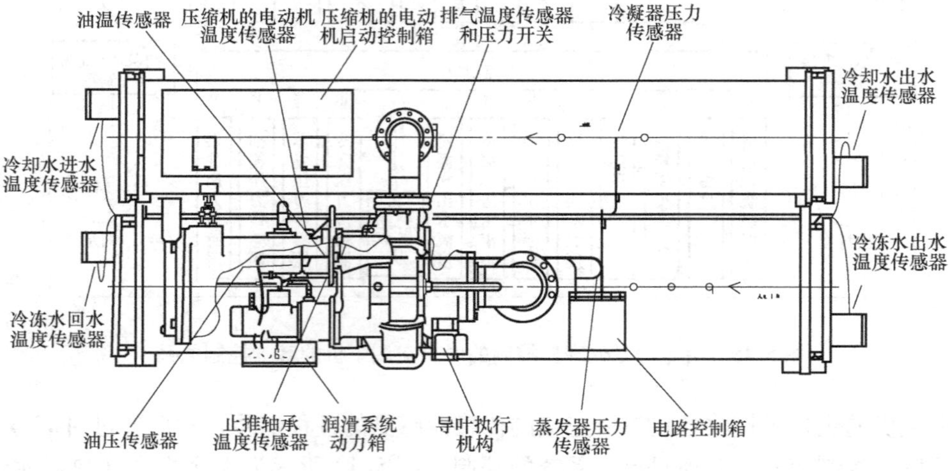

图5-49　水冷式冷（热）水中央空调主机中各种温度、压力传感器的安装位置

如图5-50所示为格力LSBLX4000H型水冷式冷（热）水中央空调主机控制箱电路图，由图可以看到电路控制箱中主控电路板与各电气部件之间的连接和控制关系。图5-51所示为格力LSBLX4000H型水冷式冷（热）水中央空调主机液压泵控制箱电路图，图5-52所示为格力LSBLX4000H型水冷式冷（热）水中央空调主机压缩机起动控制箱电路图。

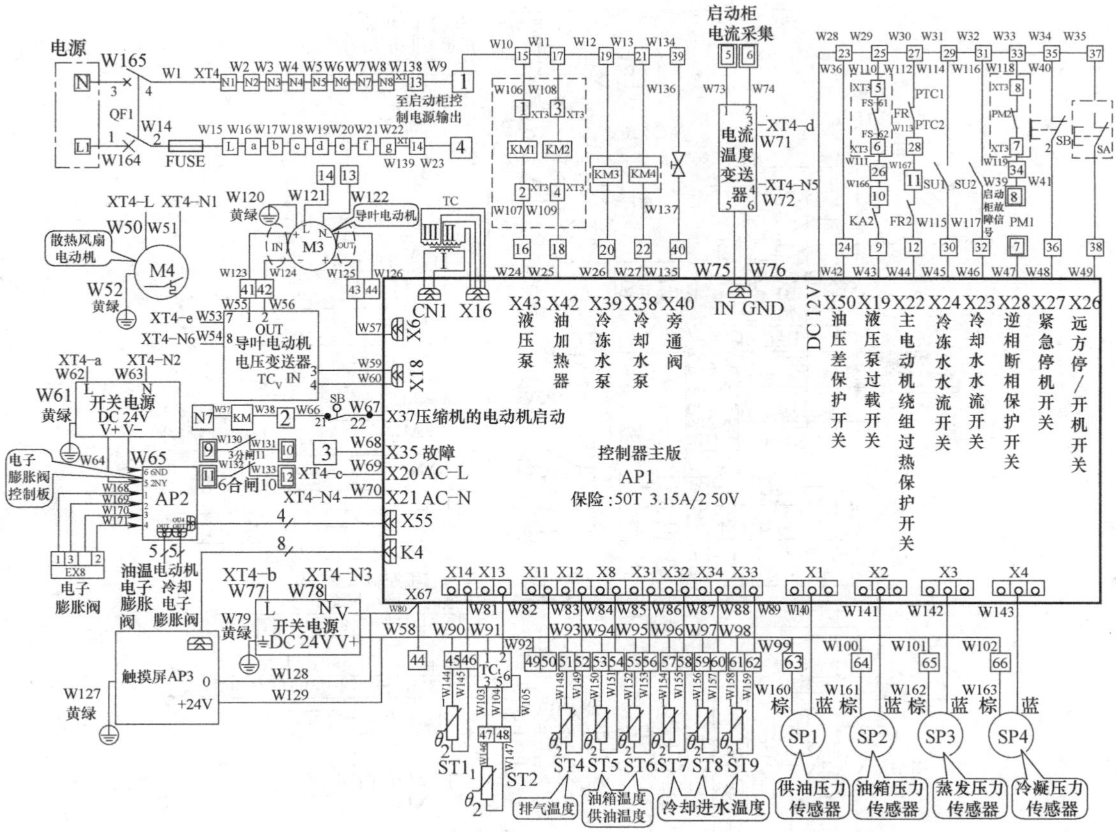

图 5-50　格力 LSBLX4000H 型水冷式冷（热）水中央空调主机控制箱电路图

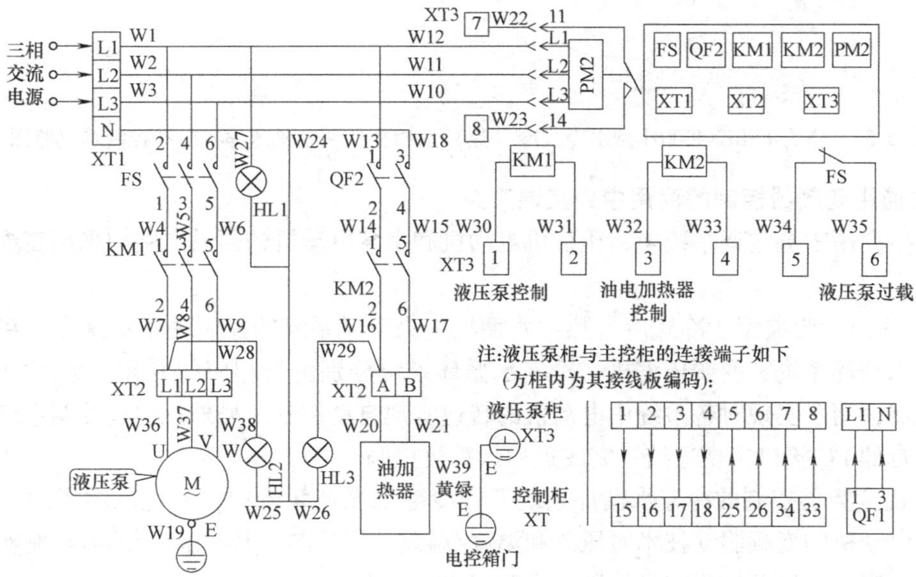

图 5-51　格力 LSBLX4000H 型水冷式冷（热）水中央空调主机液压泵控制箱电路图

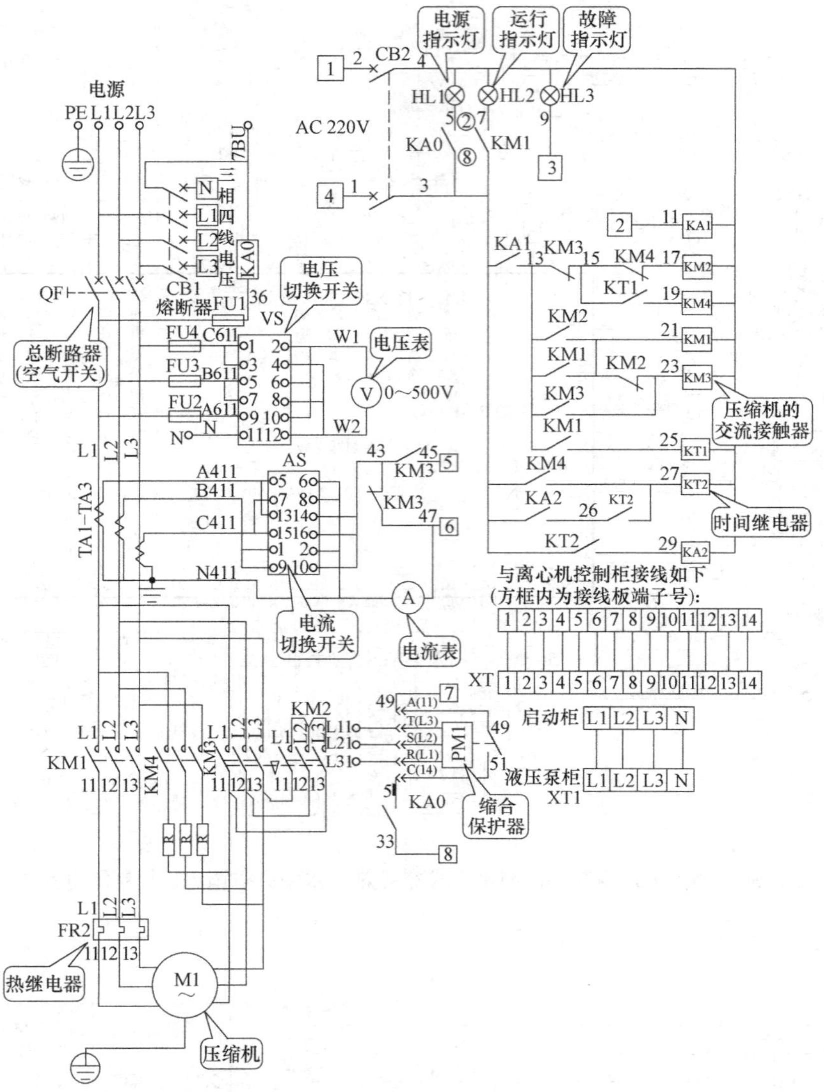

图 5-52　格力 LSBLX4000H 型水冷式冷（热）水中央空调主机压缩机起动控制箱电路图

2. 由通用变频器控制的商用中央空调系统

在某些商用中央空调系统中，压缩机电动机和水泵电动机的驱动电路均采用变频器作为主控电路。

图 5-53 所示为典型水冷式冷（热）水商用中央空调系统的控制关系示意图。在该系统中，冷却水循环系统、变频压缩机、冷冻水循环系统分别由其相应的变频器或附加 PLC 电路进行控制，用于实现对各系统中电动机的转速实现自动控制。另外，这些控制系统之间又可通过各自的 PC 接口实现通信，完成远程计算机控制。

（1）由变频器控制的冷冻水循环系统　在冷冻水循环系统中，通过压缩机的电动机或冷冻水泵电动机的变频驱动技术对压差和温度/温差进行控制，其中温度/温差控制实际上是控制回水温度，而压差控制则是控制出水和回水的压力。

如图 5-54 所示为采用变频器对水冷式冷（热）水中央空调中冷冻水循环系统进行控制

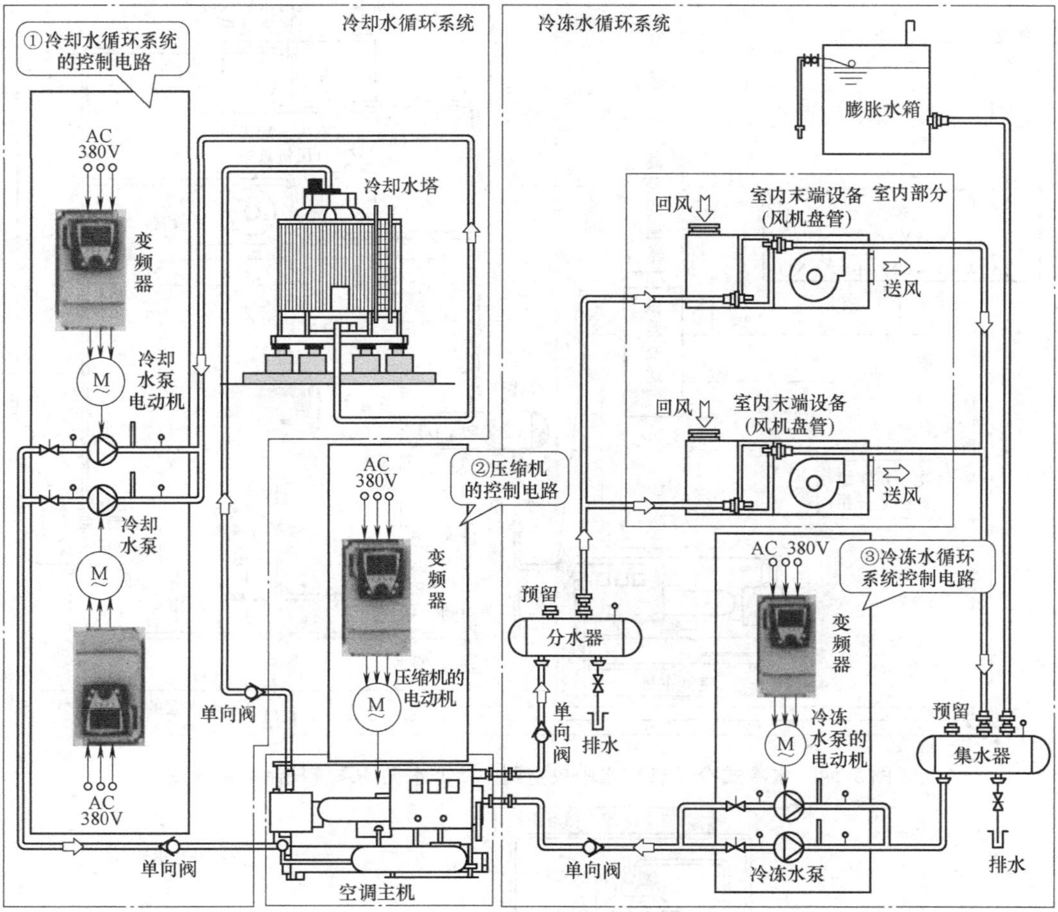

图 5-53　水冷式冷（热）水商用中央空调系统的控制关系示意图

的示意图。

由于在冷冻水循环系统中采用变频技术驱动压缩机和冷冻水泵的电动机，从而实现对压差和温度/温差的控制，因此可以通过两种途径实现节能效果。

1）压差控制为主，温度/温差控制为辅：以压差信号为反馈信号，反馈到变频器电路中进行恒压差控制，而压差的目标值可以在一定范围内根据回水温度进行适当调整；当房间温度较低时，使压差的目标值适当下降一些，可减小冷冻水泵的平均转速，提高节能效果。

2）温度/温差控制为主，压差控制为辅：以温度/温差信号为反馈信号，反馈到变频器电路中进行恒温度、温差控制，而目标信号可以根据压差大小作适当调整；当压差偏高时，说明负荷较重，应适当提高目标信号，增加冷冻水泵的平均转速，确保最高楼层具有足够的压力。

（2）由变频器控制的冷却水循环系统　变频技术应用在冷却水循环系统中就是通过变频驱动控制电路对压缩机的电动机和冷却水泵的电动机的速度进行控制，实现对温度/温差的控制。图 5-55 所示为变频器对冷却水循环系统控制的示意图。

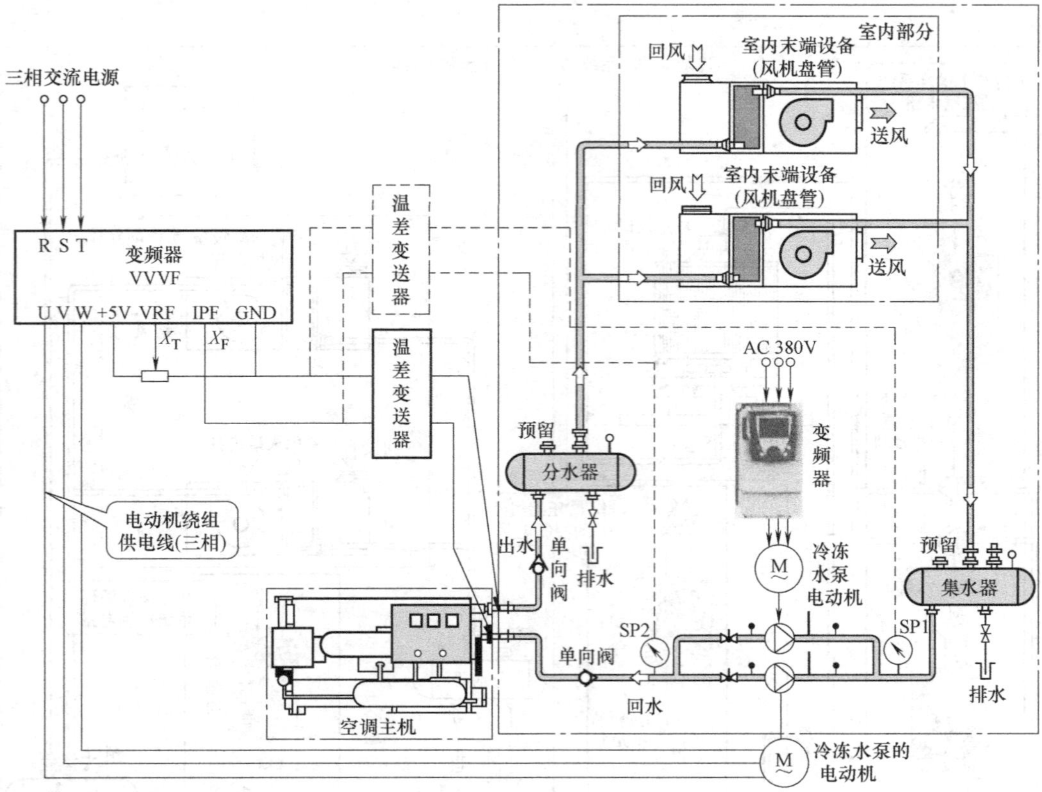

图 5-54　水冷式冷（热）水中央空调中冷冻水循环系统控制的示意图

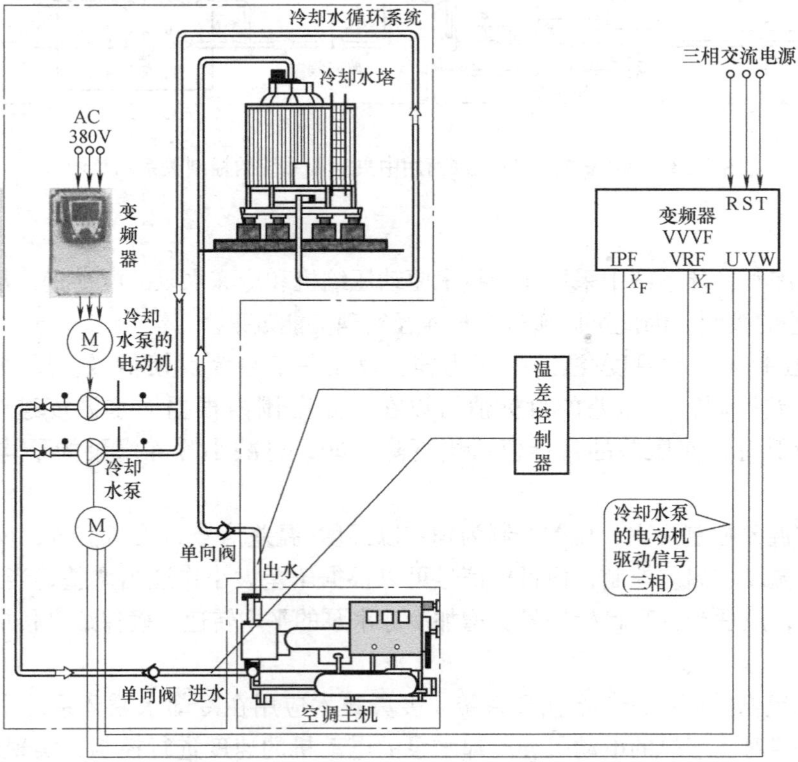

图 5-55　变频器对冷却水循环系统控制的示意图

1）温度控制：冷却水的进水温度也就是冷却水塔内水的温度，它取决于环境温度和冷却风机的工作情况；回水温度主要取决于制冷主机的发热情况，但还与进水温度有关。在进行温度控制时，需要注意以下两点。

① 为了保护空调主机，当出水的温度超过一定值后，整个空调系统必须进行保护性跳闸。

② 在实行变频调速时，应预置一个下限工作频率。

2）温差控制：最能反映冷冻主机的发热情况、体现冷却效果的是冷却回水温度 t_0 与冷却进水温度 t_A 之间的温差 Δt。

温差大，说明主机产生的热量多，应提高冷却水泵的转速，加快冷却水的循环；反之，温差小，说明主机产生的热量少，可以适当降低冷却水泵的转速，减缓冷却水的循环。

进水温度低时，应主要着眼于节能效果，温差的目标值可适当地高一点；而进水温度高时，则必须保证冷却效果，温差的目标值应低一些。

如图 5-56 所示为格力 CVE 系列 LSBL600SVE 高效直流变频离心式商用中央空调控制关系原理图，从图中可以看出，压缩机控制电路采用了变频驱动控制技术。

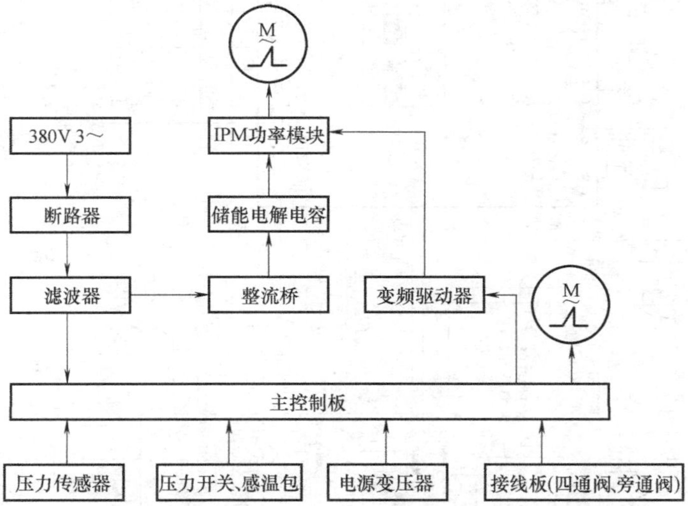

图 5-56 格力 CVE 系列 LSBL600SVE 高效直流变频离心式商用中央空调控制关系原理图

如图 5-57 所示为格力 LSBL600SVE 高效直流变频离心式商用中央空调主机控制箱电路图。

3. 由 PLC 与变频器配合控制的商用中央空调系统

PLC 是可编程序控制器，由其与变频器配合对中央空调系统进行控制，提高了整个控制系统的可靠性和可维护性，降低了控制电路结构的复杂性。图 5-58 所示为由 PLC 与变频器配合控制的中央空调主机控制箱的内部结构。

图 5-59 所示为由典型三菱 PLC 控制的中央空调水循环系统示意图，从图中可以看到该控制系统主要由触摸屏、PLC（三菱 FX_{2N}-48MR）、温度模块（FX_{2N}-4AD-PT）、D-A 转换模块（FX_{2N}-2DA）、冷却水泵变频器、冷冻水泵变频器等构成。下面具体介绍其控制关系。

该系统采用定温差的控制模式，将冷冻水的回水温度和冷却水的进、出水温差控制在 4.5～5℃。

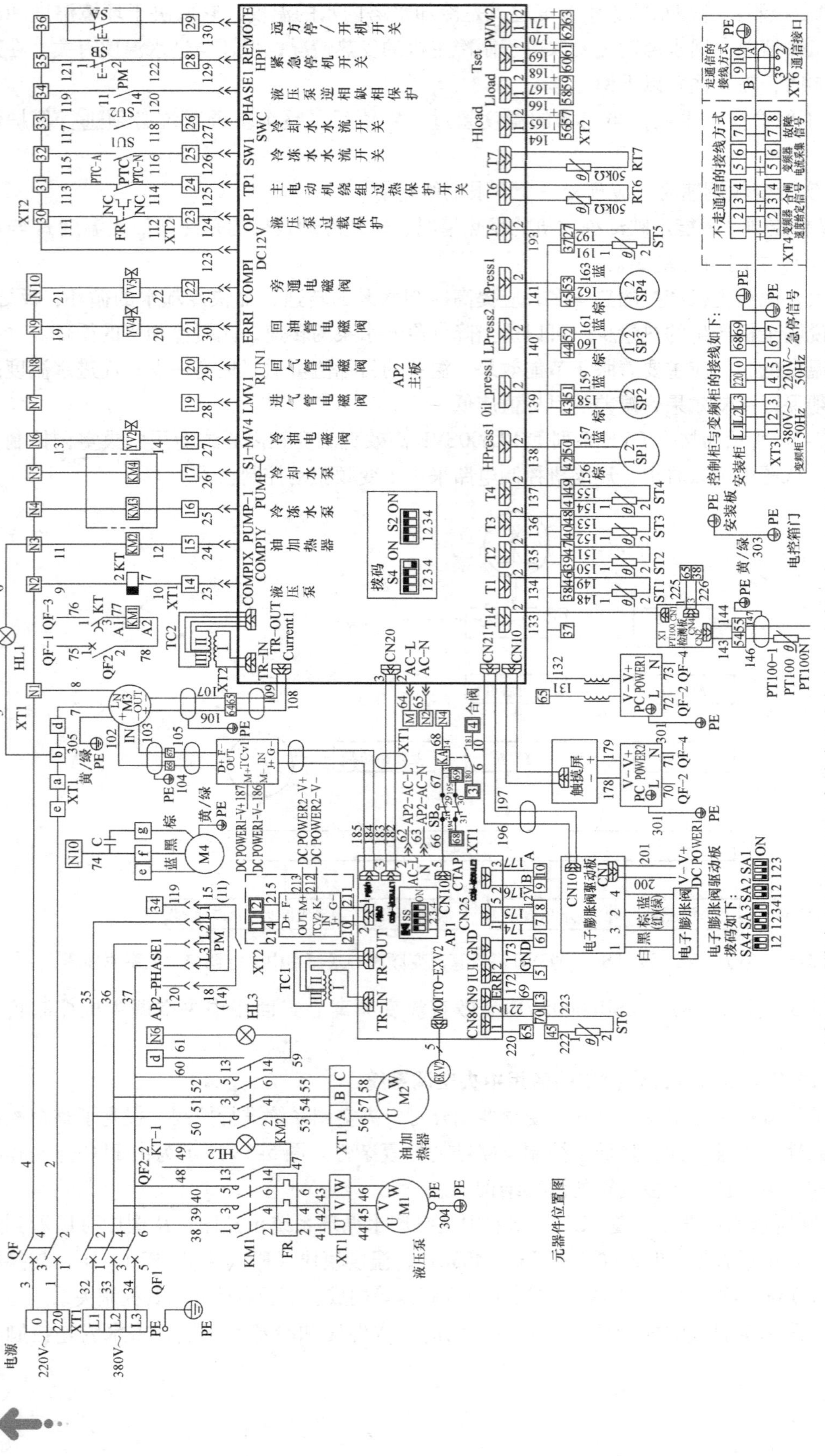

图 5-57 格力 LSBL600SVE 高效直流变频离心式商用中央空调主机控制箱电路图

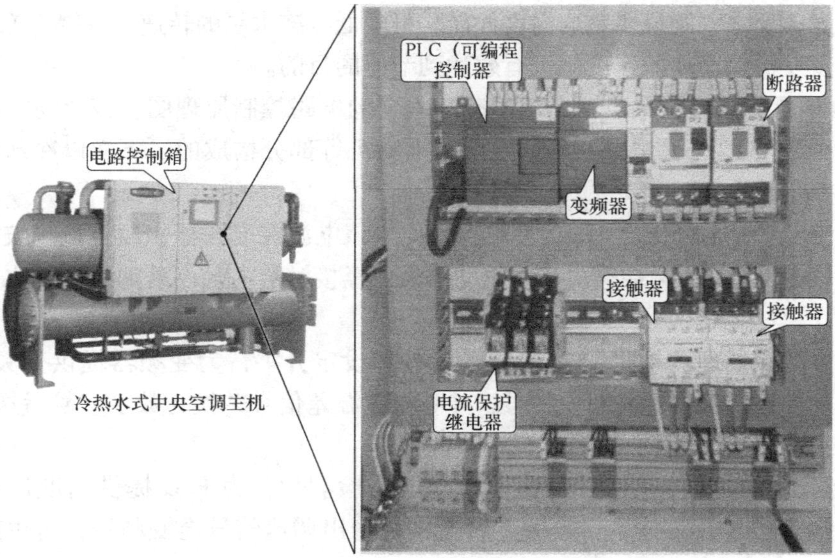

图 5-58　由 PLC 与变频器配合控制的中央空调主机控制箱的内部结构

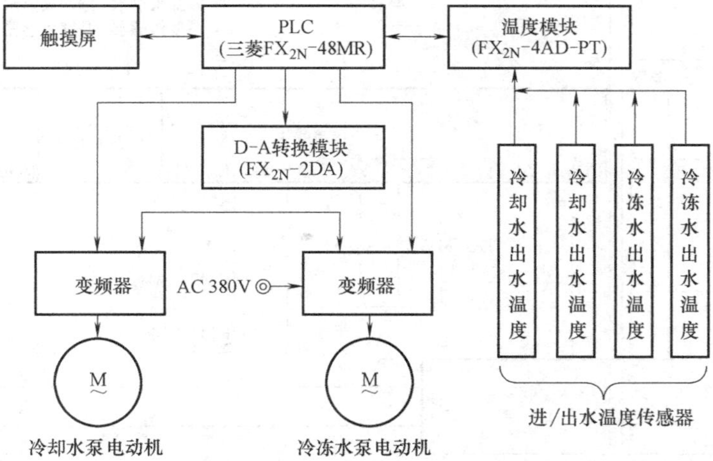

图 5-59　由典型三菱 PLC 控制的中央空调水循环系统示意图

（1）冷却水循环系统的控制原理　在冷却水循环系统中，冷却水的出水温度传感器和进水温度传感器将温度信号转换为模拟电信号，并送入温度检测模块中，温度检测模块将温差模拟信号转换为数字信号后，送入 PLC 中，PLC 根据送来的信号控制变频器的输出，进而控制冷却水泵的转速，调节冷却水的流量，控制冷凝器热交换的速度。

由此，在该系统中以冷却水进、出水温差作为控制依据，实现进、出水的恒温差控制。若温差大，则说明空调主机产生的热量多，应提高冷却水泵的转速，加大冷却水的循环速度；若温差小，则说明空调主机产生的热量少，应降低冷却水泵的转速，降低冷却水的循环速度。

（2）冷冻水循环系统的控制原理　在冷冻水循环系统中，冷冻水的出水温度和回水温度传感器将水温信号转换为电信号，送入温度模块中，温度模块将温差模拟信号转换为数字信号后，送入 PLC 中，PLC 根据送来的信号控制变频器的输出，进而控制冷冻水泵的转速，从而调节冷冻水的流量，控制蒸发器热交换的速度。

若温差大，则说明室内温度偏高，应提高冷冻水泵的转速，加快冷冻水的循环速度，加快热交换速度；反之，则说明室内温度偏低，可降低冷冻水泵的转速，减缓冷冻水的循环速度，以减缓蒸发器热交换的速度，可有效达到节能的目的。

图 5-60 所示为典型中央空调系统中冷却水泵的电路控制原理图。该驱动控制系统是由变频器 VVVF、PLC、外围电路和冷却水泵的电动机等部分构成的。下面以冷却水泵的控制电路为例来介绍其电路控制关系和原理。

三相交流电源经总断路器 QF 为变频器供电，该电源在变频器中经整流滤波电路和功率输出电路后，由 U、V、W 端输出变频驱动信号，经接触器主触点后加到冷却水泵的电动机三相绕组上。

变频器内的微处理器根据 PLC 的指令或外部设定开关，为变频器提供变频控制信号；温度模块通过外接传感器感测温差信号，并将模拟温差信号转换为数字信号后送入 PLC 中，作为 PLC 控制变频器的重要依据。

电动机起动后，其转速信号经速度检测电路检测后，为 PLC 提供速度反馈信号。当 PLC 根据温差信号做出识别后，经 D-A 转换模块输出调速信号至变频器，再由变频器控制冷却水泵电动机的转速。

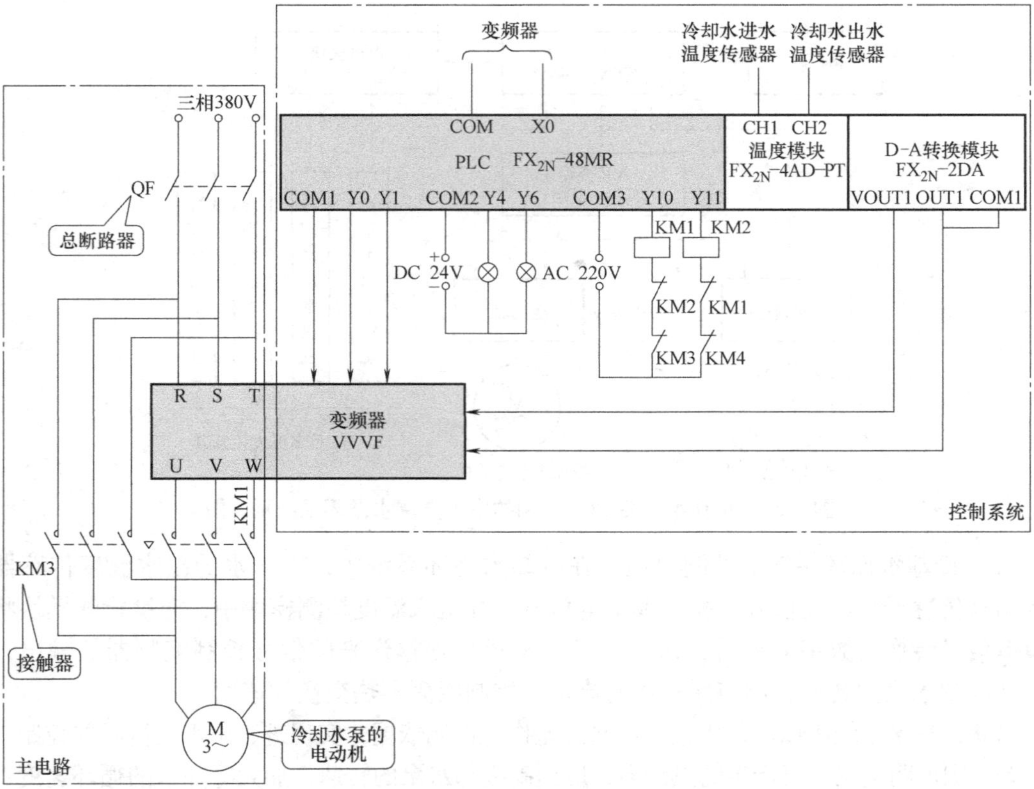

图 5-60 典型中央空调系统中冷却水泵的电路控制原理图

二、商用中央空调电路系统故障的检修

1. 断路器的检修方法

断路器又称空气开关，是一种既可以通过手动控制又可以自动控制的器件。图 5-61 所示为典型断路器的实物外形及内部结构示意图。

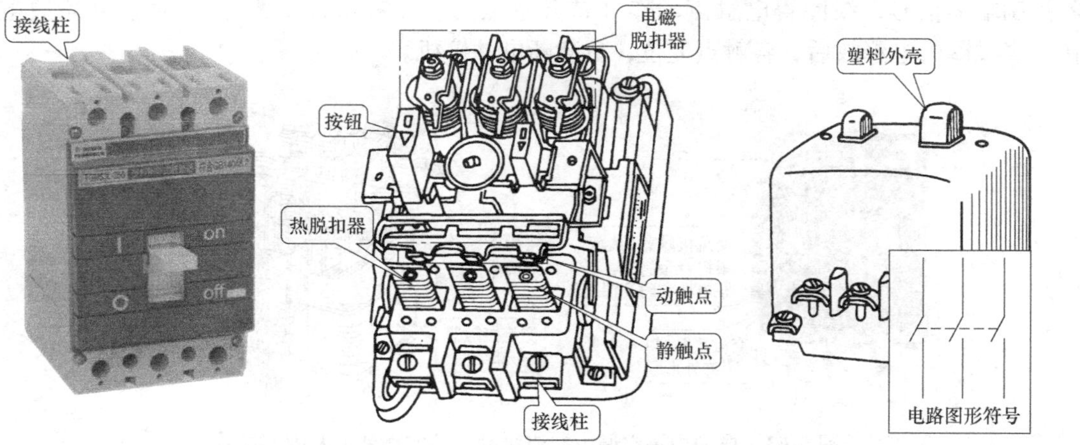

图 5-61　典型断路器的实物外形及内部结构示意图

在对中央空调中的断路器进行检修时，可以在断电的情况下，使用万用表检测断路器输入端子和输出端子之间的阻值。正常情况下，当按钮处于断开状态时，其输入和输出端子之间的阻值应为无穷大；当按钮处于接通状态时，其输入和输出端子之间的阻值应为零。图 5-62 所示为中央空调中断路器的检修方法。

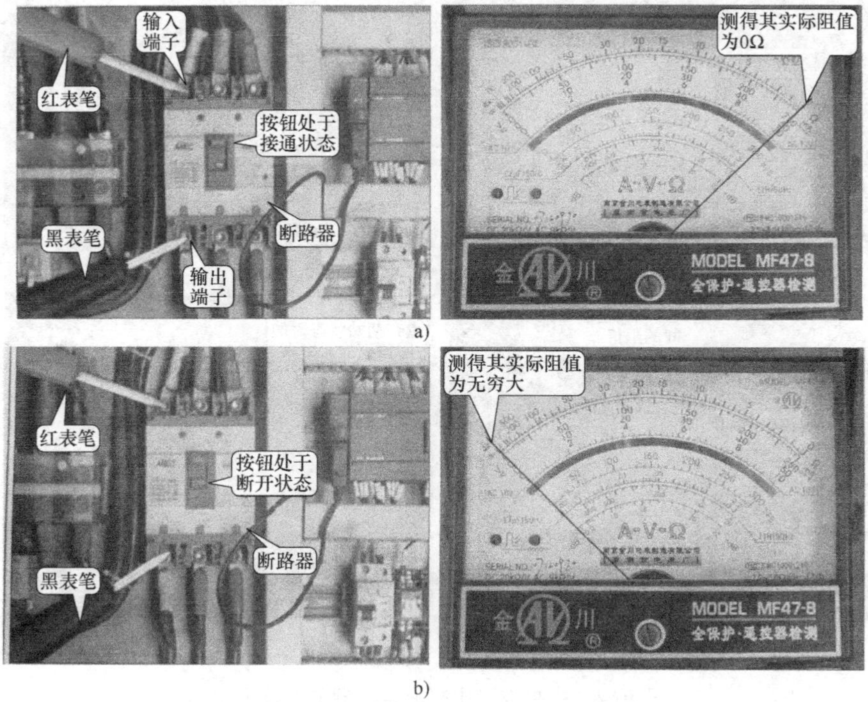

图 5-62　中央空调中断路器的检修方法

a）检测断路器接通状态下的阻值　b）检测断路器断开状态下的阻值

2. 交流接触器的检修方法

交流接触器广泛应用于电力线路的通断和控制电路中，在中央空调中主要安装在控制配电柜中。图 5-63 所示为典型中央空调中交流接触器的实物外形及内部结构。交流接触器接收控制端的信号，线圈得电触点动作（常开触点闭合、常闭触点断开），负载开始通电工作；当线圈失电释放后，各触点复位，负载断电并停机。

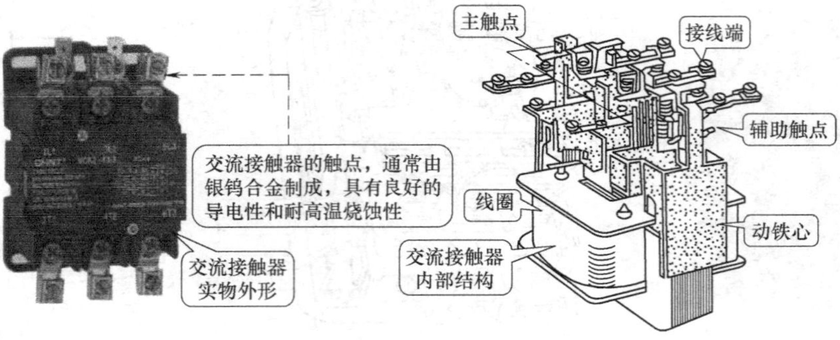

图 5-63　典型中央空调中交流接触器的实物外形及内部结构

若交流接触器损坏，则会使中央空调不能起动或不能正常运行。若要判断其性能好坏，可使用万用表判断交流接触器在断电的状态下，线圈及各对应引脚间的阻值是否正常。如图 5-64 所示为中央空调中交流接触器的检修方法。

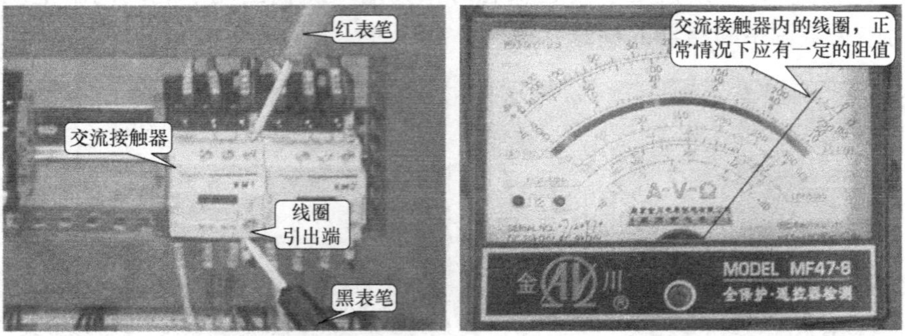

a)

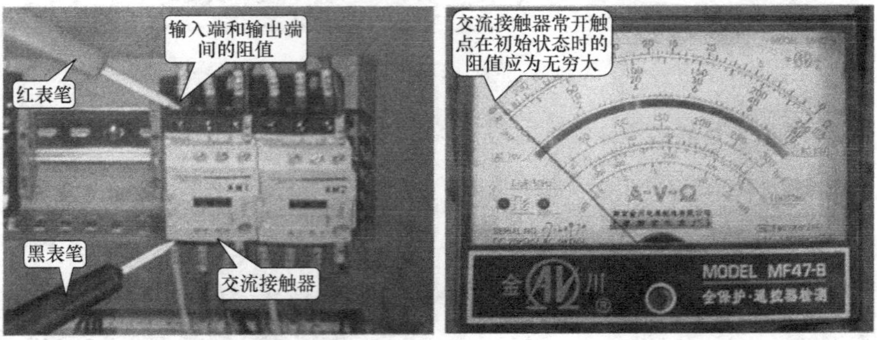

b)

图 5-64　中央空调中交流接触器的检修方法

a）检测交流接触器的线圈　b）检测交流接触器各对应引脚的阻值

3. 相序保护器的检修方法

相序保护器是一种自动判别相序正确与否的保护继电器，主要用来保护运行设备的正常运行。图 5-65 所示为典型中央空调中相序保护器的实物外形。相序保护器主要用于保护压缩机按照正常的方向运行，如果其相序接反，就可能造成其反转，从而引起故障，则需要使用相序保护器来保证在压缩机相序接反或是断相的情况下停止运转。

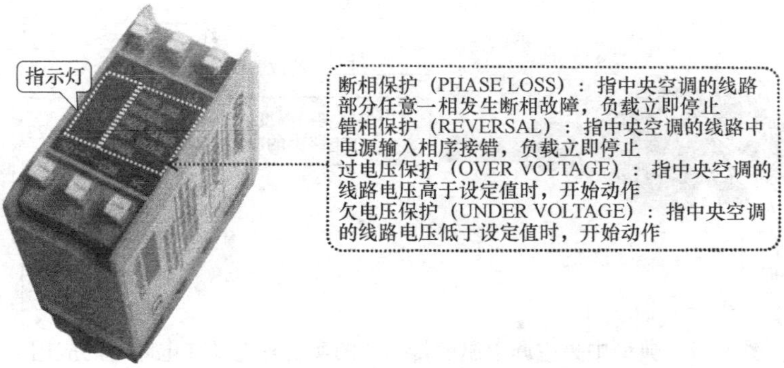

图 5-65　典型中央空调中相序保护器的实物外形

若要判断中央空调中相序保护器的性能是否正常，可以在断电的情况下，使用万用表检测其内部的常开/常闭触点是否正常。图 5-66 所示为中央空调中相序保护器的检修方法。

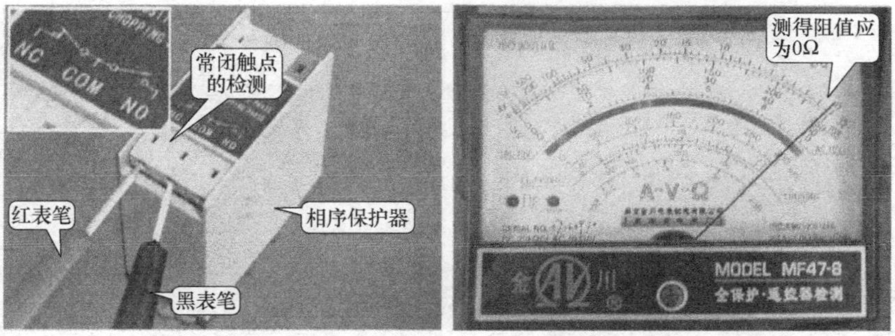

a)

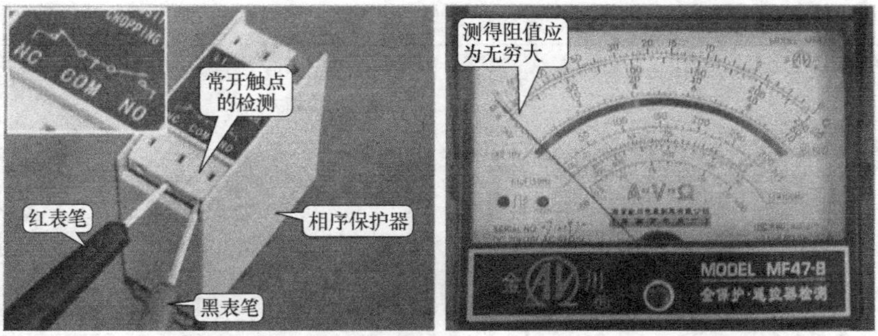

b)

图 5-66　中央空调中相序保护器的检修方法

a）检测相序保护器常闭触点　b）检测相序保护器常开触点

4. 温度传感器的检修方法

温度传感器在中央空调系统中的应用十分广泛，如室外主机的管路温度、环境温度、蒸发器及冷凝器的进出口温度传感器等。该传感器主要用于感测其周围环境或附近器件的温度，并将感应到的温度信号转变成模拟电信号送到中央空调的温度模块中进行处理。图 5-67所示为典型中央空调中温度传感器的实物外形及在电路中的应用。

温度传感器的种类较多，中央空调常使用的温度传感器通常为热敏电阻器，根据感应温

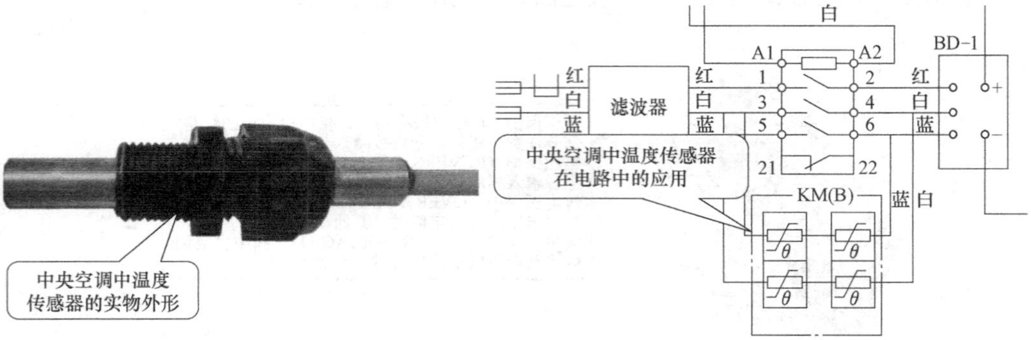

图 5-67　典型中央空调中温度传感器的实物外形及在电路中的应用

度与阻值变化的关系，可以分为正温度系数热敏电阻器（PTC）和负温度系数热敏电阻器（NTC）。正温度系数热敏电阻器的阻值随温度的升高而增大；而负温度系数热敏电阻器的阻值随温度的升高而减小。图 5-68 所示为中央空调中典型的温度传感器的检修方法。

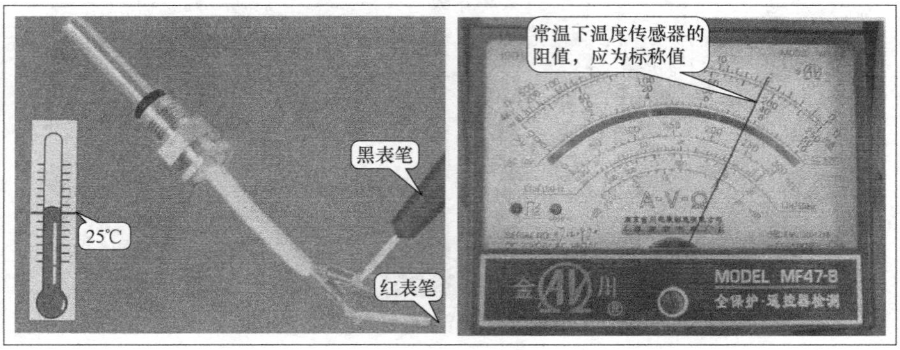

a)

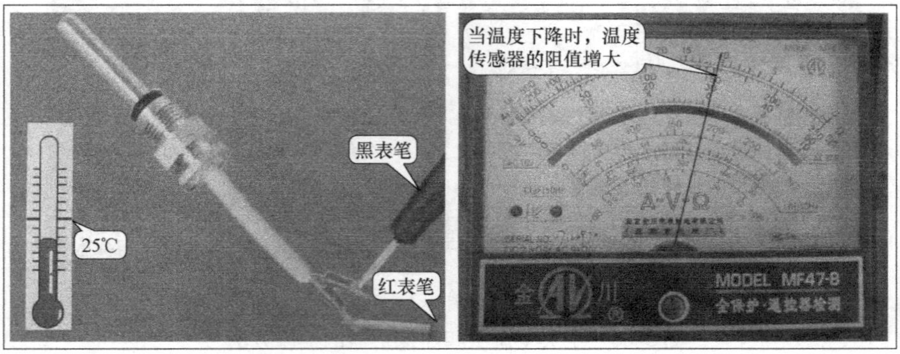

b)

图 5-68　中央空调中典型的温度传感器的检修方法

a）常温下温度传感器的阻值　b）温度下降后，阻值变大

5. 变频器的检修方法

变频器的英文简称为 VFD 或 VVVF，是一种新型的智能型驱动和控制器件。它采用变频技术对电动机等动力设备进行控制，图 5-69 所示为典型中央空调中变频器的实物外形及内部结构。其功能是将交流或直流电源变为频率可变的交流电压，为负载供电。在商用中央

空调中，变频器位于控制箱中并作为核心的控制部件，主要用于控制压缩机电动机、冷却水泵和冷冻水泵的运转状态。

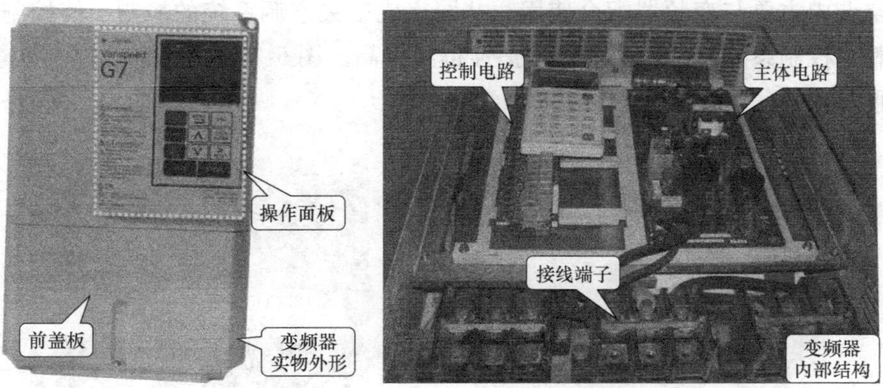

图 5-69　典型中央空调中变频器的实物外形及内部结构

由图 5-69 可知，变频器内部有较多的接线端子，主要用来连接供电线、电动机以及保护装置等组件。除此之外，变频器内部的电阻器、电容器和集成电路等构成了变频器的主体电路，用来实现变频的功能。

判断该器件的性能是否正常时，主要是使用万用表检测该器件的输入电压是否正常，若输入的电压正常，而输出的控制信号不正常，则说明该器件本身有损坏。图 5-70 所示为典型中央空调中变频器的检修方法。

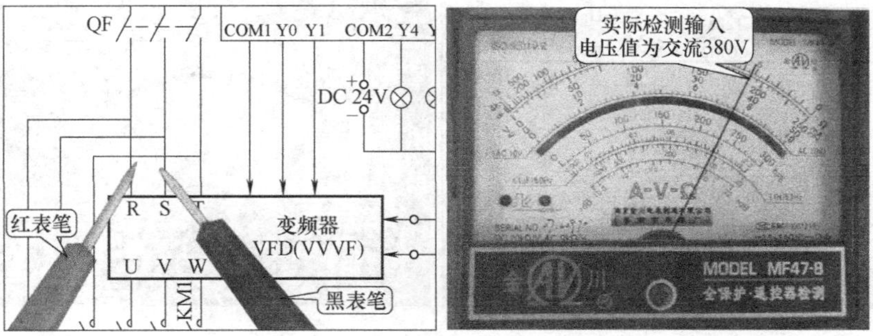

a)

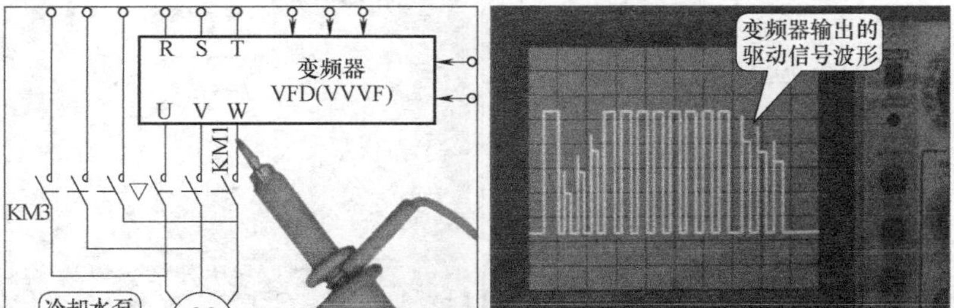

b)

图 5-70　典型中央空调中变频器的检修方法

a）检测变频器输入电压　b）检测变频器输出信号波形

6. PLC 的检修方法

PLC 又称可编程序控制器，是可以通过编程或是软件配置改变控制方式的控制器。它在商用中央空调中主要与变频器配合使用，共同完成中央空调系统的控制，使控制系统简单化，并使整个控制系统的可靠性及可维护性得到提高。图 5-71 所示为典型中央空调中 PLC 的实物外形。

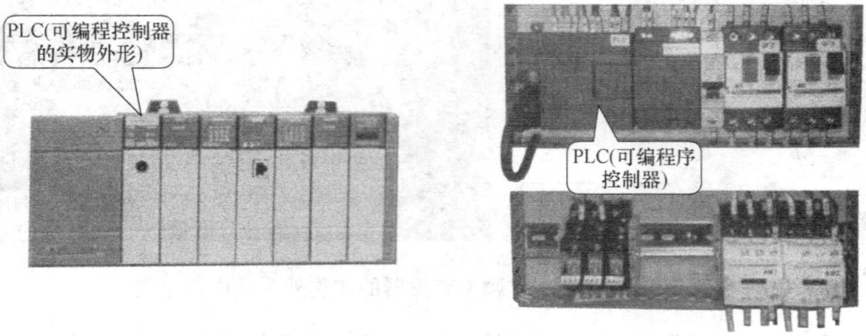

图 5-71　典型中央空调中 PLC 的实物外形

判断中央空调中 PLC 本身的性能是否正常，应检测其供电电压是否正常。若供电电压正常而没有输出，则说明该器件已经损坏，需要对其进行更换。图 5-72 所示为中央空调中 PLC 的检修方法。

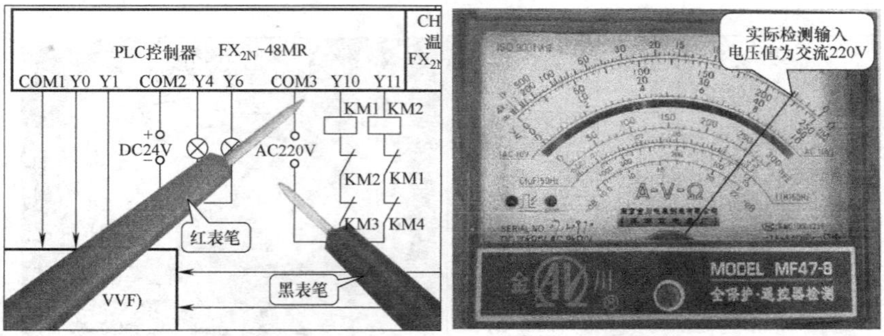

a)

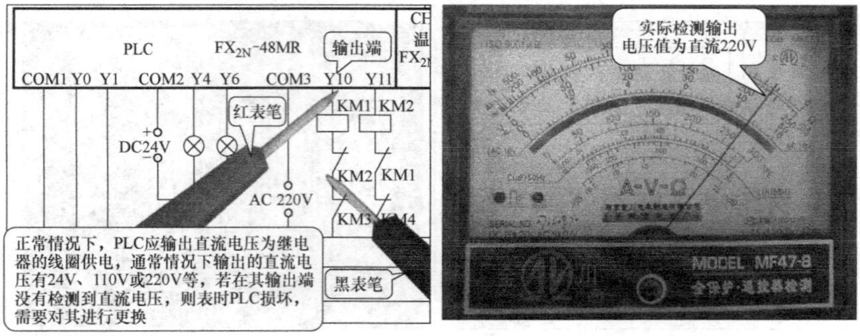

b)

图 5-72　中央空调中 PLC 的检修方法

a）检测 PLC 的输入电压　b）检测 PLC 的输出

实训项目　商用中央空调系统的检修实训

一、实训目的

1）掌握商用中央空调系统的构造及工作原理。
2）掌握商用中央空调系统故障的检测方法。
3）掌握商用中央空调系统的故障排除方法。

二、实训设备及仪器

1）实训设备：YL-ZKL 中央空调实训装置。
2）实训仪器：计算机。

三、实训步骤

1）合上主电源：手动打开中央空调电气控制柜电源主开关。
2）计算机主机开机：打开计算机，单击“组态王”项，查找中央空调界面。
3）中央空调开机：在计算机主机中央空调界面上按照开机顺序开机。开机顺序为：冷却水塔风机电动机→冷却水泵电动机→冷冻水泵电动机→压缩机。
4）故障设置：打开主计算机，进入仿真中央空调运行系统界面，设置系统故障。
5）打开检测计算机，进入仿真中央空调运行系统界面，单击考试题。
6）查找故障。从仿真中央空调运行状态分析故障原因，找出故障点。
7）排除故障。
8）中央空调关机：在计算机主机中央空调界面上按照关机顺序关机。关机顺序为：压缩机→冷冻水泵电动机→冷却水泵电动机→冷却水塔风机电动机。
9）整理工作。

四、实训评价

实训操作情况评价表见表 5-2。

表 5-2　实训操作情况评价表

<table>
<tr><th>序号</th><th>项目</th><th colspan="2">测评要求</th><th>配分</th><th colspan="2">评分标准</th><th>得分</th></tr>
<tr><td>1</td><td>中央空调开机</td><td colspan="2">中央空调开机正确</td><td>20</td><td colspan="2">中央空调开机正确，否则扣 20 分</td><td></td></tr>
<tr><td>2</td><td>中央空调系统故障检测</td><td colspan="2">中央空调系统故障检测正确</td><td>40</td><td colspan="2">中央空调系统故障检测正确，否则扣 40 分</td><td></td></tr>
<tr><td>3</td><td>中央空调系统故障排除</td><td colspan="2">中央空调系统故障排除正确</td><td>30</td><td colspan="2">中央空调系统故障排除正确，否则扣 30 分</td><td></td></tr>
<tr><td>4</td><td>仪器使用</td><td colspan="2">仪器使用正确</td><td>10</td><td colspan="2">仪器使用正确，否则扣 10 分</td><td></td></tr>
<tr><td colspan="2">安全文明操作</td><td colspan="5">违反安全文明操作规程，视实际情况扣分</td><td></td></tr>
<tr><td colspan="2">开始时间</td><td></td><td>结束时间</td><td></td><td>实际时间</td><td></td><td>成绩</td></tr>
<tr><td colspan="2">综合评价意见</td><td colspan="6"></td></tr>
<tr><td colspan="2">评价人</td><td colspan="3"></td><td>日期</td><td colspan="2"></td></tr>
</table>

单元小结

1）商用中央空调作为大型的制冷系统，故障检修也更为复杂。本单元对商用中央空调各故障特点和检修流程做了详细阐述，归纳并总结了商用中央空调故障检修流程。

2）商用中央空调管路系统的检修主要围绕制冷剂循环系统和水循环系统进行，本单元介绍了商用中央空调管路系统的结构，管路系统各主要部件的工作原理和检修流程。

3）商用中央空调电路系统一般采用专用的控制柜进行控制，目前在控制系统中多采用PLC或变频器控制技术。掌握PLC或变频器控制原理是维修商用中央空调电路系统故障的理论基础。

思考与练习

一、填空题

1. 冷冻水循环系统主要是由________、________、________、________、电子膨胀阀、膨胀水箱和空调末端设备（多为风机盘管）构成的。
2. 水冷式冷（热）水商用中央空调系统包括______、______等系统。
3. 吸顶卡式风机盘管直接卡装在天花板里面，其特点为______出风______回风。
4. 螺杆式压缩机是一种________压缩机，具有高效、耐久、结构紧凑和可以平稳调节负载的特点。
5. 冷却循环水的进、出水温差一般为________。

二、问答题

1. 商用中央空调无法起动的故障特点是什么？
2. 简述风机盘管的主要故障及原因。
3. 简述冷却水塔的工作原理。
4. 试分析中央空调制冷时房间降温慢的原因。
5. 画出典型中央空调系统中冷却水泵的电路控制原理图。

第六单元

中央空调的清洗与维护

内容构架

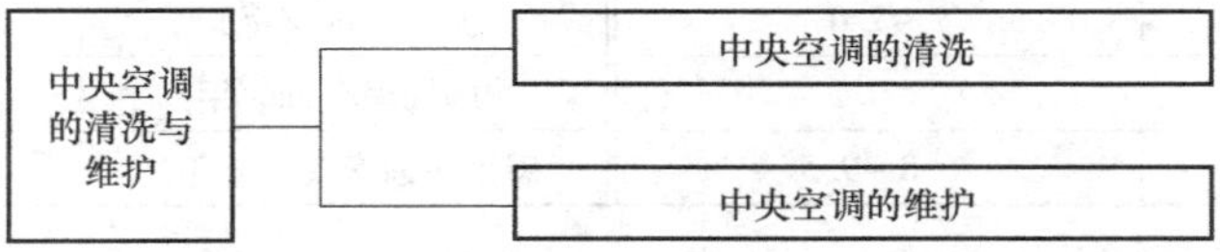

学习引导

目的与要求

1. 掌握中央空调的清洗技术。
2. 掌握中央空调的日常维护技巧。

重点与难点

重点：中央空调的清洗技术。

难点：中央空调的清洗技术。

课题一　中央空调的清洗

相关知识

中央空调的清洗和维护是维修中央空调的基本技能。及时、科学地清洗中央空调，有利于提高制冷效果、缩短降温时间、降低能耗、延长中央空调的使用寿命。一般来说，中央空调的清洗包括中央空调循环水系统的清洗、中央空调通风系统的清洗和中央空调室外机组与室内末端设备的清洗三大部分。

一、中央空调循环水系统的清洗

中央空调循环水系统分为两部分，即冷却水系统和冷冻水系统。冷却水系统多为开式系统，冷冻水系统多为封闭式系统。这两套循环水系统各有特点，但存在同一问题：结垢、腐蚀和生物粘泥，如不进行适当的清洗，势必会引起管道堵塞、腐蚀泄漏、传热效率降低等一系列问题，给整个空调系统带来极大的危害。

循环水系统的清洗是水冷式冷（热）水中央空调中主要的清洁工作，循环水管路的清洗一般是使用清洗槽和清洗泵将单台设备或原系统（可使用系统的水泵）构成一个闭合回路进行循环清洗。

1. 循环水系统的清洗指标

国家技术监督局颁布了《工业循环冷却水处理设计规范》GB 50050—2007。其中对冷却水和冷冻水的水质标准作了规定，见表6-1和表6-2。

表6-1　冷却水循环系统水质标准表

项目	允许值	项目	允许值
Ca^{2+}/(mg/L)	≤900	SO_4^{2-}/(mg/L)	<250
Mg^{2+}/(mg/L)	<120	Cl^-/(mg/L)	≤700
Fe^{2+}/(mg/L)	≤1.0	浊度/(mm/年)	10~20
Cu^{2+}/(mg/L)	≤0.1	铜腐蚀率/(mm/年)	<0.0075
pH	6.8~9.5	碳钢腐蚀率/(mm/年)	≤0.075

表6-2　冷冻水循环系统水质标准

项目	允许值	项目	允许值
Ca^{2+}/(mg/L)	<100	SO_4^{2-}/(mg/L)	<150
Mg^{2+}/(mg/L)	<50	Cl^-/(mg/L)	<150
Fe^{2+}/(mg/L)	<1.0	浊度/(mm/年)	<20
Cu^{2+}/(mg/L)	<0.2	铜腐蚀率/(mm/年)	<0.005
pH	7.0~9.5	碳钢腐蚀率/(mm/年)	<0.05

2. 循环水系统的清洗流程

循环水系统的清洗流程为：水冲洗→化学清洗→管壁处理→日常水处理。

（1）水冲洗　水冲洗是采用高压水冲刷的方式尽可能地将循环水管路中的灰尘、泥沙、脱落的藻类及腐蚀物等较疏松的污垢冲洗掉，同时检查循环水系统是否存在泄漏情况。图6-1所示为冷却水塔的水冲洗方法。

图6-1　冷却水塔的水冲洗方法

（2）化学清洗　化学清洗是采用化学清洗剂、分散剂对循环水系统进行清洗，起到杀死系统内的微生物，使管壁及设备表面附着的微生物剥离脱落，溶解循环水系统内的浮锈、污垢、油渍等杂质，经化学清洁剂溶解或剥离的污垢会随水循环排出，最终达到清洁的目的。化学清洗的程序如下。

1）加入杀菌药剂。通过加入杀菌药剂清除循环水系统中的各种细菌和藻类。如图 6-2 所示，利用冷却水塔底部的水槽作为配液槽，将化学清洗剂直接加入配液槽。冷冻水系统则需利用膨胀水箱或外接配液槽的方式添加化学清洗剂。添加了化学清洁剂的冷却水或冷冻水在搭建的水循环管路清洁系统中进行循环清洗，完成对水管路的去污、去垢处理。

图 6-2　利用冷却水塔底部的水槽作为配液槽添加化学清洁剂

2）加入综合性化学清洗剂。此种清洗剂具有缓蚀、分散、除垢的作用，既能将管道内的锈、垢、油污进行清洗后分散排除，又可防止清洗剂对系统装置和管路的危害，可还原清洁的金属表面。图 6-3 所示为中央空调循环水系统所使用的化学清洗剂。

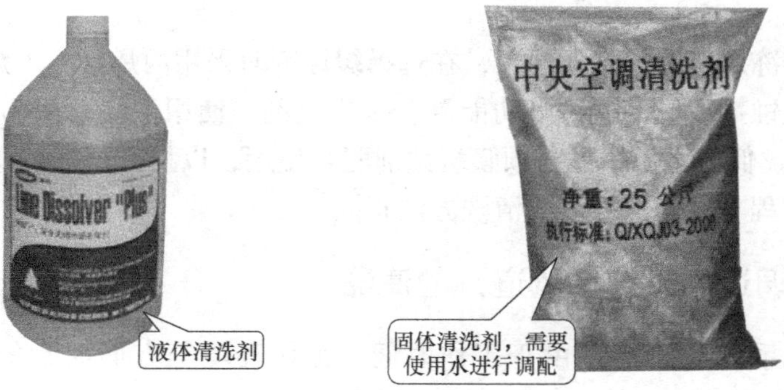

图 6-3　中央空调循环水系统所使用的化学清洗剂

（3）管壁处理　在对循环水管路进行化学清洁后，水管路的金属表面势必会受到一定的腐蚀，为保护水管金属壁，投入预膜药剂，在金属表面形成致密的聚合高分子保护膜，以起到防腐蚀保护作用，就是管壁处理。即先对循环水系统进行清洗后，给系统注满水，用氯水调节水体，使铁离子浓度（体积质量，密度）低于 500mg/L，并加中和药剂，使 pH 值趋于中性，再加入预膜药剂，从而对管壁进行保护。

（4）日常水处理　经管壁处理后，水系统进入正常的运行状态，加入综合性的日常养护处理剂防止钙、镁离子结晶沉淀，避免金属生锈，延长机组的使用寿命，节水、省电，提高制冷效率。日常维护过程中，药剂浓度依据具体水质情况，由分析监控结果决定投加量，以维持和修补系统内金属表面形成的保护膜，阻止和分散各种成垢离子结垢，达到防腐、防垢和控制微生物生长的目的。

3. 冷却水系统的清洗

冷却水系统清洗主要包括冷却水塔、冷凝器和冷却水管道等的清洗。首先用高压水枪清洗冷却水塔盘和填充料等，洗净其灰尘、污泥和青苔，将循环水置换成新水。然后向水池中加入剥离剂进行全系统的杀菌灭藻处理。杀菌剂选择四烷基二甲基苄基氯化铵，它对细菌和藻类具有极好的抑制作用，还能有效剥离粘泥。每次的投加量为60mg/L，开泵循环10h。在清洗过程中可每隔2～3h测定一次冷却水的浊度。当浊度曲线趋于平缓时，即可结束清洗。

在系统中加入氨基磺酸、表面活性剂及多种缓蚀剂（QX-212-ZD）作为系统清洗剂，一次投加量为600mg/L，pH值控制在4～5，清洗时间一般为24～48h。每隔1h测定一次pH值，每隔2h测定一次金属离子Fe^{2+}、Ca^{2+}的浓度。当金属离子浓度变化趋于平缓，pH值也几乎无变化时，确定为清洗终点，排放冷却水。冲洗过程中，应每隔15min测定一次排出的冲洗液的pH值，接近中性时停止冲洗。

在冷却水塔中投加75mg/L的有机磷酸盐+聚羧酸分散剂预膜液，不调pH值，原水常温运行12～24h，同时放置监视管。当监视管中有一层均匀致密的蓝色色晕时，预膜结束。最后置换预膜液，加入新水。

4. 冷冻水系统的清洗

冷冻水通过空调机组使其温度下降后再经冷冻水系统进行循环。中央空调冷冻水系统多为密闭式，因此其水量基本保持不变，水中钙、镁离子不因循环而增加，所以结垢趋势并不严重。冷冻水系统主要存在的问题为溶解氧腐蚀，及碳钢在水中形成微电池而引起腐蚀，因而常出现红水现象。

根据上述的冷冻水腐蚀的主要原因，在选择缓蚀剂时采用丙烯酸—丙烯酸酯共聚物、有机磷、锌盐、铜缓蚀剂组成的一种多功能复合水稳定剂，使用浓度一般为20～60mg/L，不调pH值，在低碱、低硬水质中可与预膜缓蚀剂配合使用，以提高配方的缓蚀性能。其他杀菌、清洗和预膜过程与冷却水系统的清洗方法相同。

二、中央空调通风系统（风道）的清洗

中央空调通风系统（风道）由于工作时间、工作环境等方面因素的影响，通风系统（风道）内极易堆积灰尘和污物。一旦灰尘、污物过多，经风道送入室内的空气质量便会下降，如果长期在这种环境下生活，极易引发呼吸道疾病，因此中央空调系统在使用一段时间后，一定要对通风系统（风道）进行清洗。图6-4所示为清洁前与清洁后的风道对比。

1. 通风系统（风道）的清洗方法

由于通风系统（风道）结构复杂，且风道管径较小，采用常规的人工清洁方法十分困难。因此，针对通风系统（风道）的清洁，有很多专业的清洁工具（设备），如图6-5所示，包括风道吸尘器、风道清洁机、气动除尘机和风道清洁机器人等。

不同的清洁工具（设备）有不同的使用特点和适用环境，根据中央空调通风系统（风道）设计结构的不同，应选用不同的清洁工具（设备）和清洁方法。

图 6-4　清洁前与清洁后的风道对比

图 6-5　通风系统常用清洁工具

在中央空调通风系统（风道）的清洁过程中，机器人清洁法、风道清洁机清洁法、气动吸尘法和机器人吸尘法是四种常见的通风系统（风道）清洁方法。

通常在清洁通风系统（风道）时，需要将风道分成若干个作业段，每段长不超过 30m，逐段进行清洗。对于作业段只留前、后两个作业口，其余的风口封闭，并且与其他风道之间使用气囊做好封堵隔离。在位于前面的作业口放入清洗风道的设备，在位于后端的作业口安装风道吸尘器等设备，用以收集清理出来的灰尘、污物。

（1）机器人清洁法　机器人清洁法是使用风道清洁机器人完成对中央空调通风系统（风道）的清洁工作，如图 6-6 所示的风道清洁机器人安装有摄像头、清洁旋转刷、喷雾器等装置，并通过控制线缆与机器人控制箱相连。

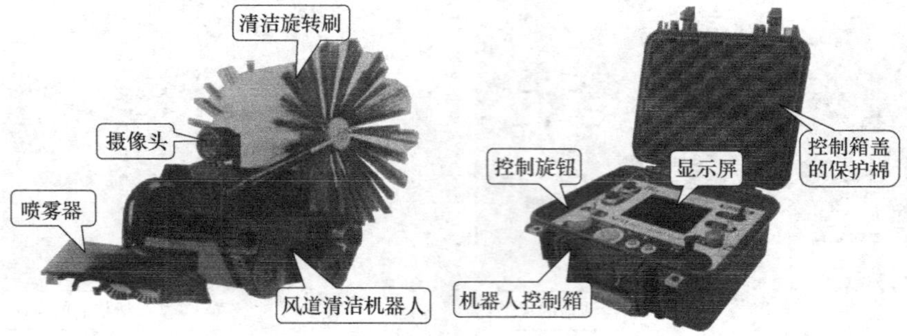

图 6-6　风道清洁机器人

如图 6-7 所示为风道清洁机器人清洁风道操作示意图，风道一端的作业口安装风道吸尘器进行清洁时，对风道进行封堵处理，然后将风道清洁机器人从风道另一端的作业口放入风道内，工作人员即可通过机器人控制箱对风道清洁机器人进行遥控作业。风道清洁机器人上安装的摄像头随时将风道内的情况传送给风道外操控的工作人员，工作人员即可根据风道内的情况对风道清洁机器人进行控制。风道清洁机器人在轮子或履带的带动下在风道内移动，并通过清洁旋转刷、喷雾器等装置对风道进行清洁。随着风道清洁机器人的推进，清洁下来的灰尘都被风道吸尘器吸走，最终达到清洁风道的目的。这种清洁方法非常适用于狭长且弯曲的风道环境，而对于风道过于狭小且管道表面不平整的情况很难适应。

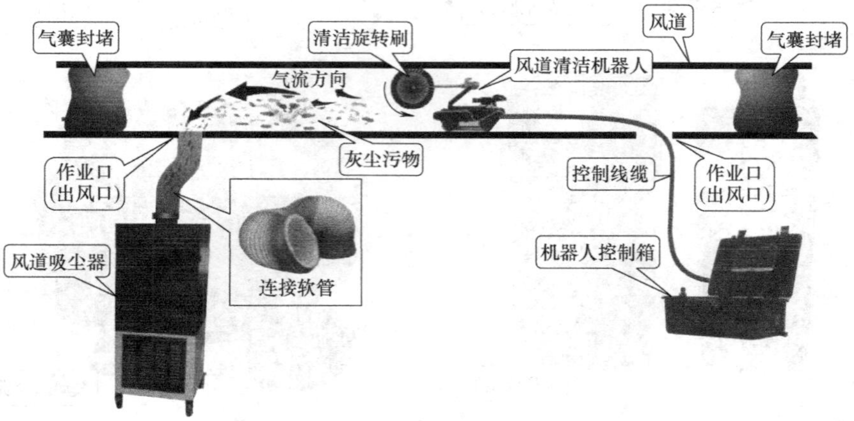

图 6-7　风道清洁机器人清洁风道操作示意图

（2）风道清洁机清洁法　风道清洁机清洁法是使用风道清洁机完成对中央空调通风系统（风道）的清洁工作，如图 6-8 所示为风道清洁机实物图。风道清洁机通过控制线与控制装置相连，在控制线的一端是清洁毛刷，可以清洁风道。风道清洁机通常需要与风道吸尘器协同工作。

如图 6-9 所示为风道清洁机清洁风道操作示意图。在进行清洁时，对风道进行封堵处理，然后将风道清洁机的清洁毛刷从作业口放入风道，在风道另一端的作业口连接风道吸尘器，工作人员通过控制装置控制清洁毛刷转动，对风道进行清扫。随着清洁毛刷的深入，将风道中的灰尘向连接有风道吸尘器的一端推扫，同时风道吸尘器工作，将风道中的灰尘吸入风道吸尘器中，以实现对通风系统（风道）的清洁。这种方法非常适用于管路狭小且笔直

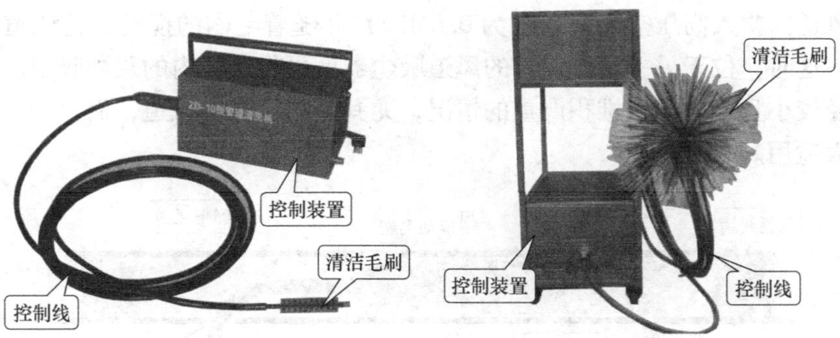

图 6-8　风道清洁机实物图

的风道环境。

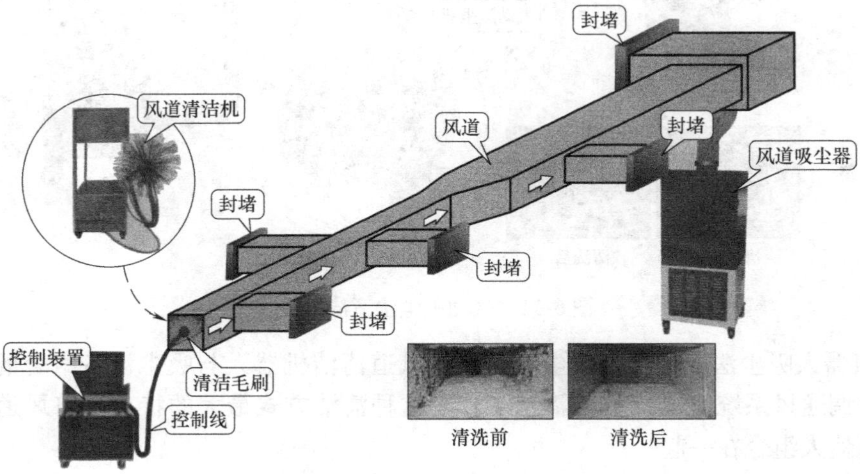

图 6-9　风道清洁机清洁风道操作示意图

（3）气动吸尘法　气动吸尘法是使用气动除尘机完成中央空调通风系统（风道）的清洁工作。图 6-10 所示为气动除尘机实物图，其搅动毛刷可以深入到风道内，搅动毛刷与除尘控制装置之间通过气管和控制线相连。使用气动吸尘机时通常需要配合使用风道吸尘器。

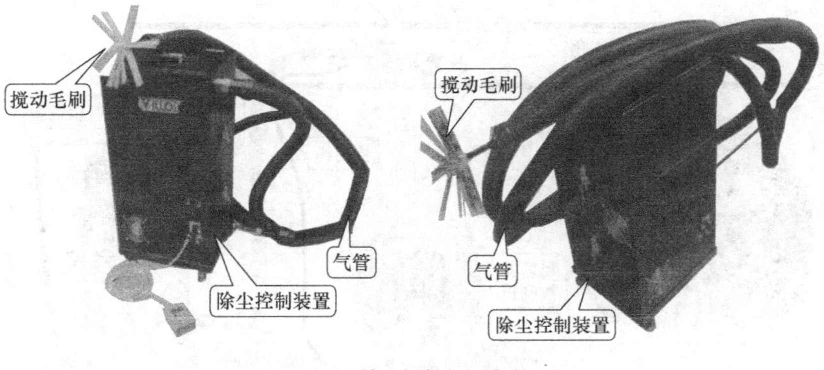

图 6-10　气动除尘机实物图

如图 6-11 所示，在进行清洁时，应对风道进行封堵处理，然后在风道一端的作业口连接风道吸尘器，在风道另一端的作业口伸入气动除尘机的搅动毛刷。工作时，气动除尘机会通过气管向风道内吹入高压空气（通常为0.6MPa）并随着毛刷的搅动，将风道管壁沉积的灰尘搅起来。这时，位于另一端作业口的风道吸尘器就可将风道内的灰尘吸走。这种清洁方式适用于管径较小且管内灰尘堆积严重的情况，尤其适用于圆形风道，而对于一些大管径的风道环境不太适用。

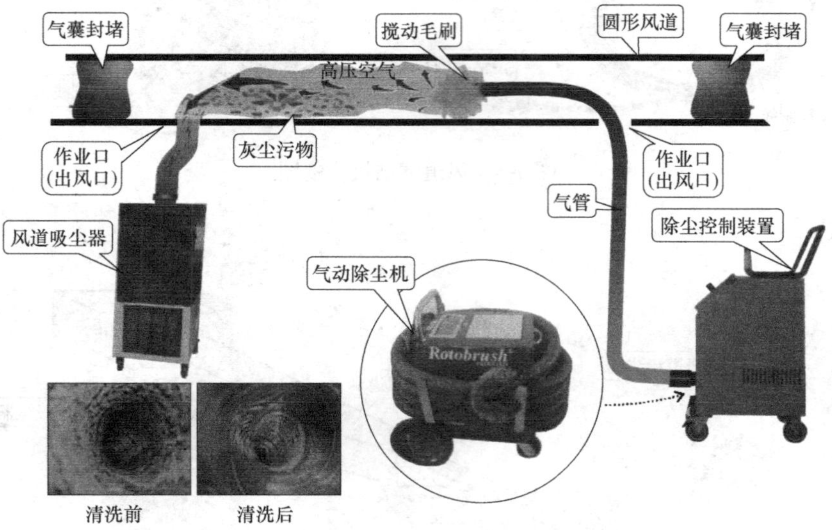

图6-11　气动吸尘法清洁风道

（4）机器人吸尘法　机器人吸尘法是使用风道清洁机器人与吸尘设备组合的方式，完成对中央空调通风系统（风道）的清洁工作。这种清洁方式最大的特点是将风道吸尘器与风道清洁机器人组合在一起。

如图6-12所示，在进行清洁时，将安装有吸尘装置的风道清洁机器人从作业口放入风道中，工作人员便可通过机器人控制箱对机器人进行操控，同时由吸尘设备控制吸尘能力。这样，风道清洁机器人便可承载着除尘装置，完成对风道的吸尘、清洁工作。这种清洁方法具有很强的随意性，且不需要对风道进行封堵隔离，简化了操作，非常适用于管路复杂的风道情况。

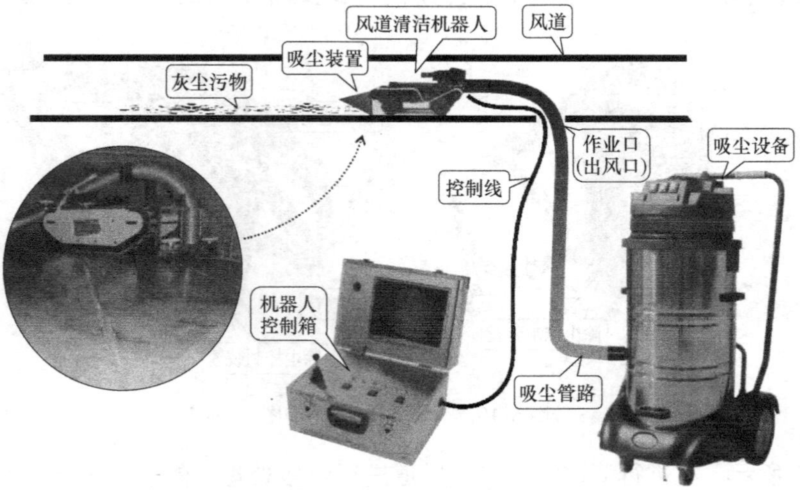

图6-12　机器人吸尘法清洁风道

若通风系统（风道）的脏污程度很严重，有时还可综合运用上述方法，以达到最佳的清洁效果。

2. 出风口的清洗

中央空调的出风口（散流器）由于长期使用，也会粘到很多灰尘和污物，应定期对其进行清洁。图 6-13 所示为出风口清洁效果图。

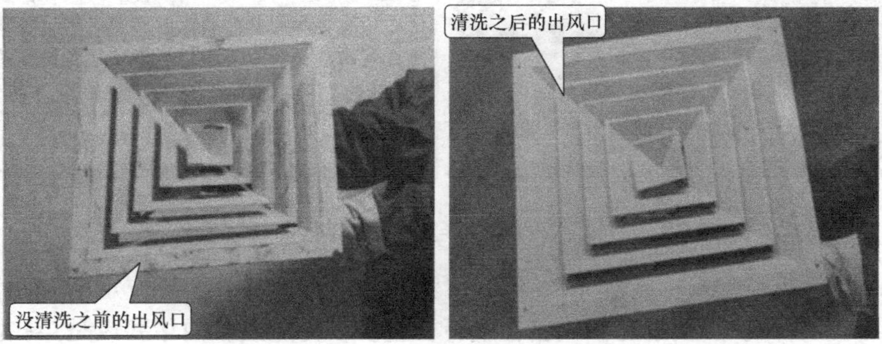

图 6-13　出风口清洁效果图

三、室外机组与室内末端设备的清洁

1. 室外机组的清洁

中央空调中的室外机组包括家用中央空调的室外机组、风管式中央空调的室外机组（风管机组）、水冷式冷（热）水循环的室外机组（水冷机组）、风冷式冷（热）水循环的室外机组（风冷机组）等。

通常家用中央空调的室外机组、风管机组、风冷机组多位于室外，所以应定期对其进行清洁。它们的清洁方法基本相同。

1）中央空调的室外机组、风管机组、风冷机组室外机外表面的清洁。在对中央空调室外机的表面进行清洁前，应先将电源断开，以确保人身安全，再对其进行清洁。一般可以使用清洁的干布擦拭或是用中性的洗涤剂擦拭，切记不可以用过湿的湿布抹擦，以免水珠由出风口或缝隙进入中央空调内部的电路板中，引发中央空调运行中出现短路的现象，同时严禁使用汽油、稀料以及其他的轻油类、化学类溶剂等进行清洗，以免对其表面造成腐蚀作用。

2）中央空调室外机、风管机组、风冷机组室外机冷凝器和风扇的清洗。对于家用中央空调的室外机、风管机组、风冷机组，在每隔 2 ~ 3 年，应当对室外机的冷凝器和风扇进行彻底的清洗，即使用高压水枪对准翅片式冷凝器部分进行冲洗，再对风扇进行冲洗。在清洗时要注意不应使用高压水枪冲洗控制箱部分。

2. 水冷机组的清洁

中央空调水冷机组的清洁主要包括壳管蒸发器与壳管冷凝器的清洁。壳管蒸发器与壳管冷凝器长期运行会产生各种杂质，如水垢、淤泥、细菌、藻类以及腐蚀物等，沉淀在冷凝器的传热表面。图 6-14 所示为壳管式冷凝器/蒸发器清洁前后的效果对比。若长时间不对壳管式冷凝器/蒸发器进行清洁，不仅会使中央空调的耗电量增大，还会缩短壳管式冷凝器、壳管式蒸发器的使用寿命，严重时还会造成管路堵塞，所以对其进行定期清洁是非常必要的。

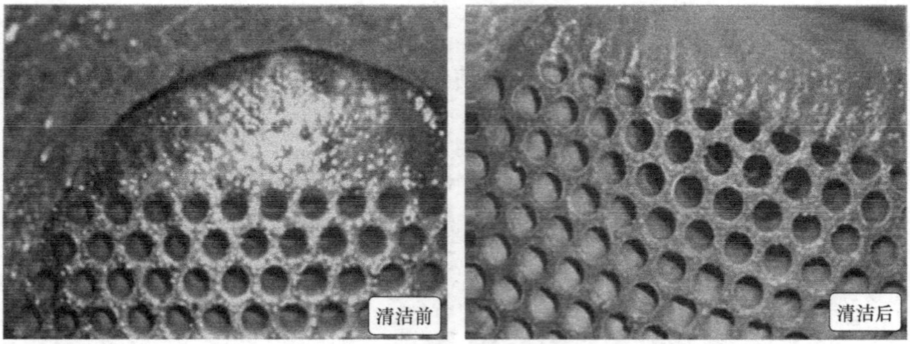

图 6-14　壳管式冷凝器/蒸发器清洁前后的效果对比

图 6-15 所示为壳管式冷凝器/蒸发器的清洁方法。除此之外，还应定期对壳管式冷凝器/蒸发器管内的冷凝/蒸发情况和气密性进行检查，以免造成管内堵塞或是穿孔漏水的现象。一经发现漏水，应停止中央空调的运行，并查明漏水的管路，及时采取维修措施。

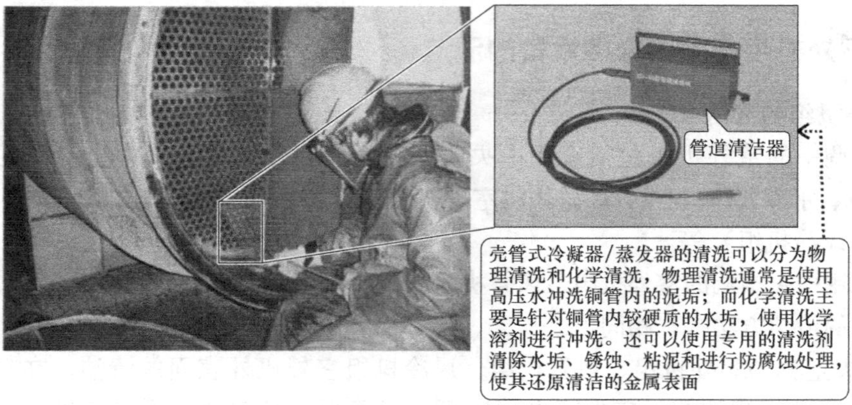

图 6-15　壳管式冷凝器/蒸发器的清洁方法

3. 室内末端设备的清洁

中央空调中的室内末端设备包括风机盘管和壁挂式室内机等。在对这些室内末端设备进行清洗前，都需要对待清洁设备的操作现场进行保护，防止造成环境污染。

（1）过滤网的清洁　长时间使用中央空调后，室内末端设备中的过滤网过脏或油雾黏附在其表面上，会引起气流受阻，造成风量不足，使室温与设定的温度产生偏差，影响空气质量，使空气中产生异味。

在对中央空调的过滤网进行清洁时，通常是将其取出后，使用毛刷对其进行清洁，或是将其放在自来水龙头下进行冲洗，晾干后再装回。值得注意的是，过滤网采用的是塑料框与涤纶丝压制而成的，所以在对其进行水清洁时，不可以使用 40℃ 以上的热水，以免其收缩变形。若发现过滤网的框架有变形的现象，应及时更换，避免灰尘通过缝隙进入室内，或引起空气流通不畅的现象。

为了确保中央空调室内机的排风通畅，达到很好的制冷/制热效果，应定期对过滤网进行清洁，通常使用 15 天左右对其清洁一次。

大型风机盘管中的过滤网（滤尘网）体积通常较大，可以使用吸尘器清洁表面浮尘，再用专用清洁剂清洗或用高压水枪冲洗滤尘网。图 6-16 所示为大型风机盘管过滤网的清洗效果图。

图 6-16　大型风机盘管过滤网的清洗效果图

（2）风扇系统的清洁　中央空调将制冷后的水送到风机盘管中，经风机盘管中的风扇系统进行热交换后变成温度适中的冷风送入到室内，这样就可以达到降低室内温度的目的。但是空气中的灰尘微粒过多，风机盘管在长期进行抽、回风的工作情况下，会造成相关部件的表面积有灰尘、污垢，影响空气的热交换效果，所以应定期对风机盘管中的风扇系统进行清洁。图 6-17 所示为风扇清洗操作示意图。

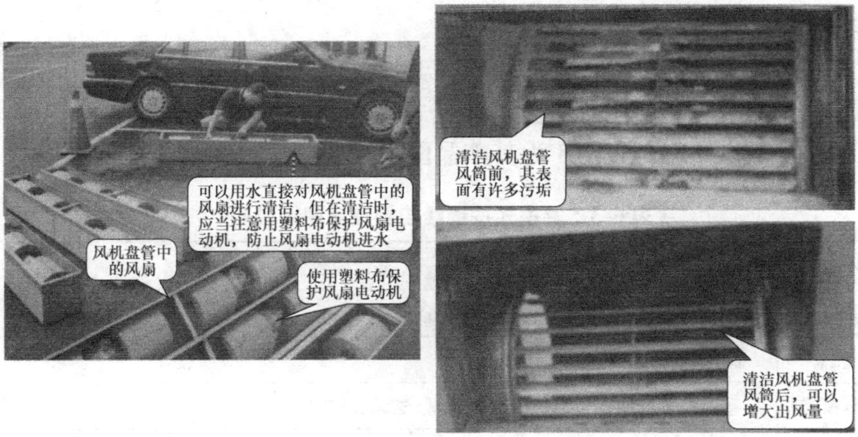

图 6-17　风扇清洗操作示意图

课题二　中央空调的维护

相关知识

中央空调的使用和日常维护是中央空调安装维修及运行维护人员的基本工作。中央空调系统是由多个设备协作完成的运行系统，其中任何一部分发生故障都会影响到整个系统的正常运行。因此，做好中央空调的日常维护，既能提高设备效率，也可以延长其使用寿命。

一、中央空调的使用规范

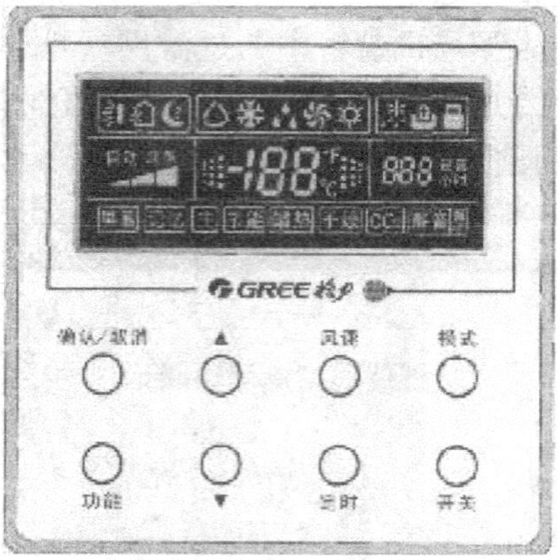

触摸式按键线控器外观

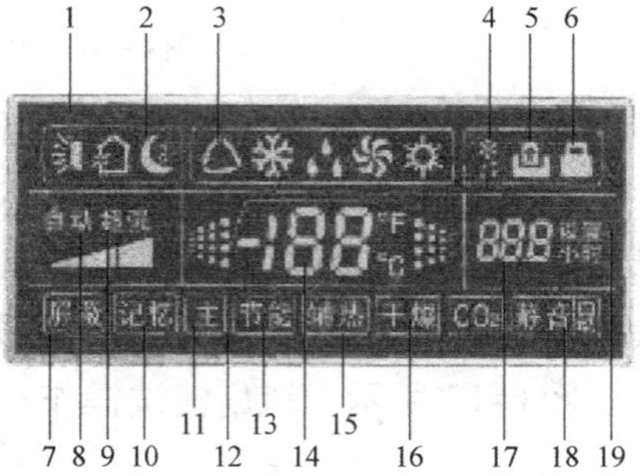

图6-18　格力空调触摸式按键线控器 XK18 的实物外形

1. 中央空调的使用环境

中央空调在运行过程中，其室内、外机的出风口处 1m 以内不可以有异物，否则会造成通风不畅，或气流短路，影响中央空调制冷/制热的效果，还会增大耗电量，严重时还会造成机组本身过热而损坏空调。

2. 中央空调温度的设定

在夏季使用中央空调制冷时，低于室外温度5℃左右是人体最易接受的温度，设定这个温度还可以达到节省电能、环保的目的；冬季制热时，室内的温度一般设定在以人体感觉舒适为宜。

在运行中央空调时，为了使制冷/制热的效果快速达到较好的状态，应在开机运行时将空调的风速调至高风速，当温度达到要求后，再将风速调至中风或是低风状态。

3. 线控器的使用

家用中央空调除采用遥控器外，多采用线控器。线控器具有与遥控器相同的功能。

常用的线控器有机械式和触摸式两种，其功能基本相同。如图 6-18 所示为格力空调触摸式按键线控器 XK18 的实物外形，表 6-3 为其液晶图示说明。

表 6-3　触摸式按键线控器液晶图示说明

序号	显示名称	显示内容说明
1	扫风	扫风功能显示（风管室内机无此功能）
2	睡眠	睡眠状态
3	运行模式	室内机运行的各种模式（制冷、除湿、送风、制热）
4	化霜	室外机化霜状态
5	拔卡	门禁拔卡状态（需外接门禁检测模块）
6	童锁	童锁状态显示
7	风速	室内机高、中、低风挡和自动风挡状态
8	屏蔽	屏蔽状态（按键、温度、开关、模式或节能被远程监控屏蔽，需外接集中控制器）
9	超强	超强功能状态
10	记忆	记忆状态（掉电后恢复上电时，室内机恢复原设置状态）
11	主	主线控器功能显示
12	装饰图样	无按键操作且开机状态时显示

（续）

序号	显示名称	显示内容说明
13	节能	节能状态
14	温度	环境温度值/设置温度值
15	辅热	允许辅助电加热开启标志
16	干燥	设置干燥功能时显示
17	定时	定时状态
18	静音	静音状态
19	设置	在调试模式显示设置字符

如图 6-19 所示为格力空调触摸式按键线控器 XK18 的按键图示，其按键功能见表 6-4。

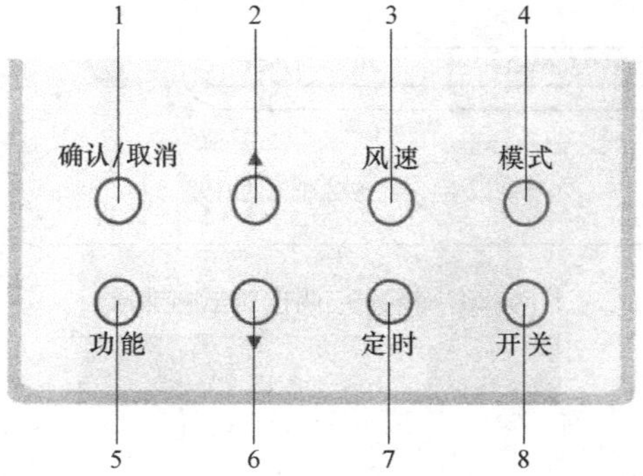

图 6-19　格力空调触摸式按键线控器 XK18 的按键图示

表 6-4　格力空调触摸式按键线控器按键功能

按键序号	按键名称	按键功能
1	确认/取消	(1)功能的选定和取消 (2)长按 5s 查看室外环境温度
2	增加	(1)室内机运行温度设置:范围为 16～30℃ (2)定时设置:范围为 0.5～24h
6	减少	
3	风速	设定高、中、低和自动等室内风机运行挡位
4	模式	设定室内机制冷、除湿、送风、制热运行模式
5	功能	切换扫风、睡眠、辅热、干燥等功能
7	定时	定时设置
8	开关	室内机开关机
4 和 2	记忆功能	关机状态下同时长按 5s,选择/取消记忆功能(设置为记忆且掉电后恢复上电时,室内机恢复原设置状态;否则掉电后恢复上电时,室内机默认为关机状态;出厂默认记忆功能关)
3 和 6	查看线控器单冷、冷暖类型	关机状态下同时按下,单冷线控器会显示制冷模式标志,冷暖线控器显示制热模式标志
2 和 6	童锁	无故障开机或关机状态下,同时长按 5s 进入童锁状态,此时按下其他按键均不响应;再次同时长按 5s 退出童锁状态

4. 控制器的使用

对于商用中央空调机组，目前已广泛采用控制器。控制器可以用来操作中央空调的开、停机，设置运行参数，监测运行状态和进行事件记录。控制器分按键式控制器和触摸屏控制器两种，图 6-20 所示为格力空调按键式控制器，图 6-21 所示为格力空调触摸屏控制器，两种控制器的功能完全相同。下面以格力中央空调触摸屏控制器为例，介绍其操作方法。

图 6-20 格力空调按键式控制器

图 6-21 格力空调触摸屏控制器

1—电源指示灯 2—CPU 指示灯 3—通信指示灯 4—液晶显示屏

电源指示灯（PWR）：黄色，当触摸屏接通电源时，灯亮。

CPU 指示灯（CPU）：绿色，当触摸屏正常工作时，灯亮。

通信指示灯（COM）：红色，当触摸屏和其他设备通信时，灯闪烁。

液晶显示屏：触摸屏及彩色液晶显示屏。

（1）菜单栏 菜单栏处于触摸屏的下方，如图 6-22 所示。各触控按键的功能如下：

“曲线查看”：轻触后进入，可以查看压力、温度等当前曲线和历史曲线。

图6-22　菜单栏

“事件记录”：轻触后进入“事件记录”界面，可以查看故障和压缩机开启等事件记录。

“参数设置”：轻触后进入“参数设置”界面，可设置用户参数和厂家参数。

“状态查看”：轻触后进入“状态查看”界面，可以查看机组当前的运行状态，版本信息等。

“主页”：轻触后回到“主页”界面。

（2）弹出窗口　弹出窗口（图6-23）比全屏界面小，依附在当前界面上。弹出窗口的主要作用是信息提示、数据输入、密码输入、密码修改和功能设置等。弹出窗口上面有控制条，轻触控制条不放，弹出窗口移动至另一位置；停止触摸，弹出窗口即从界面的一个位置移动到另一位置。

（3）数值输入　数值输入通常有两种方法，一种是利用触摸“增加”和“减少”按键来改变数值；另一种是通过数字小键盘直接输入数值。两种输入方法如图6-24所示。

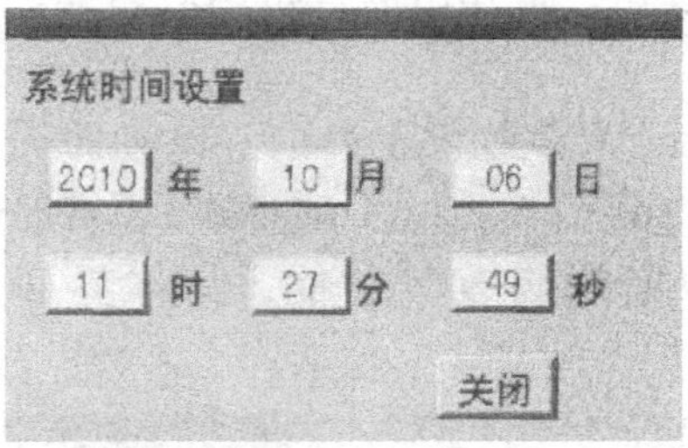

图6-23　弹出窗口

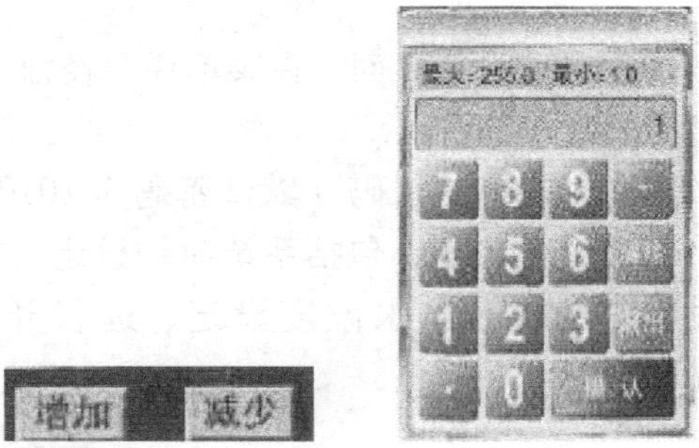

图6-24　数值输入方法

轻触数值输入按钮，将弹出小键盘界面，并且数值输入位置出现闪烁的光标，表示该位置处于输入状态。轻触小键盘上的数字键，输入所需的数值，最后轻触小键盘上的“确认”键，确认输入，同时小键盘消失，输入操作完成。

（4）欢迎界面　当触摸屏起动后，第一个出现的界面为“欢迎”界面如图6-25所示。欢迎界面停顿5s以后，屏幕自动切换到“主页”界面。

（5）主页界面　图6-26所示为“主页”界面。主页为主要控制界面，如果触摸屏进入其他界面，没有触控操作，10min后将自动返回主页界面。主页显示基本的系统及控制信息，如系统时间、机组的运行状态（关机、运行）、冷冻水进出水温度、冷却水进出水温度以及压缩机开启状态，还可以显示机组是否正确联网、是否

图6-25　欢迎界面

有故障产生等。

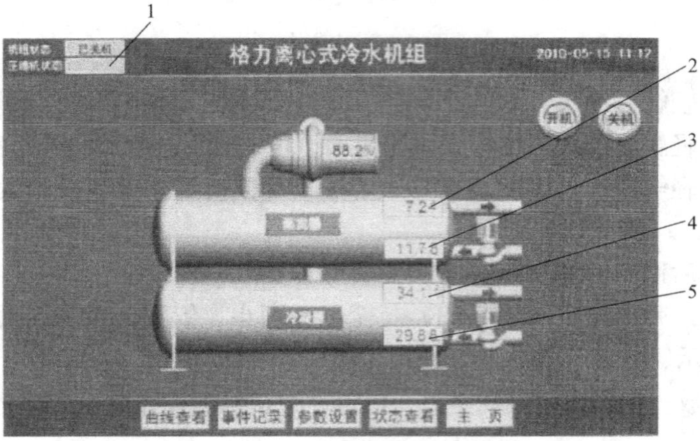

图 6-26　主页界面

1—黑色部分用来表示压缩机开启标志（压缩机开启，黑色变为绿色；压缩机关闭，变为黑色）

2—冷冻水出水温度显示　3—冷冻水进水温度显示　4—冷却水出水温度显示　5—冷却水进水温度显示

（6）参数设置界面　在菜单栏上轻触“参数设置”按钮，将弹出输入密码对话框，界面显示如图 6-27 所示。

当输入正确的密码（默认密码为 101010）后，才能进入参数设置界面。该界面提供用户参数设置功能，包括系统时钟设定、控制模式设定（定时模式、手动模式）、定时时间设置、冷冻水出水温度设定、远程开关功能、用户密码修改等功能，具体界面如图 6-28所示。

图 6-27　参数设置界面

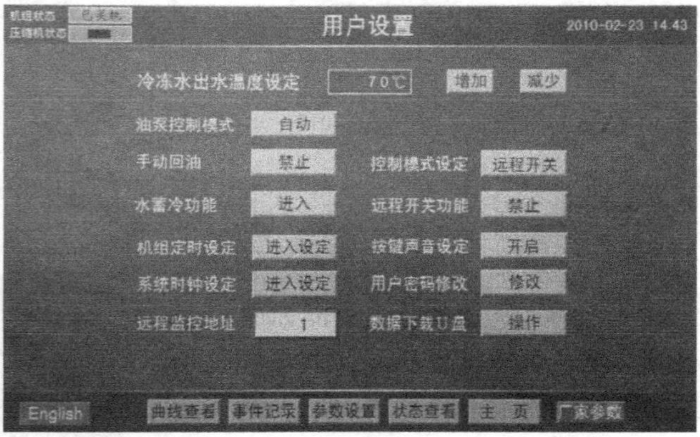

图 6-28　参数设置界面

各触摸控制区的功能如下：

“增加”：轻触后增加设定温度；“减少”：轻触后减少设定温度。

“油泵控制模式”：轻触设置按钮，控制模式在“自动”与“手动”之间切换。在“手动”模式下，该按钮右边弹出另一按钮，用于“油泵控制”的手动“开启”和“关闭”设置。

“手动回油”：轻触按钮，设置在“允许”和“禁止”之间切换。

“控制模式设定”：轻触后面的“手动模式”或“定时模式”，将在两种模式之间相互切换。注意，在定时模式下，也可以手动进行机组开关机操作；只有设为定时模式，并且当天的定时时间（开或关）设为有效时，定时才起作用。在“远程开关功能”为“允许”的状态下，不能执行此操作，并显示为“远程开关”。

“水蓄冷功能”：轻触“进入”按钮，弹出水蓄冷参数设置对话框，进行水蓄冷功能设置。注意：水蓄冷运行状态下，“冷冻水出水温度设定”显示为“水蓄冷温度”，且不可设置。

“机组定时设定”：轻触后将切换到定时时间设定界面，如图 6-29 所示。

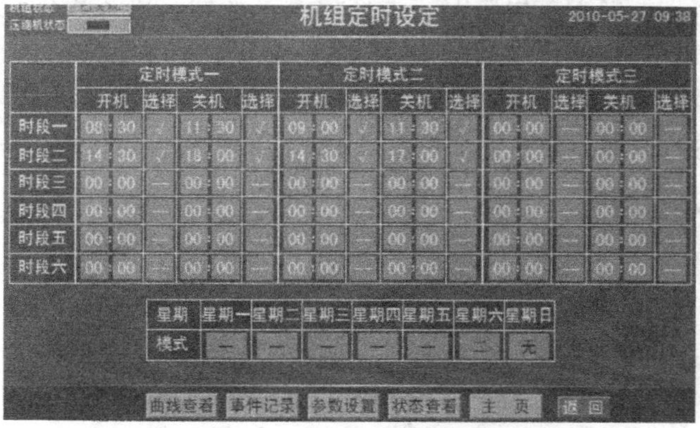

图 6-29　定时时间设定界面

定时设定分为三个定时模式：定时模式一、定时模式二、定时模式三。每个定时模式有六个设置时段，每个设置时段有开机、关机的定时时间设置和定时是否有效选择。在定时模式中设置好定时时间后，在星期模式中，轻触定时模式选择按钮，定时模式选择会在“无、一、二、三”之间切换，其中“无”表示无定时模式，一、二、三分别对应定时模式一、定时模式二、定时模式三，可实现每天的定时模式选择。

“系统时钟设定”：轻触系统时钟设定中的“进入设定”按钮，弹出系统时钟设定对话框，可设置系统的年、月、日、时、分、秒。设置时，轻触时间的数值输入控件，将弹出数值输入键盘，输入具体时间后，按键盘上的“确认”按钮完成输入操作。

“远程监控地址”：远程监控地址设置用于设置触摸屏的设备地址，这个设备地址用于触摸屏的 Modbus 通信，实现空调机组的远程监控功能。如果机组没有用到远程监控功能，该设置不起作用。

“远程开关功能”：轻触“允许”或“禁止”按钮，将在两者之间切换。在“允许”状态下，触摸屏上的开机、关机和定时模式设置功能不起作用。

“按键声音设定”：轻触按键声音设定按钮，按键声音状态在“开启”和“关闭”间切换。

“用户密码修改”：用于修改用户密码，此密码用于进入用户参数界面和进行开关机操作。

“数据下载 U 盘”：该功能用于将事件记录、曲线记录等下载到 U 盘里，用于数据备份，可以在计算机上查看里面的数据。

“厂家参数”：轻触后将弹出密码框，输入正确密码后才能进入厂家参数页面。厂家参数主要用于售后人员调试维修时使用，不对普通用户开放。

语言切换：轻触界面中的“English”按钮，触摸屏进入英文显示界面。在英文界面中的相同位置，轻触“中文”，触摸屏进入中文显示界面。

（7）运行状态查看界面　在菜单栏中轻触“状态查看”按钮，进入状态查看界面。该界面提供详细的机组运行状态信息，包括各个输出、采样点信息输入等，共有三个显示页面：第一页为基本的机组温度数据和压力数据等；第二页为机组开关量、水系统开关量、机组运行信息等数据；第三页为机组设置的运行参数，如图6-30所示。

（8）事件记录页面　轻触菜单栏中“事件记录”按钮，进入事件记录查看界面，如图6-31所示。该界面提供详细的机组运行故障以及压缩机开启等事件信息。

事件记录分为当前事件记录和历史事件记录。当前事件记录显示触摸屏上电以来的事件信息，当触摸屏重启后，当前事件记录不再显示先前的事件信息，但这些事件信息保存在历

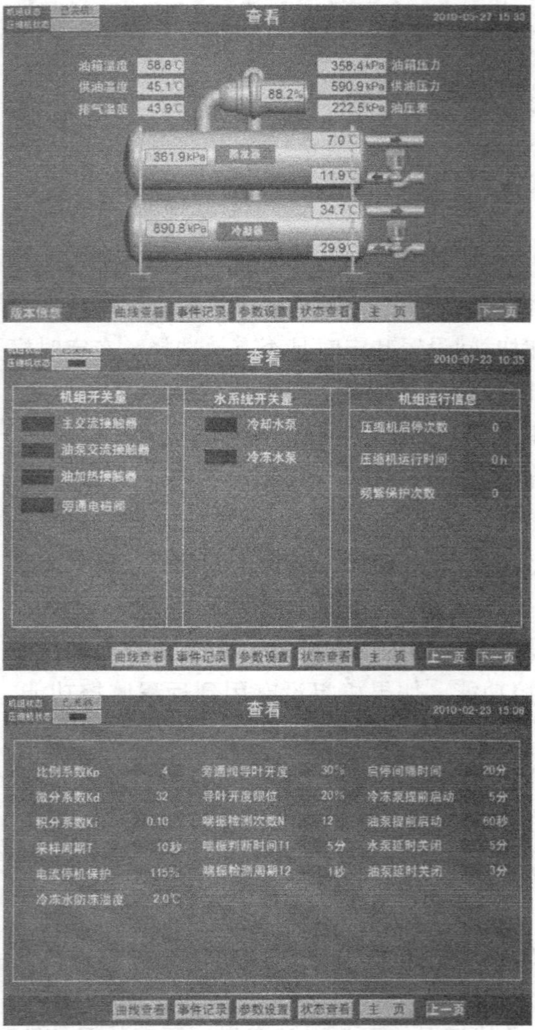

图6-30　运行状态查看界面

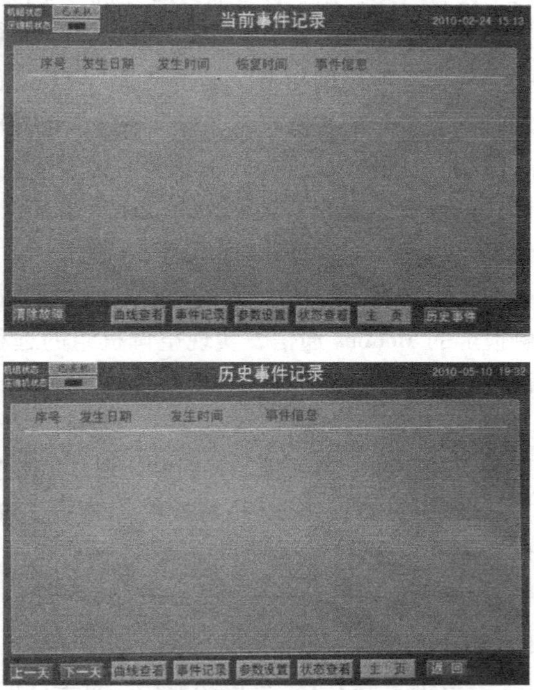

图6-31　事件记录界面

史事件记录中，可在历史事件记录中查看。

在当前事件记录页面中轻触“历史事件”按钮，进入历史事件记录查看界面。历史事件记录记录已发生的事件信息，可掉电保存。在历史事件记录页面中，轻触“上一天”、“下一天”按钮，可切换不同日期的事件记录。

“清除故障”：轻触后清除当前故障，重新检测故障。注意：该功能仅用于手工排除故障后让系统重新检测故障，并不能消除实际存在的故障。

（9）曲线记录页面　曲线记录页面用曲线显示的方式直观显示机组的关键参数运行状态。

曲线记录分为当前曲线记录和历史曲线记录。当前曲线记录用于记录触摸屏上电以来的曲线数据，当触摸屏掉电后，当前曲线记录不再显示先前的曲线数据。若要查看这些数据，可以在历史曲线记录中查看。历史曲线记录记录机组的运行数据，可以掉电保存。曲线记录页面如图 6-32 所示。

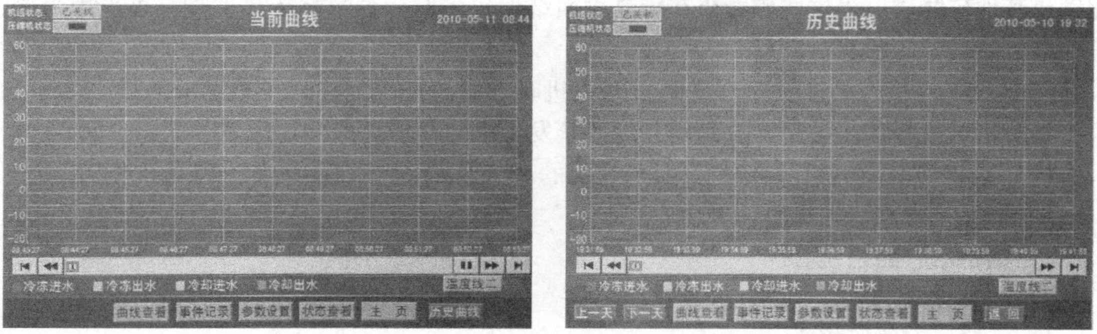

图 6-32　曲线记录页面

二、中央空调机组的日常维护

为确保机组长期可靠地运行，中央空调机组必须由专业空调技术人员进行日常维护。

1. 常见的维护项目

（1）日常开、停机　日常的开、停机应通过显示板来进行，控制器门上的旋钮开关主要用在机组维修或紧急情况下的开、停机，平时一般不要使用。开机顺序是先开水泵，后开主机；停机顺序是先关主机，后关水泵。每次开机至少应在开机前 8h 先给机组供电（不要起动水泵），以使压缩机加热带工作，使积留在压缩机内的制冷剂液体挥发。如果直接开机，会对压缩机产生不良影响。

（2）主要部件的维护

1）在运行过程中应密切注意系统的排气、吸气压力，如发现异常，及时找出原因，排除故障。

2）控制和保护设备，在现场不要任意调整设定点。

3）定期检查电气接线有无松动现象，发现松动及时紧固。

4）定期检查电气元器件的可靠性，及时更换失效及不可靠的元器件。

（3）对水质的要求和除垢　当冷冻水使用工业用水时，很少会产生水垢，但使用井水或河水会产生较多的水垢和沙子等沉积物。水垢和沙子在蒸发器中会减少水流量，导致冻结事故。因此，这些水在流入冷冻水系统前要经过过滤，并用软化水设备进行软化。使用前应先分析水的pH值、导电率、氯离子浓度、硫离子浓度等。中央空调机组用水水质标准见表6-5。

表6-5 中央空调机组用水水质标准

项　目	标　准	项　目	标　准
pH值	6.5～8.0	总硬度/(mgCaCO$_3$/L)	<50
导电率	<200μV/cm (25℃)	硫离子	无
氯离子浓度/(mg/L)	<50	氨离子	无
硫酸离子浓度/(mg/L)	<50	矽浓度/(mg/L)	<30
含铁量	<0.3	钠离子	无要求
碱离子浓度/(mg/L)	<50		

即使水质得到严格的控制，机组长期运行后，壳管式换热器传热表面仍然可能会沉积氧化钙或其他矿物质。当这些矿物质在传热表面结垢较多时，会影响传热性能，可采用甲酸、柠檬酸、醋酸等有机酸清洗。

（4）长期停机时的维护　当需要长期关机时，应清洗机组内、外表面并吹干，为了防尘，要对机组进行覆盖，打开放水阀，放净蒸发器内的存水。

（5）长期停机后开机　在较长时间停机后，要起动机组时，应做如下准备工作。

1）彻底检查和清理机组。

2）清洁水管路系统。

3）检查水泵。

4）上紧所有线路接头。

（6）零件更换　更换零件要使用设备原厂所供配件，不得随便用其他公司的类似配件代替。

（7）制冷剂泄漏和补充　通过检查吸、排气压力来确定制冷剂充注情况，如有泄漏则应补充制冷剂。制冷剂补充或更换后，制冷循环系统中的零件都要进行气密性检验。充注制冷剂时应按照以下两种情况区别对待。

1）制冷剂完全泄漏。如遇这种情况，必须用高压氮气（1.5～2.0MPa）或制冷剂对系统进行检漏，如需要进行补焊，必须将系统内的气体排尽后才能进行焊接。充注制冷剂前，整个制冷系统必须是干燥的并抽真空。步骤如下：

① 确保机组所有截止阀都开启，在压缩机吸气管和冷凝器出液管截止阀上的注氟嘴处连接抽真空管。

② 用真空泵对系统管路抽真空。

③ 达到要求的真空度后，用制冷剂瓶通过冷凝器出液管截止阀上的注氟嘴向制冷系统充注制冷剂，所有制冷剂充注量在铭牌上已写明。抽真空及充注制冷剂时，应给系统电磁阀和系统电磁膨胀阀通电，充注时应避免制冷剂直接进入压缩机。

④ 制冷剂充注量会受到环境的影响。如果未达到要求的充注量，可以开启水泵使冷冻水循环，并起动机组进行充注。

2）补充制冷剂。

① 在压缩机吸气管上的注氟嘴连接制冷剂钢瓶。

② 使冷冻/冷却水循环，并起动机组。

③ 向系统缓慢充入制冷剂，并检查吸、排气压力。

>> **注意**　在进行检漏和气密性试验时，千万不能向制冷系统充注氧气、乙炔等可燃性、有毒气体，只可使用高压氮气或制冷剂；只能灌注与机组铭牌上相同型号的制冷剂气体；当充注和放出制冷剂气体时，应开启使用侧和热源侧水泵，保持蒸发器和冷凝器中的水循环，防止冻结事故的发生；不要充注过多的制冷剂。过量充注制冷剂可能导致机组高压升高、冷量下降，同时造成压缩机耗电增多，甚至损坏压缩机。

（8）系统冬季防冻处理　如果壳管式换热器的流道发生严重结冰情况，可能造成壳管式换热器破裂和泄漏，而冻裂损坏不属于保修范围，因此要特别重视机组的防冻工作，尤其注意以下几点。

1）在较低的环境温度下停机备用时，若机组放在温度低于0℃的环境中，必须将蒸发器和冷凝器中的水排尽，放水的具体操作步骤见整机上的放水标识。

2）运行时，如果冷冻水水流开关失效，可能导致水管冻结，因此水流开关必须与机组进行联锁。

3）维护时，在给机组充注制冷剂或为了维修而放掉制冷剂时，有可能导致蒸发器内结冰。无论何时，只要容器中制冷剂的压力在0.4MPa以下，就有可能发生管路结冰。为此，一定要使蒸发器中的水保持流动或将水彻底排放干净。

4）在冬季气温低于零度的地区，必须按要求在水系统中添加防冻液（乙二醇）。表6-6为乙二醇溶液浓度-凝固温度对照。

5）停机后不可切断电源，否则自动防冻运行保护将失去作用。

表6-6　乙二醇溶液浓度-凝固温度对照

浓度(%)	凝固温度/℃	浓度(%)	凝固温度/℃	浓度(%)	凝固温度/℃
4.6	-2	19.8	-10	35	-24
8.4	-4	23.6	-13	38.8	-26
12.2	-5	27.4	-15	42.6	-29
16	-7	31.2	-17	46.6	-33

2. 其他注意事项

1）按说明书的要求对机组进行定期维护，以保证机组运行状况良好。

2）若发生火灾，应立即关掉总电源开关，用灭火器灭火。

3）机组工作环境要远离汽油、酒精等易燃物品，以防发生爆炸事故。

4）如果机组出现故障停机，应找出故障原因并排除后再重新开机，不可在故障没有排除的情况下强行开机。如出现制冷剂泄漏或冷冻水泄漏，要关掉所有开关。如机组无法通过控制器开关停机，要通过电控箱上的急停开关关机，并关掉总电源开关。

5）不要把保护装置的线路短接，否则可能引起故障。

6）机组设有多种自动保护装置，各项保护的设定值在出厂前已设定好，用户不要随意改动。

7）若非紧急情况下，不要通过切断主电源来关闭机组。

8）要经常检查机组的运行情况，包括冷却水、冷冻水的水质、水温、水压，以及水过滤器、水泵、冷却水塔等运行是否正常，发现异常要及时处理。

9）要保持机房环境干燥、清洁、通风良好。

10）在机组调试、运行期间，严禁对任何截止阀进行启、闭操作。

为了延长机组寿命，提高效率和节约能源，定期对机组进行检查、维护、保养是必要的。用户需将每月度、每季度、每年度的检查、维护、保养情况记录好，更要将机组的损坏维修情况做好详细记录，便于机组维修人员处理机组故障。机组系统的维护保养周期见表6-7。

表 6-7 机组系统的维护保养周期

维护保养项目	周期	维护保养项目	周期
检查压缩机润滑油油位	每天	检查和调整温度设定	每季度
检查循环水系统水流量	每天	检查干燥过滤器	每季度
检查电压和电源	每天	更换压缩机油过滤器	3000h
检查冷媒量(视镜指示)	每天	更换压缩机轴承	40000h
检查电线接驳松紧和电气绝缘	每季度		

三、风机盘管的日常维护

中央空调系统应配备专业人员管理运行，在运行中应经常检查盘管机组的运行状况，发现异常情况应及时排除并定期对机组进行维护。

1. 安全要求

1）进行日常维护时应首先确保人身安全。

2）确保维护工程师与机器间绝缘。

3）风机停止转动前，维护工程师不得进入机器内。

4）进入机器内前，确保各电气装置与总电源隔离。

5）严禁在维护人员维护盘管机组时起动机组。

2. 定期维护要求

对于风机盘管的维护，建议每3～6个月进行一次，实际维护间隔视负荷及周围条件而定，具体维护内容如下：

1）检查轴承有无磨损及润滑油的泄漏现象。

2）检查轴承锁定螺栓及其他螺栓的松紧程度。

3）检查传动带张力，如有打滑，应进行调整。

4）检查传动带磨损程度，如有磨损应更换。

5）以下维护项目建议每年进行一次。

① 检查电气接线情况。

② 检查机壳有无破裂及腐蚀现象，如有则应清理并刷油漆。

③ 检查所有维修门的密封是否良好、开关是否灵活。

3. 风机盘管机组的维护方法

定期检查风机盘管的清洁度，必要时进行清洗。清洗盘管时，以与正常气流相反的方向喷射压缩空气、蒸汽或水，即可有效清洗盘管。如盘管十分脏，应使用清洁剂清洗。机组运行两年后，应用化学方法清除换热器水管内的水垢。

4. 过滤网的维护方法

开始启用机组时，由于系统风管内灰尘较多，很快就会堵塞过滤网，因此运行8h后，应立即进行清洗。清洗时请勿用50℃以上的热水，以免掉色或变形。务必保持过滤网的清洁，建议每隔三个月清洗一次，清洗后请勿在火上烤干。

5. 冬季排水

冬季长时间停机不用时，要将表冷器内的存水排出，防止冻坏管路。排水操作方法：打开放气阀，拆掉检修面板，逆时针旋转放水螺栓即可拧下放水，排完水后需再次拧紧放水螺栓及放气阀，如图6-33所示。

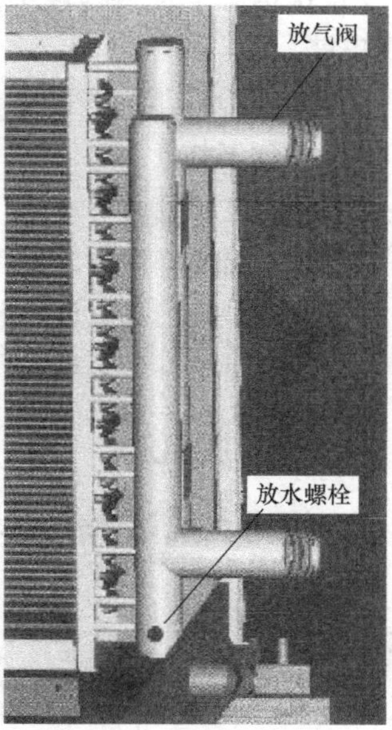

图6-33　排水操作

实训项目　中央空调系统制冷剂的充注实训

一、实训目的

1）了解中央空调系统制冷剂充注、追加规范要求。

2）掌握制冷剂充注、追加步骤及方法。

3）掌握常用工具、仪器的使用方法。

二、实训设备

实体直流变频多联机系统或YL-835户式中央空调实训设备。

三、实训步骤

1）用加液管将双表修理阀高、低压接口与室外机气阀和液阀的检修工艺口连上，将双表修理阀中间接口与制冷剂钢瓶相连接，如图6-34所示。

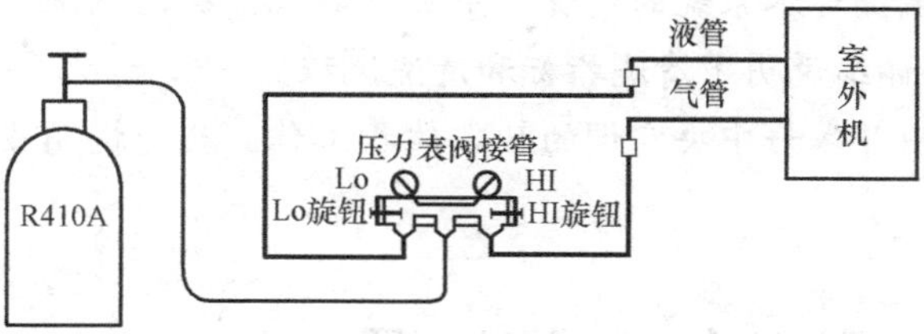

图6-34　追加制冷剂管路连接图

2）拧紧气管、液管接头之前，先放出一部分制冷剂，将加液管内的空气排出。

3）将制冷剂钢瓶放在称重计上，记下读数，并确认追加制冷剂的量。

4）确认室外机气、液管截止阀处在关闭状态。

5）在未开机状态下打开制冷剂钢瓶阀门，从气、液管同时充注制冷剂。阀门开度要小，既要防止过量充注，又要保证在充注到量时迅速关闭阀门。

6）观察称重计的读数，达到要求后立即关掉制冷剂钢瓶阀门。

7）快速旋下连接检修工艺口的加液管。如果动作太慢，会造成大量的制冷剂泄漏甚至冻伤皮肤。

8）装上检修工艺口的螺母，建议再用肥皂水检查制冷剂有没有泄漏。

9）整理工作。

① 记录追加量。

② 拆下双表修理阀、制冷剂钢瓶。

③ 将材料、工具、设备整齐摆放回原处。

④ 清洁现场，恢复整洁干净。

四、实训评价

实训操作情况评价表见表6-8。

表6-8 实训操作情况评价表

<table>
<tr><th>序号</th><th>项目</th><th colspan="3">测评要求</th><th>配分</th><th colspan="4">评分标准</th><th>得分</th></tr>
<tr><td>1</td><td>设备及管道连接</td><td colspan="3">设备及管道连接正确、规范</td><td>30</td><td colspan="4">设备及管道连接正确、规范，否则扣30分</td><td></td></tr>
<tr><td>2</td><td>制冷剂充注</td><td colspan="3">制冷剂充注操作正确、规范</td><td>50</td><td colspan="4">(1)制冷剂充注操作步骤正确，否则扣30分
(2)操作过程参数检测正确，否则扣20分</td><td></td></tr>
<tr><td>3</td><td>工具、仪器使用</td><td colspan="3">工具、仪器使用正确</td><td>20</td><td colspan="4">工具、仪器使用正确，否则扣20分</td><td></td></tr>
<tr><td colspan="2">安全文明操作</td><td colspan="8">违反安全文明操作规程，视实际情况扣分</td><td></td></tr>
<tr><td colspan="2">开始时间</td><td></td><td>结束时间</td><td colspan="3"></td><td>实际时间</td><td></td><td>成绩</td><td></td></tr>
<tr><td colspan="2">综合评价意见</td><td colspan="9"></td></tr>
<tr><td colspan="2">评价人</td><td colspan="5"></td><td>日期</td><td colspan="3"></td></tr>
</table>

单元小结

1）介绍了中央空调循环水系统的清洗、中央空调风系统的清洗和中央空调室外机组和末端设备的清洗内容，详细说明了清洗指标和清洗流程。

2）正确、规范使用并做好中央空调的日常维护工作，既能提高设备效率，也可以延长其使用寿命。

思考与练习

一、填空题

1. 如果通风系统装有加湿器或当地为热湿环境，每年应至少检查______次，并对送风空气微生物进行检测。

2. 我国国家质量监督检验检疫总局于______年发布《空调通风系统清洗规范》。

3. 中央空调部件清洗是对______、______、______、空气处理机组内表面、凝结水盘和冷凝排水管、风管以及盘管表面和组件等所有有污染物沉积的部件进行清洗。

4. 冷却水系统清洗主要包括______、______和______管道等的清洗。

5. 在夏季使用中央空调制冷时，低于室外温度______左右是人体最易接受的温度。

二、问答题

1. 简述循环水管路系统的清洗流程。

2. 为什么在中央空调系统使用一段时间后，一定要对通风系统进行清洗？

3. 中央空调的室外机、风管机组、风冷机组室外机外表面的清洁有哪些注意事项？

4. 中央空调机组的日常维护项目有哪些？

5. 风机盘管日常维护的安全要求有哪些？

参 考 文 献

[1] 韩雪涛. 图解中央空调安装、检修及清洗完全精通［M］. 北京：化学工业出版社，2014.
[2] 格力中央空调技术手册. 2013.
[3] 刘炽辉. 商用制冷设备安装与维修［M］. 北京：机械工业出版社，2012.
[4] 李援瑛. 空气调节技术与中央空调的安装、维修［M］. 北京：机械工业出版社，2012.

机工教育微信服务号　　关注微信申请样书

策划编辑◎汪光灿 / 封面设计◎张静

ISBN 978-7-111-51727-6

定价：46.00元